浙江省"十一五"重点教材建设项目
高等院校精品课程系列规划教材·高等数学
独立学院本科教材

实用微积分教程

王元恒　商建初　褚海峰　主编

图书在版编目(CIP)数据

实用微积分教程/王元恒，商建初，褚海峰主编. —杭州：浙江大学出版社，2011.8

浙江省高校重点教材

ISBN 978-7-308-08952-4

Ⅰ.①实… Ⅱ.①王…②商…③褚… Ⅲ.①微积分—高等学校—教材 Ⅳ.①O172

中国版本图书馆 CIP 数据核字（2011）第 157933 号

实用微积分教程

王元恒　商建初　褚海峰　主编

责任编辑　张　鸽

封面设计　十木米

出版发行　浙江大学出版社

（杭州市天目山路 148 号　邮政编码 310007）

（网址：http://www.zjupress.com）

排　　版　杭州大漠照排印刷有限公司

印　　刷　浙江良渚印刷厂

开　　本　710mm×1000mm　1/16

印　　张　15

字　　数　277 千

版 印 次　2011 年 8 月第 1 版　2011 年 8 月第 1 次印刷

书　　号　ISBN 978-7-308-08952-4

定　　价　29.00 元

版权所有　翻印必究　印装差错　负责调换

浙江大学出版社发行部邮购电话（0571）88925591

前　言

为了提高我国国民的整体素质，推进高等教育大众化进程，我国高等院校从 1999 年开始逐年扩大招生，并且国家允许具备办学条件的国有本科院校与企业合作申办民办独立学院(现在全国已有 320 余所)。10 多年来，我国民办独立学院发展迅速，规模不断扩大，为推进我国高等教育事业的发展和改革发挥了巨大的作用。

独立学院不同于国有普通高等院校和重点大学，也不同于招取专科学生的高职高专院校，是招生三本(或者二本)学生的异军突起的一种新型大学，肩负着为社会培养具有扎实理论基础和较强动手能力的“下得去、用得上、靠得住”应用型本科人才的任务。

随着现代科学技术和数学科学的发展，数学不仅是一种工具，而且是一种思维模式；不仅是一种知识，而且是一种素养；不仅是一种科学，而且是一种文化艺术。能否运用数学观念定量思维是衡量一个民族科学文化素质的一个重要标志，数学教育在培养高素质科学技术人才中具有其独特的、不可替代的重要作用。高等数学中“微积分”课程内容源于 17 世纪的牛顿时代，是应用广泛的基础学科知识，所以它是本科大学(包括独立学院)许多专业的必修课程。例如，浙江师范大学行知学院现在开设“微积分”的经济管理类专业就有会计学、金融学、市场营销、工商管理、国际经济与贸易、电子商务、财务管理、城市规划等。

如何在一本与三本院校之间、在三本院校与高职高专之间，对独立学院的“微积分”进行教学改革，来解决三本学生的“微积分”课程体系、内容、教法和能力培养的定位问题？这是个教学改革大问题。为此，浙江师范大学行知学院做了一些尝试。早在 2007 年 6 月就正式组建了行知学院高等数学教学团队，针对“行以求知，学以致用”和培养实用型人才的目标，开始对独立学院三本学生的“微积分”教学进行立体化教改与实践。2008 年 10 月我们团队被批准为浙江师范大学校教学团队，2009 年 11 月我们的“高等数学”课程被批准为浙江省级精品课程，《实用微积分教程》也于 2011 年被批准为浙江省“十一五”重点教材建设项目教材，现由浙江大学出版社正式出版发行，这是首次公开声明专门为独立学院编写的高等数学本科教材。

本教材编写的内容要点是：掌握函数和极限的概念，学会计算极限的方法，掌握函数的连续性，掌握导数与微分的概念以及各种求导法，利用导数求解某些实际问题和经济应用问题，掌握不定积分、定积分的概念与计算，学会空间解析几何与向量代数及其运算法，知道空间平面、直线和曲面方程，掌握多元函数微分法及其应用，掌握重积分的概念及其计算，了解微分方程的概念，会求解和应用相关的简单微分方程。书中的带“*”部分为选学内容。本教材具有以下几个特点：

1. 特征性：本教材是一本专门根据独立院校学生的生源特点和培养目标要求编写的教材，对于独立院校学生难易适中。

2. 实用性：本教材编写力争做到层次清楚、顺序合理、言简意赅，按照每周4学时讲授一学年的课时编写，共约需要讲授128学时，因此更便于老师的讲课和学生的自学。

3. 应用性：紧密联系实际生活，选择一定量的学生感兴趣的有实际应用的典型例题、习题，从而调动学生的学习积极性。

4. 专业性：利用高等数学知识为工具，拓展学生的知识和能力，增强本科学生学习并应用数学的意识和服务于社会经济管理活动的优化思维方式。

通过本教材的教学，使学生掌握经济管理类专业必需的微积分学的基本理论和基本方法，学会用微积分的方法解决各类经济活动中的实际问题，同时培养学生科学的思维能力和熟练的运算能力，增强学生学习数学、应用数学的兴趣和服务于经济活动的意识。

参加本教材编写的成员，近几年来均专职从事独立学院的本科“微积分”教学工作，且工作量饱满，高达年人均400课时以上，教学效果优良。本书是我们编委成员实践经验的总结，经集体讨论后分工编写，最后由王元恒、商建初、褚海峰通稿修改，王元恒统稿定稿。

在本教材的编写过程中，我们参考了众多的国内外教材和书籍；浙江大学出版社给予了热情的支持和帮助，特别是杨晓鸣、黄娟琴、张鸽等老师在本书的编辑和出版过程中付出了大量的心血，我们在此一并谢忱！我们也诚恳希望专家、同行和读者对本教材提出各种宝贵意见和建议。

王元恒

2011年3月

目　录

第 1 章　函　数 ———— 1

§1.1　函数与反函数　/ 1
1.1.1　绝对值　/ 1
1.1.2　函数　/ 2
1.1.3　反函数　/ 3
§1.2　函数的性质　/ 3
1.2.1　函数的单调性　/ 3
1.2.2　函数的奇偶性　/ 3
1.2.3　函数的周期性　/ 4
1.2.4　函数的有界性　/ 4
§1.3　初等函数　/ 4
1.3.1　基本初等函数　/ 4
1.3.2　初等函数　/ 6
§1.4　函数关系的建立　/ 7
1.4.1　建立函数关系的例题　/ 7
1.4.2　经济学中常用的函数　/ 7
习题 1　/ 8

第 2 章　极限与连续 ———— 9

§2.1　数列的极限　/ 9
2.1.1　定义　/ 9
2.1.2　性质　/ 11
习题 2-1　/ 11
§2.2　函数的极限　/ 11
2.2.1　变量趋于无穷大的极限　/ 12
2.2.2　变量趋于某个确定值时函数的极限　/ 12
2.2.3　无穷小与无穷大　/ 13

习题 2－2 / 14
§2.3 极限的运算 / 14
2.3.1 无穷小的计算法则 / 14
2.3.2 极限的四则运算法则 / 15
2.3.3 复合函数的运算法则 / 16
习题 2－3 / 16
§2.4 重要极限 / 17
2.4.1 极限存在的准则 / 17
2.4.2 两个重要极限 / 18
2.4.3 无穷小的比较 / 20
习题 2－4 / 21
§2.5 连续函数 / 21
2.5.1 函数的连续性 / 21
2.5.2 函数的间断点 / 22
2.5.3 初等函数的连续性 / 23
2.5.4 闭区间上连续函数的性质 / 24
习题 2－5 / 25

第3章 导数与微分 —— 26

§3.1 导数的概念 / 26
3.1.1 例子 / 26
3.1.2 导数的定义 / 27
3.1.3 定义求导数 / 28
3.1.4 导数的几何意义 / 29
3.1.5 可导与连续的关系 / 30
习题 3－1 / 30
§3.2 求导法则 / 31
3.2.1 函数的和、差、积和商的求导法则 / 31
3.2.2 反函数的导数 / 32
3.2.3 复合函数求导法则 / 33
3.2.4 基本导数公式与求导法则 / 35
习题 3－2 / 35
§3.3 隐函数的导数 / 36
3.3.1 一般方法 / 37
3.3.2 对数求导法 / 37

习题 3－3　/ 38
§3.4　高阶导数　/ 39
3.4.1　高阶导数的定义　/ 39
3.4.2　高阶导数的求法　/ 39
习题 3－4　/ 42
§3.5　微分　/ 42
3.5.1　微分的定义　/ 42
3.5.2　可微的充要条件　/ 43
3.5.3　微分的几何意义　/ 43
3.5.4　微分的求法　/ 44
3.5.5　微分形式的不变性　/ 44
习题 3－5　/ 45

第 4 章　导数的应用 ———— 46

§4.1　微分中值定理　/ 46
4.1.1　罗尔定理　/ 46
4.1.2　拉格朗日中值定理　/ 47
4.1.3　柯西中值定理　/ 48
习题 4－1　/ 48
§4.2　未定式求值　/ 48
4.2.1　$\frac{0}{0}$型与$\frac{\infty}{\infty}$型未定式　/ 48
4.2.2　其他形式的未定式　/ 50
习题 4－2　/ 50
§4.3　函数曲线的形状　/ 51
4.3.1　函数的单调性　/ 51
4.3.2　函数的极值　/ 52
4.3.3　函数的凹凸性　/ 54
4.3.4　函数图形的描绘　/ 55
习题 4－3　/ 56
§4.4　经济方面应用　/ 57
4.4.1　函数的最大值与最小值　/ 57
4.4.2　边际与弹性　/ 57
4.4.3　经济应用问题举例　/ 59
习题 4－4　/ 60

第5章 不定积分 61

§5.1 原函数与不定积分 / 61
5.1.1 不定积分的概念 / 61
5.1.2 不定积分基本公式 / 62
习题5-1 / 64
§5.2 基本运算法则 / 64
5.2.1 性质 / 64
5.2.2 基本运算法则 / 64
习题5-2 / 66
§5.3 换元积分法 / 67
5.3.1 凑微分法(第一换元积分法) / 67
5.3.2 第二换元积分法 / 71
习题5-3 / 75
§5.4 分部积分法 / 76
习题5-4 / 80

第6章 定积分及其应用 82

§6.1 概念与性质 / 82
6.1.1 定积分概念引例 / 82
6.1.2 定积分的概念 / 84
6.1.3 定积分的基本性质 / 85
习题6-1 / 85
§6.2 定积分的计算 / 86
6.2.1 变上限定积分 / 86
6.2.2 微积分基本定理 / 86
6.2.3 定积分的换元法 / 87
6.2.4 定积分的分部积分法 / 89
习题6-2 / 89
§6.3 定积分的应用 / 90
6.3.1 平面图形面积 / 90
6.3.2 旋转体的体积 / 90
6.3.3 由边际函数求总函数 / 91
6.3.4 资本现值与投资问题 / 92
习题6-3 / 94

第 7 章 空间解析几何 —— 95

§7.1 空间直角坐标系 / 95

7.1.1 空间直角坐标系 / 95

7.1.2 空间中点的坐标 / 96

7.1.3 空间中两点间的距离 / 97

习题 7-1 / 97

§7.2 向量的线性运算及向量的坐标 / 98

7.2.1 向量的概念 / 98

7.2.2 向量的线性运算 / 98

7.2.3 向量的坐标表示式 / 101

*7.2.4 方向余弦 / 103

*7.2.5 向量在轴上的投影 / 104

习题 7-2 / 105

§7.3 数量积与向量积 / 105

7.3.1 向量的数量积 / 105

7.3.2 向量的向量积 / 107

习题 7-3 / 110

§7.4 平面及其方程 / 110

7.4.1 平面的点法式方程 / 110

7.4.2 平面的一般式方程 / 111

7.4.3 平面的截距式方程 / 113

*7.4.4 两平面间的夹角 / 113

7.4.5 点到平面的距离 / 114

习题 7-4 / 115

§7.5 空间直线及其方程 / 115

7.5.1 空间直线的一般方程 / 115

7.5.2 空间直线的对称式方程与参数方程 / 116

*7.5.3 两直线的夹角 / 118

*7.5.4 直线与平面的夹角 / 119

*7.5.5 平面束 / 119

*7.5.6 两异面直线间的距离 / 120

习题 7-5 / 120

§7.6 曲面与曲线 / 121

7.6.1 曲面及其方程 / 121

7.6.2 二次曲面 / 124
7.6.3 空间曲线及其方程 / 127
习题 7-6 / 130

第 8 章 多元函数偏导数 131

§8.1 多元函数 / 131
8.1.1 邻域和区域 / 131
8.1.2 多元函数的定义 / 132
习题 8-1 / 133
§8.2 偏导数与全微分 / 134
8.2.1 偏导数 / 134
8.2.2 高阶偏导数 / 136
8.2.3 全微分 / 136
8.2.4 在经济上的应用 / 138
习题 8-2 / 139
§8.3 多元复合函数求导 / 140
8.3.1 复合函数的中间变量均为一元函数的情形 / 140
8.3.2 复合函数的中间变量均为多元函数的情形 / 141
8.3.3 复合函数的中间变量既有一元函数,又有多元函数的情形 / 142
8.3.4 全微分形式不变性 / 143
习题 8-3 / 143
§8.4 偏导数的应用 / 144
8.4.1 多元函数的极值 / 144
8.4.2 多元函数的最大值与最小值 / 145
8.4.3 条件极值 / 146
习题 8-4 / 148

第 9 章 重积分 149

§9.1 二重积分的概念和性质 / 149
9.1.1 二重积分的定义 / 149
9.1.2 二重积分的性质 / 151
习题 9-1 / 151

§9.2 二重积分的计算 / 152
9.2.1 利用直角坐标系计算二重积分 / 152
9.2.2 利用极坐标计算二重积分 / 155
*9.2.3 广义二重积分 / 157
习题 9-2 / 158
§9.3 三重积分简介 / 159
9.3.1 三重积分的定义 / 159
9.3.2 三重积分的计算 / 160
习题 9-3 / 161
§9.4 重积分的应用 / 162
9.4.1 重积分在几何上的应用 / 162
9.4.2 重积分在经济上的应用 / 162
习题 9-4 / 163

第 10 章 无穷级数 ——165

§10.1 常数项级数的概念和性质 / 165
10.1.1 常数项级数的概念 / 165
10.1.2 收敛级数的基本性质 / 167
习题 10-1 / 168
§10.2 常数项级数的判别法 / 168
10.2.1 正项级数及其判别法 / 168
10.2.2 交错级数及其判别法 / 172
10.2.3 任意项级数及其判别法 / 173
习题 10-2 / 175
§10.3 幂级数 / 175
10.3.1 函数项级数的一般概念 / 175
10.3.2 幂级数及其收敛域 / 176
10.3.3 幂级数的运算性质 / 179
10.3.4 函数展开成幂级数 / 180
习题 10-3 / 183
§*10.4 幂级数的应用 / 184
10.4.1 函数值的近似计算 / 184
10.4.2 计算定积分 / 184
*习题 10-4 / 185

第 11 章　常微分方程 ——186

§11.1　微分方程的基本概念　/ 186
11.1.1　引例　/ 186
11.1.2　基本概念　/ 187
习题 11-1　/ 188
§11.2　一阶微分方程　/ 188
11.2.1　可分离变量的微分方程　/ 189
11.2.2　齐次微分方程　/ 190
11.2.3　一阶线性微分方程　/ 191
习题 11-2　/ 193
§11.3　可降阶的二阶微分方程　/ 193
11.3.1　$y'' = f(x)$ 型的微分方程　/ 193
11.3.2　$y'' = f(x,y')$ 型的微分方程　/ 194
11.3.3　$y'' = f(y,y')$ 型的微分方程　/ 195
习题 11-3　/ 195
§11.4　二阶线性微分方程　/ 196
11.4.1　二阶线性微分方程　/ 196
11.4.2　二阶常系数齐次线性微分方程　/ 197
11.4.3　二阶常系数非齐次线性微分方程　/ 199
习题 11-4　/ 201
§11.5　微分方程在经济中的应用　/ 202
11.5.1　建立商品市场价格与需求量(供给量)之间的函数关系　/ 202
11.5.2　预测可再生资源的产量及商品的销售量　/ 203
11.5.3　成本分析　/ 204
11.5.4　公司的净资产分析　/ 205
11.5.5　关于国民收入、储蓄与投资的关系问题　/ 205
习题 11-5　/ 206

附录 1　阅读材料：数学与经济的关系 ——207

附录 2　部分习题参考答案 ——214

第1章　函　　数

微积分研究的主要对象是函数，函数就是变量与变量之间的依赖关系在数学中的反映. 本章给出函数的概念、性质、初等函数和在经济关系中的应用.

§1.1　函数与反函数

1.1.1　绝对值

(一) 绝对值　实数 x 的绝对值定义为

$$|x|=\begin{cases} x, & x\geqslant 0 \\ -x, & x<0 \end{cases}.$$

任一实数 x 在数轴上恰有一点 x 与之相对应，$|x|$ 就是点 x 到原点的距离.

绝对值 $|x|$ 的性质：

1) $|x|=|-x|=\sqrt{x^2}$；

2) $-|x|\leqslant x\leqslant |x|$；

3) $|x|<a \Leftrightarrow -a<x<a$；

4) 对于任意实数 x,y，恒有 $|x|-|y|\leqslant |x\pm y|\leqslant |x|+|y|$；

5) $|x\cdot y|=|x|\cdot|y|$；

6) $\left|\dfrac{x}{y}\right|=\dfrac{|x|}{|y|}$，$(y\neq 0)$.

我们仅证明 $|x|-|y|\leqslant|x+y|\leqslant|x|+|y|$.

因为 $-|x|\leqslant x\leqslant|x|$，$-|y|\leqslant y\leqslant|y|$，

所以 $-(|x|+|y|)\leqslant x+y\leqslant|x|+|y|$，

即 $|x+y|\leqslant|x|+|y|$.

又 $x=(x+y)-y$，$|-y|=|y|$，

$\therefore |x|=|(x+y)-y|\leqslant|x+y|+|-y|=|x+y|+|y|$，

即 $|x+y|\geqslant|x|-|y|$.

$\therefore |x|-|y|\leqslant|x+y|\leqslant|x|+|y|$.

(二) 邻域　满足绝对值不等式 $|x-a|<\delta$ 的全体实数称为 a 的 δ 邻

域，满足绝对值不等式 $0<|x-a|<\delta$ 的全体实数称为 a 的去心 δ 邻域. 也称开区间 $(a-\delta,a)$ 为 a 的左 δ 邻域，称开区间 $(a,a+\delta)$ 为 a 的右 δ 邻域.

1.1.2 函数

定义 1.1 给定两个实数集 X,Y，若按某一确定的对应法则 f，X 内每一个数 x 在 Y 内有唯一确定的 y 与它对应，则称 f 是定义在 X 上的一个函数，记作 $y=f(x)$. 其中 x 为自变量，y 为应变量；称 X 为函数的定义域，记作 $D(f)$；称全体函数值集合为函数的值域，记作 $Z(f)$.

例 1.1 确定函数 $y=\dfrac{1}{\ln(3x-2)}$ 的定义域.

解 要使函数有意义，需：

$$\begin{cases}3x-2>0\\ \ln(3x-2)\neq 0\end{cases}\Rightarrow\begin{cases}x>\dfrac{2}{3}\\ 3x-2\neq 1\end{cases}\Rightarrow\begin{cases}x>\dfrac{2}{3}\\ x\neq 1\end{cases}.$$

∴ 定义域 $D=\left(\dfrac{2}{3},1\right)\cup(1,+\infty)$.

函数的表示法

1. 列表法：用含自变量 x 与应变量 y 的对应值的表格来表示的方法. 如：学生的学号与学习成绩列表等.

2. 图像法：由图像给出函数的对应法则的方法. 如：气温自动记录仪把一天 24 小时的气温变化在坐标纸上描述出来.

3. 解析法：函数的对应法则借助于数学式子给出. 如：$y=3x+1$，$f(x)=\sin x$ 等.

注：① 在定义域内的不同部分用不同解析式表示的函数，称为**分段函数**. 如：

$$f(x)=\begin{cases}\dfrac{\sin 3x}{x}, & x<0\\ k, & x=0\\ 3x^2+x+3, & x>0\end{cases}$$

② 因变量由自变量表达式表示出来的函数，称为**显函数**. 如：$f(x)=2x^2-x-3$，$y=x^5+\ln(2x)-\sin x$ 等；而因变量与自变量的对应规则是由一个方程 $F(x,y)=0$ 表示的函数，称为**隐函数**. 如 $y-xe^y+x=0$ 等.

③ 若 $y=f(u)$，$u=g(x)$，则 $y=f(g(x))$ 称为**复合函数**. 如 $y=\sin u$，$u=x^2+1$，则 $y=\sin(x^2+1)$ 为复合函数，其中 u 为中间变量.

注：$D(f)\cap Z(g)\neq\varnothing$. 中间变量可以不止一个.

1.1.3 反函数

定义 1.2 若 $y=f(x)$ 定义在 D 上，值域为 Z，若对任一 $y\in Z$，都有唯一确定的满足 $y=f(x)$ 的 x 与之相对应，记对应法则为 f^{-1}，即 $x=f^{-1}(y)$，称之为函数 $y=f(x)$ 的定义在 Z 上的反函数，也称它们互为反函数.

说明 $y=f(x)$ 的定义域 D，值域 Z，则其反函数 $x=f^{-1}(y)$ 的定义域为 Z，值域为 D. 求反函数的步骤：

1) 由 $y=f(x)$ 中解出 $x=f^{-1}(y)$；

2) 将 $x=f^{-1}(y)$ 中 x 与 y 对换：$y=f^{-1}(x)$；

3) $y=f(x)$ 与 $y=f^{-1}(x)$ 的图像关于直线 $y=x$ 对称.

§1.2 函数的性质

1.2.1 函数的单调性

定义 1.3 若函数 $y=f(x)$ 对区间 (a,b) 内任意两点 $x_1<x_2$，总有 $f(x_1)<f(x_2)$，则称 $y=f(x)$ 在 (a,b) 内(严格)单调增加；若总有 $f(x_1)>f(x_2)$，则称 $y=f(x)$ 在 (a,b) 内(严格)单调减少.

例 1.2 判断 $y=2x^2-1$ 的单调性.

解 对任意两点 $x_1<x_2$，有

$f(x_1)-f(x_2)=(2x_1^2-1)-(2x_2^2-1)=2(x_1^2-x_2^2)=2(x_1-x_2)(x_1+x_2)$，

当 $x_1,x_2\in(-\infty,0)$ 时，$f(x_1)-f(x_2)>0$，即 $f(x_1)>f(x_2)$，

所以 $y=2x^2-1$ 在 $(-\infty,0)$ 内单调减少；

当 $x_1,x_2\in(0,+\infty)$ 时，$f(x_1)-f(x_2)<0$，即 $f(x_1)<f(x_2)$，

所以 $y=2x^2-1$ 在$(0,+\infty)$内单调增加；

故 $y=2x^2-1$ 在 $(-\infty,+\infty)$ 内不是单调函数.

1.2.2 函数的奇偶性

定义 1.4 函数 $y=f(x)$ 的定义域为 D，若对所有 $x\in D$，有 $f(-x)=f(x)$，则称 $y=f(x)$ 为偶函数；若对所有 $x\in D$，有 $f(-x)=-f(x)$，则称 $y=f(x)$ 为奇函数.

奇函数图像关于原点对称；偶函数图像关于 y 轴对称.

例 1.3 判断下列函数的奇偶性.

(1) $y = \frac{x}{6}$; (2) $y = x^3 + 1$.

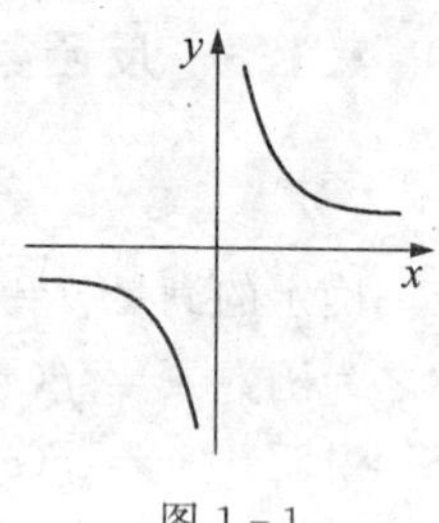

图 1-1

解 (1) $f(-x) = -\frac{x}{6} = -f(x)$,

$\therefore y = \frac{x}{6}$ 是奇函数,如图 1-1 所示.

(2) $f(-x) = -x^3 + 1$,

$\therefore y = x^3 + 1$ 是非奇非偶函数.

1.2.3 函数的周期性

定义 1.5 函数 $y = f(x)$,若存在常数 T,使 $f(x+T) = f(x)$ 恒成立,则称 $y = f(x)$ 为周期函数.满足这个等式的最小正数 T 称为函数的周期.

例如:$y = \sin x$ 的周期为 2π;$y = \tan x$ 的周期为 π.

1.2.4 函数的有界性

定义 1.6 设函数 $y = f(x)$ 在 (a,b) 内有定义[(a,b) 可以是函数的定义域,也可是定义域的一部分],若存在正数 M,对所有 $x \in (a,b)$,恒有 $|f(x)| \leqslant M$,则称 $y = f(x)$ 在 (a,b) 内是有界的;如果不存在这样的正数 M,则称 $y = f(x)$ 在 (a,b) 内是无界的.

例如:$y = \sin x, x \in (-\infty, +\infty)$ 时,恒有 $|\sin x| \leqslant 1$,所以 $y = \sin x$ 在 $(-\infty, +\infty)$ 内是有界的;函数 $y = \frac{1}{x}$ 在 $(0,1)$ 内是无界的,在 $(1,2)$ 内是有界的.

§1.3 初等函数

1.3.1 基本初等函数

我们将常量、幂函数、指数函数、对数函数、三角函数与反三角函数称为基本初等函数.

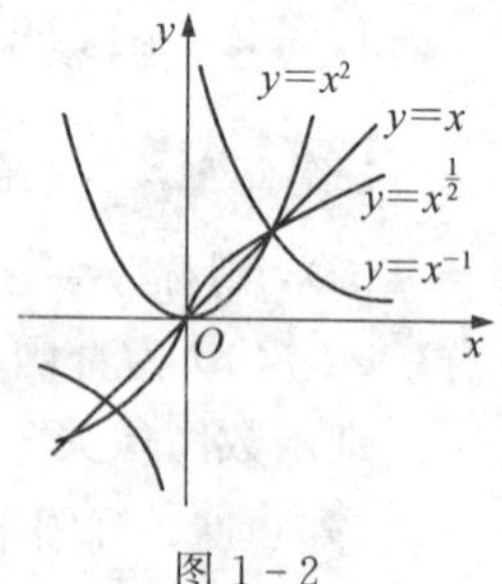

图 1-2

(1) **常量**:$y = C$.

(2) **幂函数**:$y = x^\alpha$ $(\alpha \in \mathbf{R})$.

$y = x^\alpha$ 的定义域因 α 而异,在 $(0, +\infty)$ 内总有定义,且过 $(1,1)$ 点.

$y = x^\alpha$ 在 $(0, +\infty)$ 内的图像如图 1-2 所示.

注:若函数在 $(-\infty, 0)$ 或 $(-\infty, 0]$ 上也有定义,则

其另一半图像可据函数的奇偶性得到.

(3) **指数函数**：$y=a^x(a>0$ 且 $a\neq 1)$，定义域为 $(-\infty,+\infty)$，都过 $(0,1)$ 点，如图 1-3 所示.

(4) **对数函数**：$y=\log_a x(a>0$ 且 $a\neq 1)$，定义域为 $(0,+\infty)$，都过 $(1,0)$ 点，图像与指数函数图像关于直线 $y=x$ 对称，如图 1-4 所示.

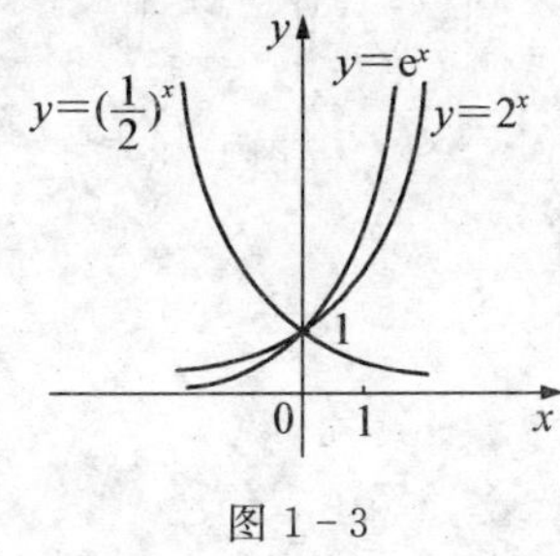

图 1-3

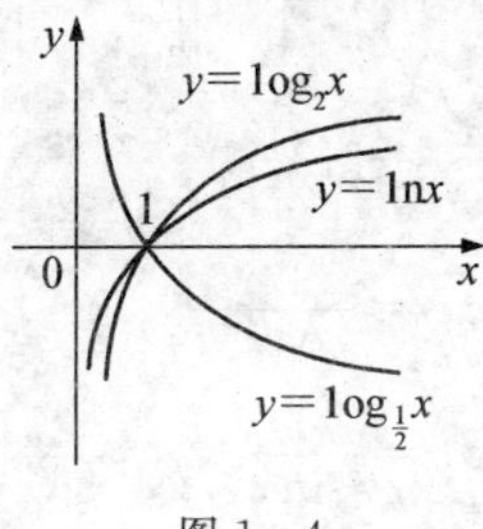

图 1-4

(5) **三角函数**：

$y=\sin x, D=(-\infty,+\infty), Z=[-1,+1]$，奇函数，如图 1-5 所示；

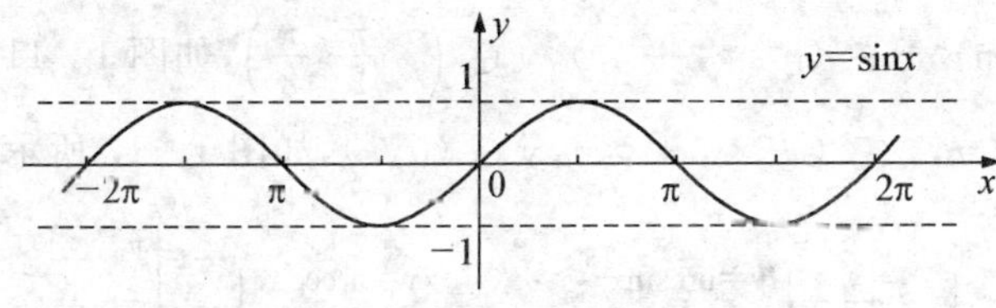

图 1-5

$y=\cos x, D=(-\infty,+\infty), Z=[-1,+1]$，偶函数，如图 1-6 所示；

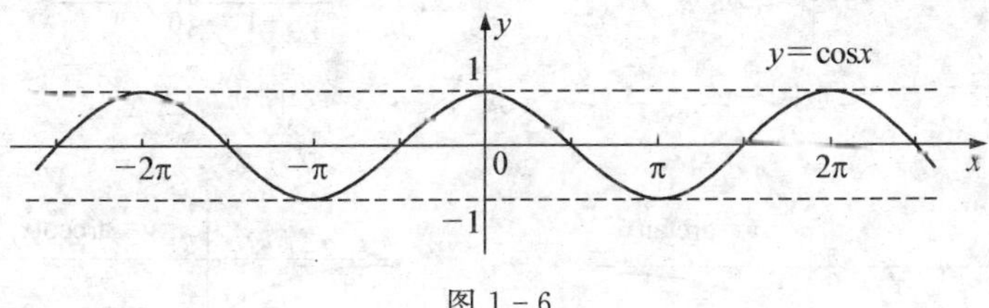

图 1-6

$y=\tan x, D=\left\{x \mid x\neq k\pi+\dfrac{\pi}{2}, k\in Z\right\}, Z=\mathbf{R}$，奇函数，如图 1-7 所示；

$y=\cot x, D=\{x \mid x\neq k\pi, k\in Z\}, Z=\mathbf{R}$，奇函数，如图 1-8 所示；

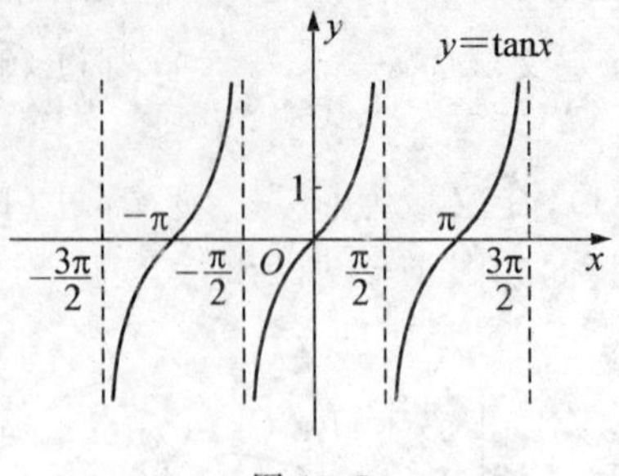

图 1-7

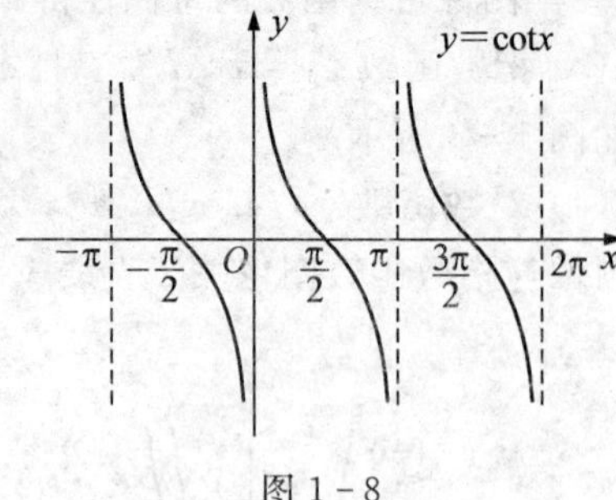

图 1-8

$y = \sec x = \dfrac{1}{\cos x}$;

$y = \csc x = \dfrac{1}{\sin x}$.

(6) **反三角函数:**

$y = \arcsin x, x \in [-1,1], y \in \left[-\dfrac{\pi}{2}, \dfrac{\pi}{2}\right]$,如图 1-9 所示;

$y = \arccos x, x \in [-1,1], y \in [0,\pi]$,如图 1-10 所示;

$y = \arctan x, x \in (-\infty, +\infty), y \in \left(-\dfrac{\pi}{2}, \dfrac{\pi}{2}\right)$,如图 1-11 所示;

$y = \operatorname{arccot} x, x \in (-\infty, +\infty), y \in (0,\pi)$,如图 1-12 所示.

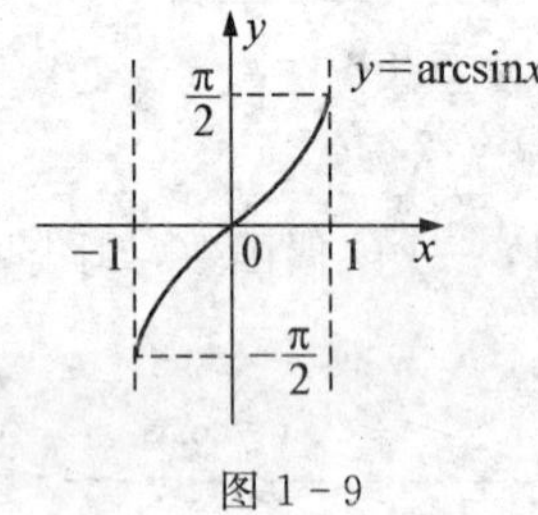

图 1-9

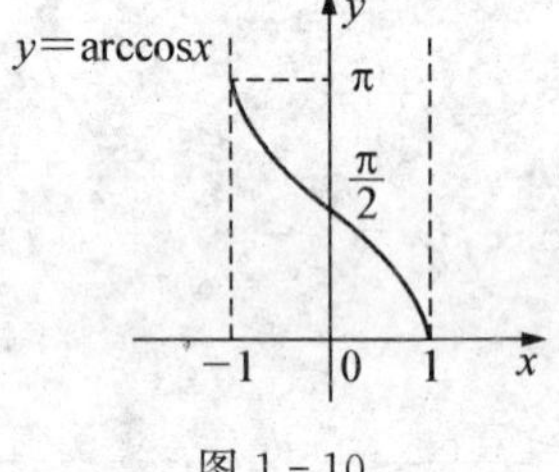

图 1-10

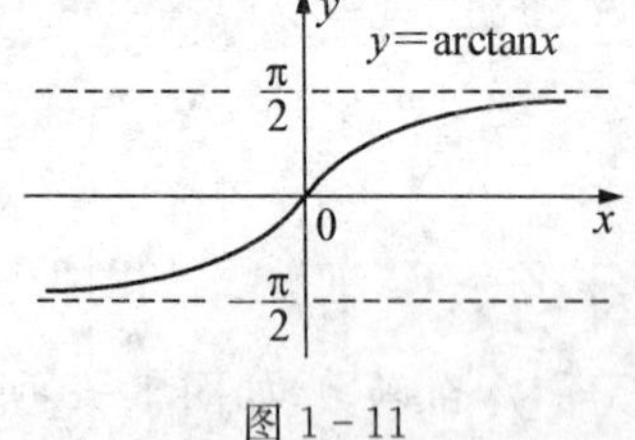

图 1-11

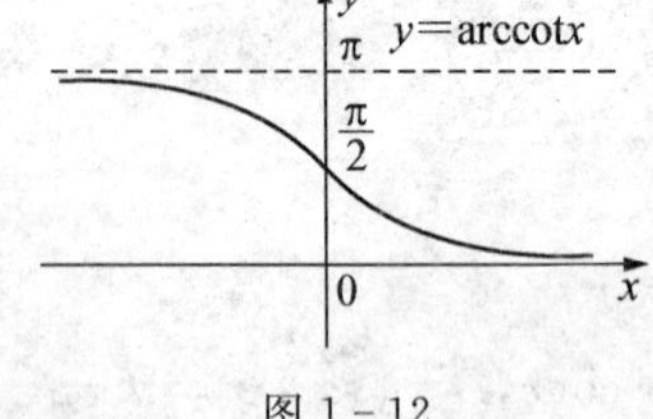

图 1-12

1.3.2 初等函数

由基本初等函数经过有限次四则运算与复合运算步骤所得到的由一个式

子表达的函数,统称为初等函数.例如:$y=\arcsin x+x\sqrt{1-x^2}$,$y=e^{2x}-e^x+x^4-4$ 等.

§1.4　函数关系的建立

1.4.1　建立函数关系的例题

例 1.4　设一矩形的面积为 A,试将周长 s 表示为宽 x 的函数.

解　据题意,矩形长为 $\frac{s}{2}-x$,则 $A=\left(\frac{s}{2}-x\right)\cdot x$,即:

$$s=2\left(x+\frac{A}{x}\right),\ x\in(0,+\infty).$$

例 1.5　某工厂生产某型号车床,年产量为 a 台,分若干批进行生产,每批生产准备费为 b 元.设产品均匀投入市场,且上一批用完后立即生产下一批,即平均库存量是批量的一半.设每年每台库存费为 c 元.为选择最优批量,试求出一年中库存费与生产准备费的和与批量的函数关系.

解　设批量为 x,库存费与生产准备费的和为 $f(x)$,则每年生产的批数为 $\frac{a}{x}$(取整),即生产准备费为 $\frac{a}{x}\cdot b$(取整),因此

$$f(x)=\frac{a}{x}\cdot b+\frac{c}{2}\cdot x,\ x\in(0,a)(\text{取整}).$$

例 1.6　某产品年产量为 x 台,每台售价 200 元.当年产量在 500 台以内时,可以全部售出;当年产量超过 500 台时,经广告宣传后又可以再售出 200 台,每台平均广告费 20 元.生产再多,本年就售不出去.试将本年的销售总收入 R 表示成年产量的函数.

解　$$R(x)=\begin{cases}200x, & 0\leqslant x\leqslant 500\\ 100000+180(x-500), & 500<x\leqslant 700.\\ 136000, & x>700\end{cases}$$

1.4.2　经济学中常用的函数

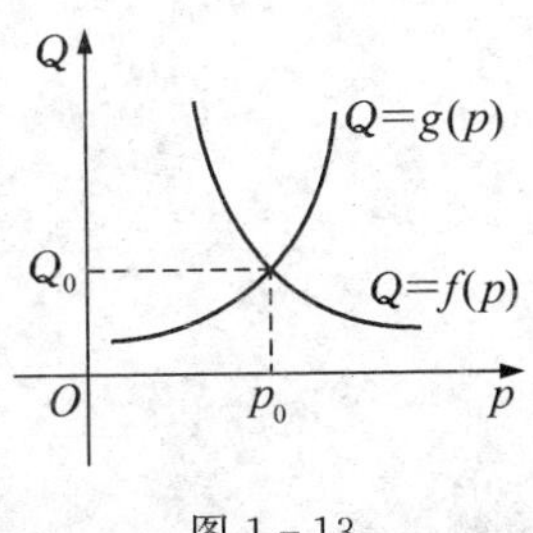

图 1-13

(1) **成本函数**:$C(x)=C_{\text{固}}(x)+C_{\text{变}}(x)$,其中 x 为产量,$C_{\text{固}}(x)$ 为固定成本,$C_{\text{变}}(x)$ 是产量为 x 时的变动成本.

(2) **收益函数**:$R(x)=px$,其中 p 为产品单价,x 为产品销售量.

(3) **利润函数**：$L(x) = R(x) - C(x)$.

(4) **需求函数**：$Q = f(p)$，其中 Q 为需求量，p 为产品单价. 一般来说需求函数单调减少.

(5) **供给函数**：$Q = g(p)$，其中 Q 为供应量，p 为产品单价. 一般来说供给函数单调增加.

(p_0, q_0) 为供需平衡点，p_0 称为均衡价格.

习题 1

1. 若 $f(x) = \begin{cases} \dfrac{\sin 3x}{x}, & x < 0 \\ k, & x = 0 \\ 3x^2 + x + 3, & x > 0 \end{cases}$，试确定其定义域并作图.

2. 某厂生产 A 产品 1000 吨，每吨定价为 130 元，销量在 700 吨以内时按原价出售，超过 700 吨的部分打 9 折出售. 试将销售总收入与销量的函数关系用数学式子表达出来.

3. 若 $y = e^u, u = 2 + v^2, v = \cos x$，将 y 表示成 x 的函数.

4. 若 $f(x) = 3x^2 + 2x, g(t) = \ln(1 + t)$，求 $f(g(t))$.

5. 下列函数由哪些简单函数复合而成：

(1) $y = \sqrt{3x - 1}$；　　(2) $y = e^{-x^2}$；

(3) $y = \sqrt{\ln\sqrt{x}}$；　　(4) $y = (\arctan x^3)^5$.

第 2 章　极限与连续

研究微积分使用的基本方法是极限的方法. 本章是整个微积分学的基础，主要讨论极限的概念与性质、极限的计算和函数的连续性.

§2.1　数列的极限

2.1.1　定义

数列极限的概念是从某些求实际问题的精确值而产生的. 早在公元 3 世纪，我国数学家刘徽就用圆的内接正多边形的面积推算出圆的面积.

设有半径为 R 的圆，作内接正六边形，面积记为 S_1，再作内接正十二边形，面积记为 S_2，…，得到一系列内接正多边形的面积：$S_1,S_2,S_3,\cdots,S_n,\cdots$.

当 n 无限增大时，正多边形的面积无限接近于圆的面积. 这个圆的面积就是数列 $S_1,S_2,S_3,\cdots,S_n,\cdots$ 当 $n\to\infty$ 时的极限.

对于数列的概念，在初等数学中都有介绍，现在所讨论的是无穷数列(以后简称数列). 如果按照某一法则，对每个 $n\in\mathbf{N}^+$，对应着一个确定的实数 x_n，把这些实数排列起来，得到一数列：

$$x_1,x_2,x_3,\cdots,x_n,\cdots.$$

记为 $\{x_n\}$，其中 x_n 称为通项. 例如：

$$1,\frac{1}{2},\frac{1}{3},\frac{1}{4},\cdots,\frac{1}{n},\cdots. \quad ①$$

$$2,4,6,\cdots,2n,\cdots. \quad ②$$

$$1,-1,1,-1,\cdots,(-1)^2,\cdots. \quad ③$$

$$2,\frac{1}{2},\frac{4}{3},\frac{3}{4},\cdots,\frac{n+(-1)^{n+1}}{n},\cdots. \quad ④$$

不难发现，对于数列①和④，当 $n\to\infty$ 时这两个数列分别无限接近于 0 和 1，而数列②和③却不会趋于某一个固定的数字.

定义 2.1　设 $\{x_n\}$ 是一个给定的数列，A 为常数. 当项数 n 无限增大时，如果对应的项 x_n 无限接近于某个固定的常数 A，则称数列 $\{x_n\}$ 收敛，A 称

为数列 $\{x_n\}$ 当 $n\to\infty$ 时的极限,记为 $\lim\limits_{n\to\infty}x_n=A$. 如果数列没有极限,则称数列是发散的.

由此定义,上述四个数列中,数列①和④是收敛的,且 $\lim\limits_{n\to\infty}\dfrac{1}{n}=0$, $\lim\limits_{n\to\infty}\dfrac{n+(-1)^{n+1}}{n}=1$;而数列②和③却是发散的.

例 2.1 观察下列数列的变化趋势,判断他们是否收敛.

(1) $x_n=1+(-1)^n\cdot\dfrac{2}{n}$;

(2) $x_n=\cos\dfrac{\pi}{n}$;

(3) $x_n=(-1)^n\cdot 2^n$.

解 (略)

***定义 2.1′** 设数列 $\{x_n\}$, A 是一个常数,如果对于任意给定的正数 ε,总存在正数 N,使得当 $n>N$ 时,不等式 $|x_n-A|<\varepsilon$ 恒成立,那么称常数 A 是数列 $\{x_n\}$ 的极限,记为 $\lim\limits_{n\to\infty}x_n=A$.

收敛数列的几何意义:在数轴上,将常数 A 及数列 $x_1,x_2,x_3,\cdots,x_n,\cdots$ 表示出来,再取以 A 为中心,ε为半径的一个开区间$(A-\varepsilon,A+\varepsilon)$,如图2-1所示.

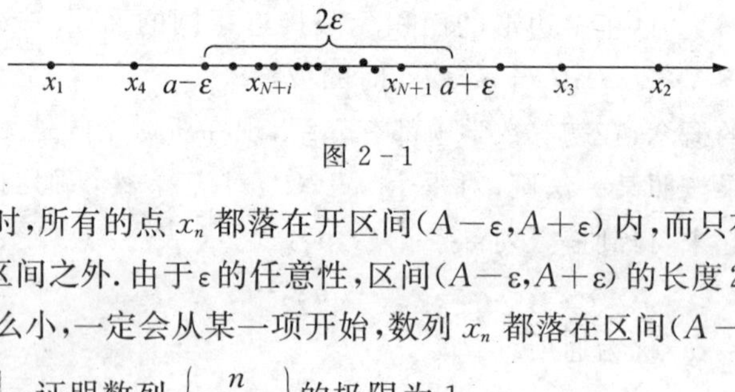

图 2-1

当 $n>N$ 时,所有的点 x_n 都落在开区间$(A-\varepsilon,A+\varepsilon)$内,而只有有限个(至多 N 个)在这个区间之外. 由于ε的任意性,区间$(A-\varepsilon,A+\varepsilon)$的长度$2\varepsilon$可以任意小,但无论长度多么小,一定会从某一项开始,数列 x_n 都落在区间$(A-\varepsilon,A+\varepsilon)$内.

***例 2.2** 证明数列 $\left\{\dfrac{n}{n+1}\right\}$的极限为 1.

证明 $|x_n-1|=\left|\dfrac{n}{n+1}-1\right|=\dfrac{1}{n+1}$,

对$\forall\varepsilon>0$,要使 $|x_n-1|<\varepsilon$,只要$\dfrac{1}{n+1}<\varepsilon$,即 $n>\dfrac{1}{\varepsilon}-1$,取 $N=\left[\dfrac{1}{\varepsilon}-1\right]$,

则当 $n>N$ 时,有$\left|\dfrac{n}{n+1}-1\right|<\varepsilon$,即$\lim\limits_{n\to\infty}\dfrac{n}{n+1}=1$.

***例 2.3** 证明 $\lim\limits_{n\to\infty}\dfrac{n}{2n^2+9}=0$.

证明 $\left|\dfrac{n}{2n^2+9}-0\right|=\dfrac{n}{2n^2+9}<\dfrac{n}{2n^2}=\dfrac{1}{2n}$.

对 $\forall \varepsilon > 0$，要使 $\left|\dfrac{n}{2n^2+9}-0\right| < \varepsilon$，只要 $\dfrac{1}{2n} < \varepsilon$，故 $n > \dfrac{1}{2\varepsilon}$.

所以取 $N = \left[\dfrac{1}{2\varepsilon}\right]$，则当 $n > N$ 时，有 $\left|\dfrac{n}{2n^2+9}-0\right| < \varepsilon$，即 $\lim\limits_{n\to\infty}\dfrac{n}{2n^2+9} = 0$.

2.1.2　性质

性质 2.1　（极限的唯一性）　收敛数列的极限一定唯一. 由此性质可知，数列 $\{(-1)^n\}$ 是发散的.

性质 2.2　（有界性）　收敛的数列必有界，反之不真.

性质 2.3　（保号性）　若 $\lim\limits_{n\to\infty} x_n = a$，且 $a > 0$（或 $a < 0$），则存在 $N > 0$，当 $n > N$ 时，有 $x_n > 0$（或 $x_n < 0$）.

习题 2－1

1. 观察下列数列的变化趋势，判断他们是否收敛，若收敛，写出其极限.

(1) $x_n = \dfrac{1}{2^n}$；　　(2) $x_n = \arctan n$；　　(3) $x_n = \sin n$.

*2. 用定义证明下列极限.

(1) $\lim\limits_{n\to\infty}\dfrac{n}{2n+1} = \dfrac{1}{2}$；　　(2) $\lim\limits_{n\to\infty}\dfrac{\sqrt{n^2+1}}{n} = 1$.

§2.2　函数的极限

先讨论一个实际问题. 如图 2－2 所示，数轴上站了一个人，还有一台高速旋转的电风扇，假定人的鼻尖与电风扇同高. 现在，让此人朝着电风扇慢慢走去.

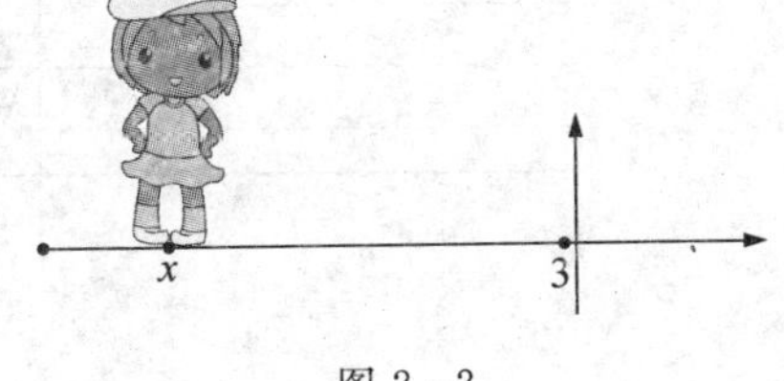

图 2－2

(1) 若人所在的位置用字母 x 来表示，风扇的位置是 3，那么当人一步步走向电风扇，即 $x \to 3$ 时，会有什么情况发生？

(2) 若用 $b(x)$ 代表吹到脸上的风量，可以得到什么结论？

(3) 一台电风扇的最大风量是确定的，从下列一组数据可以得出什么结论？

x	2.9	2.99	2.999	2.9995
$b(x)$	6.9	6.993	6.998	6.9998

(4) 作为当事人，一定不愿意去尝试当 $x=3$ 时是什么情况(因为那不仅仅是一阵风而已)，从这一点出发，可以想到什么？

该问题所讨论的就是本小节要研究的内容——函数的极限.数列可以看成以正整数 n 为自变量的函数，即 $x_n = f(n)$，其极限只是一种特殊函数的极限.对于一般函数 $y = f(x)$，如果让自变量连续变化，得到函数的极限有下列两种情形：① 自变量趋于无穷大时函数的极限；② 自变量趋于有限值时函数的极限.

2.2.1 变量趋于无穷大的极限

例如，函数 $f(x) = 1 + \frac{1}{x}(x \neq 0)$，当 $|x|$ 无限增大时，$f(x)$ 无限接近于 1，如图 2-3 所示.于是可以得到下列定义.

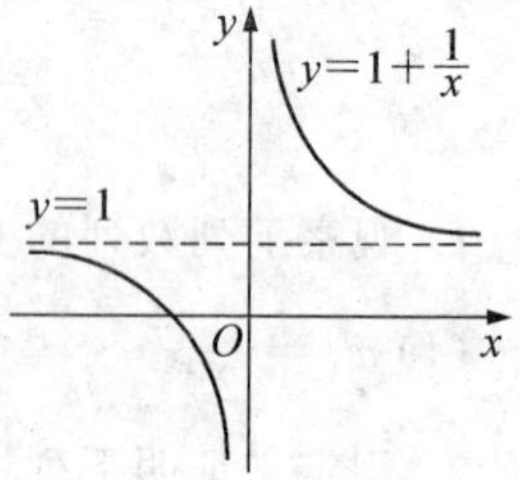

定义 2.2 设函数 $y = f(x)$ 当 $|x|$ 大于某一正数时有定义，A 为常数.若当 $|x| \to \infty$ 时对应的函数值 $f(x)$ 无限地靠近常数 A，则称 A 是函数 $f(x)$ 当 $|x| \to \infty$ 时的极限，记为

$$\lim_{x\to\infty} f(x) = A \text{ 或 } f(x) \to A \quad (x \to \infty).$$

图 2-3

当 x 无限增大或 x 无限减少而绝对值无限增大时，函数值无限地趋于常数 A，则记为

$$\lim_{x\to+\infty} f(x) = A \text{ 或 } \lim_{x\to-\infty} f(x) = A.$$

几何意义 作直线 $y = A - \varepsilon$ 和 $y = A + \varepsilon$，则存在 $X > 0$，使得当 $|x| > X$ 时，函数 $y = f(x)$ 的图形总介于这两直线之间，如图 2-4 所示.

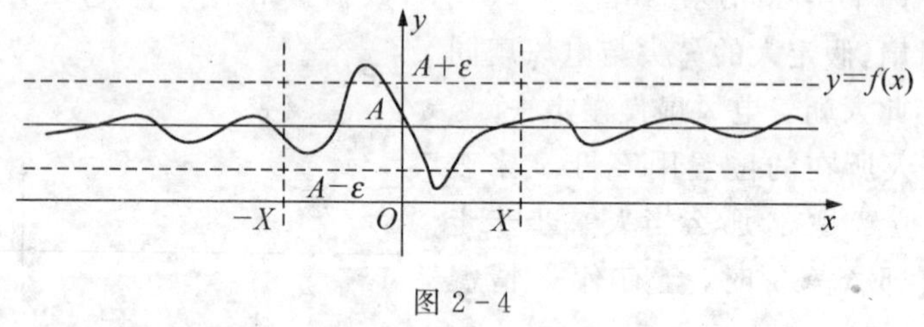

图 2-4

2.2.2 变量趋于某个确定值时函数的极限

定义 2.3 设函数 $y = f(x)$ 在 x_0 的某个去心邻域有定义，A 为常数.若当自变量 x 无限趋于 x_0 时，对应的函数值 $f(x)$ 无限地接近于常数 A，则称 A 是函数 $f(x)$ 当 $x \to x_0$ 时的极限，记为

$$\lim_{x\to x_0} f(x) = A \text{ 或 } f(x) \to A \quad (x \to x_0).$$

例 2.4　函数 $y = f(x) = 2x + 1, x \in (-\infty, +\infty)$. 求函数极限.

容易看出，当 $x \to \frac{1}{2}$ 时，函数值 $f(x)$ 趋向于 2，于是有

$$\lim_{x \to \frac{1}{2}} f(x) = \lim_{x \to \frac{1}{2}} (2x + 1) = 2.$$

例 2.5　函数 $y = f(x) = \frac{x^2 - 1}{x - 1}, x \in (-\infty, 1) \cup (1, +\infty)$. 求函数极限.

容易看出，当 $x \to 1$ 时，函数值 $f(x)$ 趋向于 2，于是有 $\lim\limits_{x \to 1} f(x) = 2$.

值得注意的是，$\lim\limits_{x \to x_0} f(x)$ 研究的是函数 $y = f(x)$ 在 x_0 的去心邻域内的变化趋势，即当 $x \to x_0$ 时所对应的函数值的变化情况，而与 $y = f(x)$ 在 x_0 处是否有定义无关. 例如，本节引例中的自变量 x 只能是靠近 3，而绝对不能达到 3，否则后果不堪设想，然而 $\lim\limits_{x \to 3} b(x)$ 的值却存在，且容易得出 $\lim\limits_{x \to 3} b(x) = 7$.

在极限定义中，$x \to x_0$ 是指 x 从 x_0 的左侧及右侧趋于 x_0 时函数值无限趋于 A. 有时只能或只需考虑 x 仅从 x_0 的某侧趋于 x_0 的极限，就是单侧极限.

定义 2.4　设函数 $y = f(x)$ 在 x_0 的右侧有定义，A 为常数. 若当自变量 x 无限趋于 x_0 时，对应的函数值 $f(x)$ 无限地接近于常数 A，则称 A 是函数 $f(x)$ 当 $x \to x_0^+$ 时的右极限，记为

$$\lim_{x \to x_0^+} f(x) = A \text{ 或 } f(x) \to A (x \to x_0^+).$$

类似地，可以定义 $f(x)$ 当 $x \to x_0^-$ 时的左极限：

$$\lim_{x \to x_0^-} f(x) = A \text{ 或 } f(x) \to A (x \to x_0^-).$$

容易看出，极限存在的充分必要条件是左极限、右极限都存在且相等.

例 2.6　设函数 $f(x) = \begin{cases} x - 1, & x < 0 \\ 0, & x = 0 \\ x + 1, & x > 0 \end{cases}$，判断当 $x \to 0$ 时极限是否存在.

解　$\lim\limits_{x \to 0^-} f(x) = \lim\limits_{x \to 0^-} (x - 1) = -1$，$\lim\limits_{x \to 0^+} f(x) = \lim\limits_{x \to 0^+} (x + 1) = 1$，由于 $\lim\limits_{x \to 0^-} f(x) \neq \lim\limits_{x \to 0^+} f(x)$，所以 $\lim\limits_{x \to 0} f(x)$ 不存在.

2.2.3　无穷小与无穷大

(一) 无穷小

定义 2.5　在某一个变化过程中，若 $f(x)$ 的极限为 0，则称 $f(x)$ 是这个变化过程中的一个无穷小量，简称无穷小.

例如，$\lim\limits_{x \to \infty} \frac{1}{x} = 0$，那么函数 $f(x) = \frac{1}{x}$ 是 $x \to \infty$ 时的无穷小.

$\lim\limits_{x\to 1}(x-1)=0$,那么函数 $f(x)=x-1$ 是 $x\to 1$ 时的无穷小.

注: ① 无穷小量指的不是一个很小的量或数,而是一个极限为 0 的变量.

② 无穷小是相对于变化过程而言的,离开了过程,讨论无穷小便无意义.

③ 同一个函数在这个过程中是无穷小,在另一个过程中可能不是.

定理 2.1 在自变量的同一个变化过程中,$f(x)$ 有极限 A 的充要条件是 $f(x)=A+\alpha$,其中 α 是同一个变化过程中的无穷小.

例如,$\lim\limits_{x\to 1}\dfrac{x^2-1}{x-1}=2$,而$\dfrac{x^2-1}{x-1}=2+(x-1)$,$\lim\limits_{x\to 1}(x-1)=0$.

(二) 无穷大

定义 2.6 在某一变化过程中,$|f(x)|$ 无限增大,则称 $f(x)$ 是这个变化过程中无穷大量,简称无穷大.

例如,$\lim\limits_{x\to 0}\dfrac{1}{x}=\infty$,那么函数 $f(x)=\dfrac{1}{x}$ 是 $x\to 0$ 时的无穷大.

定理 2.2 在自变量的同一变化过程中,如果 $f(x)$ 为无穷大,则$\dfrac{1}{f(x)}$为无穷小;反之,若 $f(x)$ 为无穷小且 $f(x)\neq 0$,则$\dfrac{1}{f(x)}$ 是无穷大.

习题 2-2

1. 函数 $f(x)$ 在点 x_0 有定义,是当 $x\to x_0$ 时 $f(x)$ 有极限的 ( )

A. 充分条件　　B. 必要条件

C. 充要条件　　D. 无关条件

2. 设 $f(x)=\begin{cases} x, & x<3 \\ 3x-1, & x\geqslant 3 \end{cases}$,作出 $f(x)$ 的图形,并讨论 $x\to 3$ 时 $f(x)$ 的左右极限.

§2.3 极限的运算

一般来讲,利用极限的定义来求极限是很困难的,本节介绍求极限的法则以及复合函数求极限的方法.基于初等数学已经学过极限的定义和一些简单的计算,这里不加证明地给出极限的一些计算法则.

2.3.1 无穷小的计算法则

(1) 两个无穷小的和仍是无穷小;

(2) 有界函数与无穷小的积是无穷小;

(3) 两个无穷小的积仍是无穷小.

由此不难推出,有限个无穷小的和与积都是无穷小,但无穷多个无穷小的和与积就不一定是无穷小.

例 2.7　求极限 $\lim\limits_{x\to\infty}\dfrac{\sin x}{x}$.

解　$\dfrac{\sin x}{x}=\dfrac{1}{x}\cdot\sin x$,而 $\lim\limits_{x\to\infty}\dfrac{1}{x}=0$,且 $|\sin x|\leqslant 1$,即 $\dfrac{1}{x}$ 是无穷小量而 $\sin x$ 是有界量,由无穷小的计算法则(2) 知 $\lim\limits_{x\to\infty}\dfrac{\sin x}{x}=0$.

2.3.2　极限的四则运算法则

(1) 和的极限等于极限的和;

(2) 积的极限等于极限的积,即

若 $\lim\limits_{x\to x_0}f(x)=A$,$\lim\limits_{x\to x_0}g(x)=B$,则 $\lim\limits_{x\to x_0}[f(x)g(x)]=AB$;

(3) 商的极限等于极限的商(分母非零),即

若 $\lim\limits_{x\to x_0}f(x)=A$,$\lim\limits_{x\to x_0}g(x)=B(B\neq 0)$,则 $\lim\limits_{x\to x_0}\dfrac{f(x)}{g(x)}=\dfrac{A}{B}$.

特殊情况下,当分子、分母都为多项式时,有如下结论:

$$\lim_{x\to x_0}\frac{a_0x^m+a_1x^{m-1}+\cdots+a_m}{b_0x^n+b_1x^{n-1}+\cdots+b_m}=\begin{cases}\dfrac{a_0}{b_0}, & n=m\\ 0, & n>m\\ \infty, & n<m\end{cases}$$

只要将分子、分母同除以 x 的最高次幂,就可得到此结论.

例 2.8　求极限 $\lim\limits_{x\to x_0}(a_0x^n+a_1x^{n-1}+\cdots+a_{n-1}x+a_n)$.

解　因为 $\lim\limits_{x\to x_0}x=x_0$,$\lim\limits_{x\to x_0}x^n=x_0^n$,故

$$\begin{aligned}原式&=\lim_{x\to x_0}a_0x^n+\lim_{x\to x_0}a_1x^{n-1}+\cdots+\lim_{x\to x_0}a_{n-1}x+\lim_{x\to x_0}a_n\\&=a_0{x_0}^n+a_1{x_0}^{n-1}+\cdots+a_{n-1}x_0+a_n.\end{aligned}$$

例 2.9　求极限 $\lim\limits_{x\to\infty}\dfrac{(2x+1)^{20}\cdot(3x+5)^{30}}{(5x+7)^{50}}$.

解　分子是 50 次多项式,最高次幂的系数为 $a_0=2^{20}\cdot 3^{30}$,分母是 50 次多项式,最高次幂的系数 $b_0=5^{50}$,故

$$原式=\frac{a_0}{b_0}=\frac{2^{20}\cdot 3^{30}}{5^{50}}.$$

例 2.10　求极限 $\lim\limits_{x\to 2}\dfrac{x^2-4}{x-2}$.

解 $\lim\limits_{x\to 2}\frac{x^2-4}{x-2}=\lim\limits_{x\to 2}\frac{(x+2)(x-2)}{x-2}=\lim\limits_{x\to 2}(x+2)=4.$

2.3.3 复合函数的运算法则

定理 2.3（复合函数的极限运算法则） 设函数 $y=f(g(x))$ 是由函数 $y=f(u)$ 与函数 $u=g(x)$ 复合而成的，$\lim\limits_{u\to u_0}f(u)=A$，$\lim\limits_{x\to x_0}g(x)=u_0$，且存在 δ_0，使得在 x_0 的 δ_0 去心邻域内，$g(x)\neq u_0$，则有 $\lim\limits_{x\to x_0}f(g(x))=A$.

例 2.11 求极限 $\lim\limits_{x\to 1}\sqrt{\frac{x^2-1}{x-1}}$.

解 函数 $y=f(x)=\sqrt{\frac{x^2-1}{x-1}}$ 由 $y=\sqrt{u}$ 与 $u=\frac{x^2-1}{x-1}$ 复合而成.

由于 $\lim\limits_{x\to 1}\frac{x^2-1}{x-1}=2$，$\lim\limits_{x\to 2}\sqrt{u}=\sqrt{2}$，因此 $\lim\limits_{x\to 1}\sqrt{\frac{x^2-1}{x-1}}=\sqrt{2}$.

例 2.12 求极限 $\lim\limits_{x\to 4}\frac{\sqrt{2x+1}-3}{\sqrt{x-2}-\sqrt{2}}$.

解 原式 $=\lim\limits_{x\to 4}\frac{[\sqrt{2x+1}-3][\sqrt{2x+1}+3][\sqrt{x-2}+\sqrt{2}]}{[\sqrt{x-2}-\sqrt{2}][\sqrt{x-2}+\sqrt{2}][\sqrt{2x+1}+3]}$

$$=2\lim_{x\to 4}\frac{\sqrt{x-2}+\sqrt{2}}{\sqrt{2x+1}+3}=\frac{2\sqrt{2}}{3}.$$

习题 2-3

1. 求下列极限值.

(1) $\lim\limits_{x\to\sqrt{3}}\frac{x^2-3}{x^4+x^2+1}$； (2) $\lim\limits_{x\to 1}\frac{x^2-1}{2x^2-x-1}$；

(3) $\lim\limits_{x\to 1}\left(\frac{1}{x-1}-\frac{1}{x^3-1}\right)$； (4) $\lim\limits_{x\to 1}\frac{x^n-1}{x-1}$ $(n\in\mathbf{N}^+)$；

(5) $\lim\limits_{n\to\infty}\frac{(n+1)^2}{n-1}$； (6) $\lim\limits_{n\to\infty}\left(1+\frac{1}{2}+\frac{1}{4}+\cdots+\frac{1}{2^{n-1}}\right)$；

(7) $\lim\limits_{x\to 2}\frac{x-2}{\sqrt{x-1}-1}$； (8) $\lim\limits_{x\to\infty}\frac{(2x-1)^{30}(3x-5)^{20}}{(2x+1)^{50}}$.

2. 计算下列极限.

(1) $\lim\limits_{x\to\infty}\frac{x^2+1}{x^3+x}\cdot(3+\sin x)$； (2) $\lim\limits_{x\to\infty}\frac{\arctan x}{x}$.

3. 设 $f(x)=\begin{cases}3-x, & x<2\\ \frac{x}{2}+1, & x\geqslant 2\end{cases}$，问 $\lim\limits_{x\to 2}f(x)$ 是否存在？

4. 若$\lim\limits_{x\to\infty}\left(\dfrac{x^2+1}{x+1}-ax-b\right)=0$,求 a 和 b 的值.

§2.4　重要极限

2.4.1　极限存在的准则

定理 2.4　(夹逼准则)　如果数列 $\{x_n\}$,$\{y_n\}$,$\{z_n\}$ 满足

(1) $x_n \leqslant y_n \leqslant z_n$, $n > \mathbf{N}_0$, $\mathbf{N}_0 \in \mathbf{N}^+$;

(2) $\lim\limits_{n\to\infty} x_n = \lim\limits_{n\to\infty} z_n = a$.

则数列 $\{y_n\}$ 的极限存在,且 $\lim\limits_{n\to\infty} y_n = a$.

例 2.13　求极限 $\lim\limits_{n\to\infty}\sqrt[n]{1+\dfrac{1}{n}}$.

解　显然 $1 \leqslant \sqrt[n]{1+\dfrac{1}{n}} \leqslant 1+\dfrac{1}{n}$,而 $\lim\limits_{n\to\infty}\left(1+\dfrac{1}{n}\right)=1$.

由夹逼准则得 $\lim\limits_{n\to\infty}\sqrt[n]{1+\dfrac{1}{n}}=1$.

例 2.14　证明 $\lim\limits_{n\to\infty}\left(\dfrac{1}{\sqrt{n^2+1}}+\dfrac{1}{\sqrt{n^2+2}}+\cdots+\dfrac{1}{\sqrt{n^2+n}}\right)=1$.

证明:
$$\begin{aligned}\frac{n}{\sqrt{n^2+n}} &= \frac{1}{\sqrt{n^2+n}}+\frac{1}{\sqrt{n^2+n}}+\cdots+\frac{1}{\sqrt{n^2+n}}\\ &\leqslant \frac{1}{\sqrt{n^2+1}}+\frac{1}{\sqrt{n^2+2}}+\cdots+\frac{1}{\sqrt{n^2+n}}\\ &\leqslant \frac{1}{\sqrt{n^2+1}}+\frac{1}{\sqrt{n^2+1}}+\cdots+\frac{1}{\sqrt{n^2+1}}=\frac{n}{\sqrt{n^2+1}}\end{aligned}$$

而 $\lim\limits_{n\to\infty}\dfrac{n}{\sqrt{n^2+n}}=\lim\limits_{n\to\infty}\dfrac{n}{\sqrt{n^2+1}}=1$,由夹逼准则得

$$\lim_{n\to\infty}\left(\frac{1}{\sqrt{n^2+1}}+\frac{1}{\sqrt{n^2+2}}+\cdots+\frac{1}{\sqrt{n^2+n}}\right)=1.$$

对于函数,也有类似的夹逼准则.

定理 2.4′　如果函数 $f(x)$,$g(x)$,$h(x)$满足:

(1) 当 $x \in \mathring{U}(x_0,\delta_1)$ 时,有 $f(x)\leqslant g(x)\leqslant h(x)$;

(2) $f(x)\to A$,$h(x)\to A$($x\to x_0$ 或 $x\to\infty$).

则有 $g(x)\to A$($x\to x_0$ 或 $x\to\infty$).

例 2.15　证明 $\lim\limits_{x\to 0}\dfrac{\sin x}{x}=1$.

证明 由于 $\frac{\sin(-x)}{-x}=\frac{\sin x}{x}$，改变符号时值不变，故只讨论 $x\to 0^+$ 的情形.

如图 2-5 所示，在单位圆中，$\angle AOB=x$，$BC=\sin x$，$AD=\tan x$，弧 $AB=x$，利用面积显然有

$$\sin x<x<\tan x,\ 1<\frac{x}{\sin x}<\frac{1}{\cos x},$$

由夹逼准则得 $\lim\limits_{x\to 0}\frac{\sin x}{x}=1$.

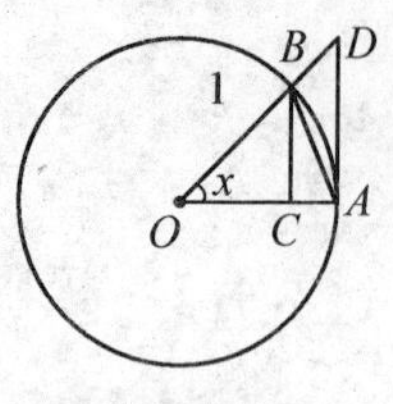

图 2-5

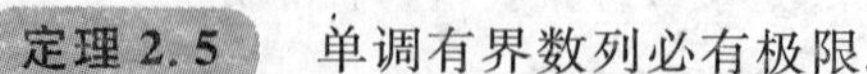

定理 2.5 单调有界数列必有极限.

例 2.16 证明数列 $\sqrt{2}$，$\sqrt{2+\sqrt{2}}$，$\sqrt{2+\sqrt{2+\sqrt{2}}}$，… 的极限存在，并求极限值.

证明 (1) 先证单调性：

令 $\sqrt{2+\sqrt{2+\sqrt{2+\cdots+\sqrt{2}}}}=x_n$，显然有 $x_1=\sqrt{2}<\sqrt{2+\sqrt{2}}=x_2$.

设 $x_{k-1}<x_k$，则有

$$x_k=\sqrt{2+x_{k-1}}<\sqrt{2+x_k}=x_{k+1},$$

所以对 $\forall n\in\mathbf{N}$，都有 $x_n<x_{n+1}$，即数列为单调递增数列.

(2) 以下证有界性：

当 $n=1$ 时，$x_1=\sqrt{2}<2$，设 $x_k<2$，则

$$x_{k+1}=\sqrt{2+x_k}<\sqrt{2+2}=2,$$

所以对 $\forall n\in\mathbf{N}$，都有 $x_n<2$，即数列为有界数列.

(3) 由单调有界原理，该数列一定收敛. 以下求其极限值：

令 $\lim\limits_{n\to\infty}x_n=a$，由 $x_n=\sqrt{2+x_{n-1}}$ 即 $x_n{}^2=2+x_{n-1}$ 两端取极限得 $a^2=2+a$，解得 $a=-1$ 或 $a=2$，但 $a_n>0$，故 $a=2$.

2.4.2 两个重要极限

1. $\lim\limits_{x\to 0}\frac{\sin x}{x}=1$.

此极限式前已证明，需要注意的是，式中 x 为函数的自变量，也可以是中间变量 u，因此严格来讲，应该写为：

$$\lim_{u\to 0}\frac{\sin u}{u}=1.$$

例 2.17 求 $\lim\limits_{x\to 0}\frac{\tan x}{x}$.

解 $\lim\limits_{x\to 0}\frac{\tan x}{x}=\lim\limits_{x\to 0}\frac{\sin x}{x}\cdot\frac{1}{\cos x}=1\times 1=1$.

例 2.18　求 $\lim\limits_{x\to 0}\dfrac{1-\cos x}{x^2}$.

解　$$\lim_{x\to 0}\frac{1-\cos x}{x^2}=\lim_{x\to 0}\frac{2\sin^2\frac{x}{2}}{x^2}=\frac{1}{2}\lim_{x\to 0}\left[\frac{\sin\frac{x}{2}}{\frac{x}{2}}\right]^2=\frac{1}{2}\times 1^2=\frac{1}{2}.$$

例 2.19　求 $\lim\limits_{x\to 1}(1-x)\tan\dfrac{\pi}{2}x$.

解　$$\begin{aligned}\lim_{x\to 1}(1-x)\tan\frac{\pi}{2}x&=\lim_{x\to 1}(1-x)\cdot\cot\left(\frac{\pi}{2}-\frac{\pi}{2}x\right)\\&=\lim_{x\to 1}\frac{(1-x)}{\sin\frac{\pi}{2}(1-x)}\cdot\cos\frac{\pi}{2}(1-x)\\&=\lim_{x\to 1}\frac{\frac{\pi}{2}(1-x)}{\sin\frac{\pi}{2}(1-x)}\cdot\frac{2}{\pi}\cdot\cos\frac{\pi}{2}(1-x)\\&=1\times\frac{2}{\pi}\times 1=\frac{2}{\pi}.\end{aligned}$$

2. $\lim\limits_{x\to\infty}\left(1+\dfrac{1}{x}\right)^x=\mathrm{e}$.

证明　利用定理 2.5 证明(略).

注意: ① 当 x 不是自变量时,极限式应理解为 $\lim\limits_{u\to\infty}\left(1+\dfrac{1}{u}\right)^u=\mathrm{e}$;

② 等价表达式为 $\lim\limits_{x\to 0}(1+x)^{\frac{1}{x}}=\mathrm{e}$ 或 $\lim\limits_{u\to 0}(1+u)^{\frac{1}{u}}=\mathrm{e}$;

③ e 为无理数, $\mathrm{e}=2.718281828459045\cdots$.

例 2.20　求 $\lim\limits_{x\to\infty}\left(1-\dfrac{1}{x}\right)^x$.

解　$$\lim_{x\to\infty}\left(1-\frac{1}{x}\right)^x=\lim_{x\to\infty}\left(1+\frac{1}{-x}\right)^{(-x)\cdot(-1)}=\mathrm{e}^{-1}=\frac{1}{\mathrm{e}}.$$

例 2.21　求 $\lim\limits_{x\to\infty}\left(1+\dfrac{a}{x}\right)^{bx}$.

解　$$\lim_{x\to\infty}\left(1+\frac{a}{x}\right)^{bx}=\lim_{x\to\infty}\left(1+\frac{a}{x}\right)^{\frac{x}{a}\cdot ab}=\mathrm{e}^{ab}.$$

例 2.22　求 $\lim\limits_{x\to\infty}\left(\dfrac{x+1}{x-1}\right)^x$.

解　$$\begin{aligned}\lim_{x\to\infty}\left(\frac{x+1}{x-1}\right)^x&=\lim_{x\to\infty}\left(1+\frac{2}{x-1}\right)^{(x-1)+1}\\&=\lim_{x\to\infty}\left(1+\frac{2}{x-1}\right)^{(x-1)}\cdot\lim_{x\to\infty}\left(1+\frac{2}{x-1}\right)\end{aligned}$$

$$= \lim_{x\to\infty}\left(1+\frac{2}{x-1}\right)^{\frac{x-1}{2}\cdot 2} \cdot \lim_{x\to\infty}\left(1+\frac{2}{x-1}\right)$$
$$= \mathrm{e}^2 \cdot 1 = \mathrm{e}^2.$$

另外,注意还有两个常用的极限:$\lim\limits_{n\to\infty}\sqrt[n]{n}=1$,$\lim\limits_{n\to\infty}\sqrt[n]{a}=1\ (a>0)$.

2.4.3 无穷小的比较

当 $x\to 0$ 时,$3x$,x^2,$\sin x$ 都是无穷小,观察下列极限:

$$\lim_{x\to 0}\frac{x^2}{3x}=0,\lim_{x\to 0}\frac{\sin x}{x}=1,\lim_{x\to 0}\frac{3x}{x^2}=\infty.$$

上述极限中,分子、分母都是无穷小,但不同比的极限各不相同,反映了不同的无穷小趋于零的"快慢"程度.下面以 $x\to x_0$ 为例给出无穷小比较的几个概念.

定义 2.7 设 $\lim\limits_{x\to x_0}\alpha(x)=0\ (\alpha(x)\neq 0)$,$\lim\limits_{x\to x_0}\beta(x)=0$.

(1) 如果 $\lim\limits_{x\to x_0}\dfrac{\beta(x)}{\alpha(x)}=0$,则称 $\beta(x)$ 是比 $\alpha(x)$ 高阶的无穷小,记为 $\beta=o(\alpha)$.

(2) 如果 $\lim\limits_{x\to x_0}\dfrac{\beta(x)}{\alpha(x)}=\infty$,则称 $\beta(x)$ 是比 $\alpha(x)$ 低阶的无穷小.

(3) 如果 $\lim\limits_{x\to x_0}\dfrac{\beta(x)}{\alpha(x)}=k(k\neq 0)$,则称 $\beta(x)$ 是与 $\alpha(x)$ 同阶无穷小.

(4) 如果 $\lim\limits_{x\to x_0}\dfrac{\beta(x)}{\alpha(x)}=1$,则称 $\beta(x)$ 与 $\alpha(x)$ 是等价无穷小,记 $\beta\sim\alpha$.

几个常用的等价无穷小:当 $x\to 0$ 时,

$\sin x\sim x$;　$\tan x\sim x$;　$\arcsin x\sim x$;　$\arctan x\sim x$;

$\ln(1+x)\sim x$;　$\mathrm{e}^x-1\sim x$;　$1-\cos x\sim\dfrac{1}{2}x^2$.

定理 2.6 在自变量的同一变化过程中,$\alpha\sim\alpha'$,$\beta\sim\beta'$,且 $\lim\dfrac{\beta'}{\alpha'}$ 存在,则有 $\lim\dfrac{\beta}{\alpha}=\lim\dfrac{\beta'}{\alpha'}$.这个定理称为等价无穷小代换法则.

例 2.23 求 $\lim\limits_{x\to 0}\dfrac{\sin 2x}{\tan 3x}$.

解 $x\to 0$ 时,$\sin 2x\sim 2x$,$\tan 3x\sim 3x$,于是

$$\lim_{x\to 0}\frac{\sin 2x}{\tan 3x}=\lim_{x\to 0}\frac{2x}{3x}=\frac{2}{3}.$$

例 2.24 求 $\lim\limits_{x\to 0}\dfrac{\tan x}{x^2+3x}$.

解 $\lim\limits_{x\to 0}\dfrac{\tan x}{x^2+3x}=\lim\limits_{x\to 0}\dfrac{x}{x^2+3x}=\dfrac{1}{3}$.

等价无穷小代换法则在求极限中起着非常重要的作用，但值得注意的是，它只能适用于乘法和除法的表达式中.

例 2.25　求 $\lim\limits_{x\to 0}\dfrac{\tan x-\sin x}{x^3}$.

误解　原式 $=\lim\limits_{x\to 0}\dfrac{\tan x-\sin x}{x^3}=\lim\limits_{x\to 0}\dfrac{x-x}{x^3}=0$.

正解　原式 $=\lim\limits_{x\to 0}\dfrac{\tan x-\sin x}{x^3}=\lim\limits_{x\to 0}\dfrac{\tan x\cdot(1-\cos x)}{x^3}$

$$=\lim_{x\to 0}\frac{x\cdot\frac{1}{2}x^2}{x^3}=\frac{1}{2}.$$

习题 2-4

1. 求下列极限.

(1) $\lim\limits_{x\to 0}\dfrac{\sin ax}{x}$；　(2) $\lim\limits_{x\to 0}x\cot x$；　(3) $\lim\limits_{x\to 0}(1-x)^{\frac{1}{x}}$；

(4) $\lim\limits_{x\to\infty}\left(\dfrac{x+1}{x}\right)^{2x}$；　(5) $\lim\limits_{x\to 0}\dfrac{x-\sin x}{x+\sin x}$；　(6) $\lim\limits_{x\to 0}\dfrac{(x-1)\tan 2x}{\arcsin x}$.

2. 当 $x\to 0$ 时，利用等价无穷小的定义证明.

(1) $\arctan x\sim x$；　(2) $1-\cos x\sim\dfrac{1}{2}x^2$；　(3) $\ln(1+x)\sim x$.

§2.5　连续函数

2.5.1　函数的连续性

在现实生活中，很多量是连续变化的，如气温的升高、物体运动的路程、水位的上升等. 这些现象在数学上的表达就是函数的连续性.

定义 2.8　设变量 u 从初值 u_1 变到终值 u_2，终值与初值的差 u_2-u_1 称为变量 u 的增量，记作 $\Delta u=u_2-u_1$. 增量 Δu 可以是正的，也可以是负的.

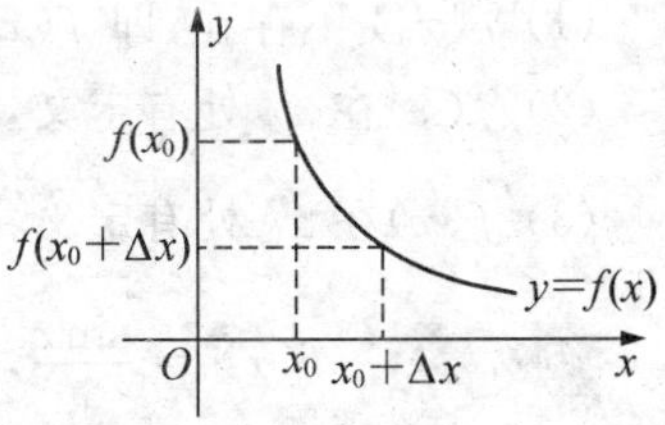

图 2-6

设函数 $y=f(x)$，自变量 x 从 x_0 变化到 $x_0+\Delta x$，函数 y 相应地从 $f(x_0)$ 变化到 $f(x_0+\Delta x)$，则对应 y 的增量为

$$\Delta y=f(x_0+\Delta x)-f(x_0),$$

如图 2-6 所示，可以直观地看出，当 $\Delta x\to 0$ 时，$\Delta y\to 0$. 这就是函数的连续性.

定义 2.9 设函数 $y=f(x)$ 在点 x_0 的某个邻域内有定义，如果

$$\lim_{\Delta x\to 0}\Delta y=\lim_{\Delta x\to 0}[f(x_0+\Delta x)-f(x_0)]=0,$$

则称函数 $y=f(x)$ 在点 x_0 处连续.

在此定义中，若令 $x_0+\Delta x=x$，则 $\Delta x\to 0$ 就是 $x\to x_0$，于是有定义 2.9′.

定义 2.9′ 设函数 $y=f(x)$ 在点 x_0 的某个邻域内有定义，如果

$$\lim_{x\to x_0}f(x)=f(x_0),$$

则称函数 $y=f(x)$ 在点 x_0 处连续.

例 2.26 证明函数 $y=f(x)=x^2$ 在点 $x=1$ 连续.

证明 因为 $\lim\limits_{x\to 1}y=\lim\limits_{x\to 1}x^2=1$，而 $f(1)=1$，所以 $\lim\limits_{x\to 1}y=f(1)$. 故函数 $y=x^2$ 在点 $x=1$ 处连续.

下面简单介绍右连续与左连续.

如果 $\lim\limits_{x\to x_0^-}f(x)=f(x_0)$，则称 $f(x)$ 在点 x_0 处**左连续**.

如果 $\lim\limits_{x\to x_0^+}f(x)=f(x_0)$，则称 $f(x)$ 在点 x_0 处**右连续**.

易知，$f(x)$ 在点 x_0 处连续的充要条件是 $f(x)$ 在点 x_0 处既左连续又右连续.

若 $f(x)$ 在开区间 I 的每一点都连续，则称 $f(x)$ 为开区间 I 上的连续函数.

对定义在 $[a,b]$ 上的函数 $f(x)$，在区间 (a,b) 内每一点都连续，若左端点右连续，右端点左连续，则称 $f(x)$ 在闭区间 $[a,b]$ 上连续.

2.5.2 函数的间断点

定义 2.10 设函数 $f(x)$ 在 x_0 的某邻域内有定义，但在 x_0 不连续，则称函数 $f(x)$ 在 x_0 处间断，x_0 称为 $f(x)$ 的间断点.

考察函数 $f(x)$ 在 x_0 处连续的定义，即 $\lim\limits_{x\to x_0}f(x)=f(x_0)$，可得到函数在 x_0 不连续的三种情形：

(1) $f(x_0)$ 不存在，即 $f(x)$ 在 x_0 处无定义；

(2) $f(x)$ 在 x_0 处有定义，但 $\lim\limits_{x\to x_0}f(x)$ 不存在；

(3) $f(x)$ 在 x_0 处有定义，$\lim\limits_{x\to x_0}f(x)$ 也存在，但 $\lim\limits_{x\to x_0}f(x)\neq f(x_0)$.

例 2.27 $f(x)=\dfrac{\sin x}{x}$，试判断 $f(x)$ 在 $x=0$ 处是否连续.

解 函数 $f(x)=\dfrac{\sin x}{x}$ 在 $x=0$ 处无定义，所以函数在点 $x=0$ 处间断. 由于 $\lim\limits_{x\to 0}\dfrac{\sin x}{x}=1$，如果补充定义，令 $f(0)=1$，则函数 $f(x)=\dfrac{\sin x}{x}$ 在点 $x=0$ 处连续.

把极限存在的间断点,称为**可去间断点**.

例 2.28　指出函数

$$f(x)=\begin{cases}x-1, & x<0\\ 0, & x=0\\ x+1, & x>0\end{cases}$$ 的间断点.

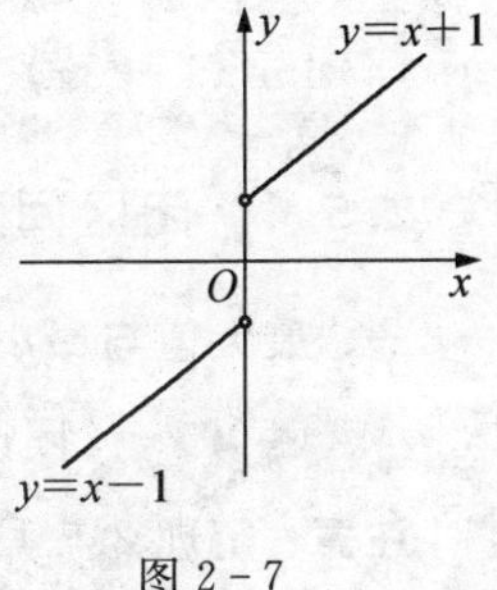

图 2-7

解　因为 $\lim\limits_{x\to0^-}f(x)=\lim\limits_{x\to0^-}(x-1)=-1$,

$\lim\limits_{x\to0^+}f(x)=\lim\limits_{x\to0^+}(x+1)=1$.

故左、右极限存在但不相等,因此 $\lim\limits_{x\to0}f(x)$ 不存在,所以 $x=0$ 为 $f(x)$的不可去间断点,如图 2-7 所示.

把这种左、右极限都存在,但不相等的间断点称为**跳跃间断点**.

例 2.29　指出函数 $f(x)=\dfrac{1}{x}$ 的间断点.

解　函数 $f(x)=\dfrac{1}{x}$ 在点 $x=0$ 处无定义,所以函数在点 $x=0$ 处间断. 因为 $\lim\limits_{x\to0}\dfrac{1}{x}=\infty$,所以称此类间断点为**无穷间断点**.

例 2.30　指出函数 $f(x)=\sin\dfrac{1}{x}$ 的间断点.

解　函数 $f(x)=\sin\dfrac{1}{x}$ 在点 $x=0$ 处间断,$x\to0$ 时,函数值在 -1 与 $+1$ 之间变化无限次.

此类间断点称为**振荡间断点**.

通常把间断点分为两大类,$f(x_0^-)$ 及 $f(x_0^+)$ 都存在的间断点称为**第一类间断点**,其他间断点为**第二类间断点**.

2.5.3　初等函数的连续性

一切基本初等函数在其定义域内都是连续的,一切初等函数在其定义区间上也是连续的. 利用函数的连续性可以简便地计算一些极限.

例 2.31　求下列极限值.

(1) $\lim\limits_{x\to0}\dfrac{\ln(1+x)}{x}$;　(2) $\lim\limits_{x\to0}e^{\frac{\sin x}{x}}$;　(3) $\lim\limits_{x\to0}\dfrac{e^x-1}{x}$;　(4) $\lim\limits_{x\to0}(1+2x)^{\frac{3}{\sin x}}$.

解　(1) $\lim\limits_{x\to0}\dfrac{\ln(1+x)}{x}=\lim\limits_{x\to0}\ln(1+x)^{\frac{1}{x}}=\ln(\lim\limits_{x\to0}(1+x)^{\frac{1}{x}})=\ln e=1$.

(2) $\lim\limits_{x\to0}e^{\frac{\sin x}{x}}=e^{\lim\limits_{x\to0}\frac{\sin x}{x}}=e$.

(3) 设 $e^x-1=t$,则 $x=\ln(1+t)$,且 $x\to0$ 时,$t\to0$,故

$$\lim_{x\to 0}\frac{e^x-1}{x}=\lim_{t\to 0}\frac{t}{\ln(1+t)}=1.$$

(4) $\lim\limits_{x\to 0}(1+2x)^{\frac{3}{\sin x}}=[\lim\limits_{x\to 0}(1+2x)^{\frac{1}{2x}}]^{\frac{6x}{\sin x}}=e^6$.

2.5.4 闭区间上连续函数的性质

一、最大值与最小值

定理 2.7 闭区间上的连续函数一定能够取到最大值和最小值.

注意：定理 2.7 只是充分条件，若函数在开区间上连续，或在闭区间内有间断点，结论不一定成立.

例如：$f(x)=\begin{cases}-x+1, & 0\leqslant x<1\\ 1, & x=1\\ -x+3, & 1<x\leqslant 2\end{cases}$，因为在区间 $[0,2]$ 有间断点 $x=1$，不满足定理的条件，它在 $[0,2]$ 上无最大值也无最小值，如图 2-8 所示.

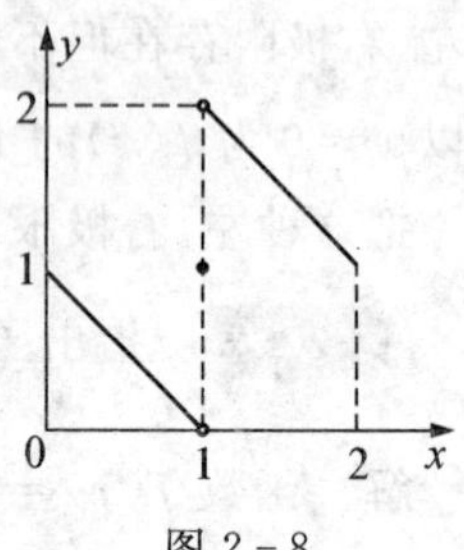

图 2-8

推论 2.1 闭区间上的连续函数一定有界.

这是由于函数 $f(x)$ 在闭区间 $[a,b]$ 上连续，则一定存在最大值 M 和最小值 m，取 $K=\max\{|M|,|m|\}$，则 $|f(x)|\leqslant K$.

二、介值定理

如果存在 x_0，使得 $f(x_0)=0$，则称 x_0 是函数 $f(x)$ 的零点.

定理 2.8（零点定理） 如果函数 $f(x)$ 在闭区间 $[a,b]$ 上连续，且 $f(a)\cdot f(b)<0$，则至少存在一点 $\xi\in(a,b)$，使得 $f(\xi)=0$.

证明 画图说明，略.

例 2.32 证明方程 $x^5-5x-1=0$ 在 $(1,2)$ 内至少有一个根.

证明 $f(x)=x^5-5x-1$，显然，$f(x)$ 在 $[1,2]$ 上连续，且 $f(1)=-5$，$f(2)=21$，则 $f(1)\cdot f(2)<0$，由零点定理，存在 $\xi\in(1,2)$，使得 $f(\xi)=0$，即 $\xi^5-5\xi-1=0$，$x=\xi$ 就是方程 $x^5-5x-1=0$ 在 $(1,2)$ 内的一个根.

定理 2.9（介值定理） 如果函数 $f(x)$ 在闭区间 $[a,b]$ 上连续，且 $f(a)=A$，$f(b)=B$ $(A\neq B)$，则对于 A,B 之间任意的一个数 C，至少存在一点 $\xi\in(a,b)$，使得 $f(\xi)=C$.

证明 略.

推论 2.2 闭区间上的连续函数必取得介于最小值 m 与最大值 M 之间的任何值.

例 2.33 设 $f(x)$ 在 $[a,b]$ 上连续，则对任意的 $x_1,x_2\in(a,b)$，至少存

在一点 $\xi \in (a,b)$，使得 $f(\xi)=\dfrac{f(x_1)+f(x_2)}{2}$.

证明　$f(x)$ 在 $[a,b]$ 上连续，不妨设 $x_1<x_2$，则 $f(x)$ 在 $[x_1,x_2]$ 上连续，假设 $f(x)$ 在 $[x_1,x_2]$ 的最小值和最大值分别为 m 和 M，则有

$$\left.\begin{array}{r} m\leqslant f(x_1)\leqslant M \\ m\leqslant f(x_2)\leqslant M \end{array}\right\}\Rightarrow m\leqslant \frac{f(x_1)+f(x_2)}{2}\leqslant M.$$

由推论 2.2，至少存在一点 $\xi\in(x_1,x_2)\subset(a,b)$，使得 $f(\xi)=\dfrac{f(x_1)+f(x_2)}{2}$.

习题 2-5

1. 计算下列极限.

(1) $\lim\limits_{x\to\frac{\pi}{3}}(\sin 2x)^3$；　　(2) $\lim\limits_{x\to 0}\dfrac{\ln(1+ax)}{x}$；

(3) $\lim\limits_{n\to\infty}n[\ln(n+2)-\ln n]$；　　(4) $\lim\limits_{x\to 0}\dfrac{\sqrt{2}-\sqrt{1+\cos x}}{x^2}$；

(5) $\lim\limits_{x\to a}\dfrac{\sin x-\sin a}{x-a}$；　　(6) $\lim\limits_{x\to 0}\left(\dfrac{x+3}{x+6}\right)^{\frac{x-1}{2}}$.

2. 判断下列函数在给定点处是否连续，若间断，指出间断点的类型.

(1) $y=\dfrac{x^2-1}{x^2-3x+2}$，　$x=1, x=2$.

(2) $y=\begin{cases}0, & x<1\\ 2x+1, & 1\leqslant x<2\\ 1+x^2, & x\geqslant 2\end{cases}$，$x=1, x=2$.

(3) $y=\dfrac{x}{\tan x}$，$x=k\pi, x=k\pi+\dfrac{\pi}{2}$.

(4) $y=\begin{cases}\dfrac{\sin x}{|x|}, & x\neq 0\\ 1, & x=0\end{cases}$，$x=0$.

3. 设

$$f(x)=\begin{cases}e^x, & x<0\\ a+x, & x\geqslant 0\end{cases}.$$

问 a 取何值时，$f(x)$ 在 $(-\infty,+\infty)$ 连续.

4. 证明方程 $e^x-2=x$ 在 $(0,2)$ 至少有一根.

5. 设函数 $f(x)$ 在 $[a,b]$ 连续，且 $a<c<d<b$，证明：对于任意的正数 p,q，至少有一点 $\xi\in(a,b)$，使得

$$pf(c)+qf(d)=(p+q)f(\xi).$$

第3章　导数与微分

微分学是微积分的重要组成部分，它的基本概念是导数与微分. 本章中，我们主要讨论导数与微分的概念以及它们的计算方法.

§3.1　导数的概念

3.1.1　例子

1. 变速直线运动的瞬间速度问题

设一物体作变速运动，其运动规律为 $s=s(t)$，其中 $s(t_0)$ 为物体在 t_0 时刻离开起点的位移(即距离). 求在任一时刻 t_0 物体的瞬间速度.

设物体在 t_0 时刻的位移为 $s(t_0)$，任取从时刻 t_0 到 $t_0+\Delta t$ 这样一个时间间隔 Δt，物体在该时间间隔内的位移为

$$\Delta s=s(t_0+\Delta t)-s(t_0).$$

平均速度为

$$\bar{v}=\frac{\Delta s}{\Delta t}=\frac{s(t_0+\Delta t)-s(t_0)}{\Delta t}.$$

平均速度不能精确地反映物体在 t_0 时刻的瞬时速度，但 $|\Delta t|$ 越小，用平均速度表示在 t_0 时刻的瞬时速度就越精确. 因此，当 $\Delta t\to 0$ 时，平均速度的极限(若存在)称为物体在 t_0 时刻的瞬时速度，记为 $v(t_0)$，即

$$v(t_0)=\lim_{\Delta t\to 0}\frac{\Delta s}{\Delta t}=\lim_{\Delta t\to 0}\frac{s(t_0+\Delta t)-s(t_0)}{\Delta t}.$$

2. 切线问题

设曲线 $y=f(x)$ 的图形如图 3－1 所示，点 $M(x_0,y_0)$ 为曲线上一定点，在曲线上另取一点 $N(x_0+\Delta x,y_0+\Delta y)$，作割线 MN，当点 N 沿曲线趋于点 M 时，若割线 MN 绕点 M 旋转而趋于极限位置 MT，直线 MT 就称为曲线 $y=f(x)$ 在点 M 处的切线，其斜率为

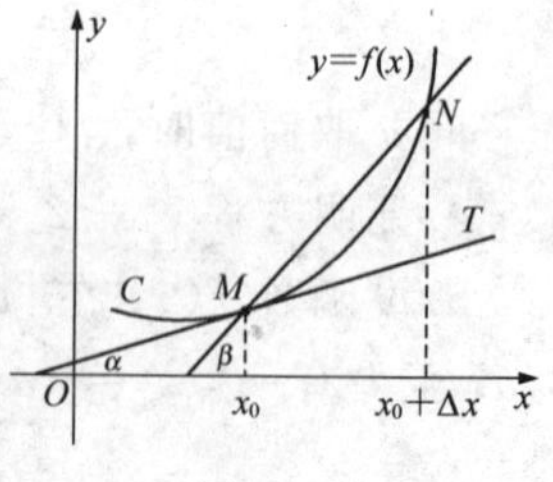

图 3－1

$$k = \tan\alpha = \lim_{\Delta x \to 0} \frac{\Delta y}{\Delta x} = \lim_{\Delta x \to 0} \frac{f(x_0 + \Delta x) - f(x_0)}{\Delta x}.$$

在实际生活中还有很多不同类型的变化率问题，例如细杆的线密度、电流强度、人口增长率，以及经济学中的边际成本、边际利润等，涉及众多不同的领域，这就要求我们用统一的方式来处理，从而引入导数的概念.

3.1.2　导数的定义

定义 3.1　设函数 $y = f(x)$ 在点 x_0 的某邻域 $U(x_0, \delta)$ 内有定义，当自变量 x 在 x_0 处取得增量 Δx 时，相应的函数 y 取得增量 $\Delta y = f(x_0 + \Delta x) - f(x_0)$. 若当 $\Delta x \to 0$ 时，$\frac{\Delta y}{\Delta x}$ 的极限存在，则称 $y = f(x)$ 在点 x_0 处可导. 并称此极限为函数 $y = f(x)$ 在点 x_0 处的导数，记为 $f'(x_0)$. 即 $f'(x_0) = \lim\limits_{\Delta x \to 0} \frac{\Delta y}{\Delta x} = \lim\limits_{\Delta x \to 0} \frac{f(x_0 + \Delta x) - f(x_0)}{\Delta x}$. 也可记为

$$y' \big|_{x=x_0}, \frac{\mathrm{d}y}{\mathrm{d}x}\bigg|_{x=x_0}, \frac{\mathrm{d}f(x)}{\mathrm{d}x}\bigg|_{x=x_0}.$$

注：① 若 $\lim\limits_{\Delta x \to 0} \frac{f(x_0 + \Delta x) - f(x_0)}{\Delta x}$ 不存在，则称函数 $y = f(x)$ 在点 x_0 处不可导. 特别地，若 $\lim\limits_{\Delta x \to 0} \frac{f(x_0 + \Delta x) - f(x_0)}{\Delta x} = \infty$，为方便起见，记为 $f'(x_0) = \infty$.

② 若 $y = f(x)$ 在开区间 (a,b) 内的每点处都可导，则称函数 $y = f(x)$ 在 (a,b) 内可导.

③ 对任一 $x \in (a,b)$，都对应着 $f(x)$ 的一个确定的导数值，这样就构成了一个新的函数，这个新的函数称为原来函数 $f(x)$ 的导函数，记作 y'，$f'(x)$，$\frac{\mathrm{d}y}{\mathrm{d}x}$ 或 $\frac{\mathrm{d}f(x)}{\mathrm{d}x}$.

④ $f'(x_0) = f'(x) \big|_{x=x_0}$.

显然，极限 $\lim\limits_{\Delta x \to 0} \frac{f(x_0 + \Delta x) - f(x_0)}{\Delta x}$ 存在的充分必要条件是：

$$\lim_{\Delta x \to 0^-} \frac{f(x_0 + \Delta x) - f(x_0)}{\Delta x}, \quad \lim_{\Delta x \to 0^+} \frac{f(x_0 + \Delta x) - f(x_0)}{\Delta x}$$

存在且相等，这两个极限分别称为 $f(x)$ 在点 x_0 处的左导数和右导数. 左导数和右导数统称为单侧导数. 关于左、右导数，我们有

(1) 左导数：$f'_-(x_0) = \lim\limits_{\Delta x \to 0^-} \frac{f(x_0 + \Delta x) - f(x_0)}{\Delta x}$；

(2) 右导数：$f'_{+}(x_0)=\lim\limits_{\Delta x\to 0^{+}}\dfrac{f(x_0+\Delta x)-f(x_0)}{\Delta x}$；

(3) 函数 $f(x)$ 在点 x_0 可导的充分必要条件是 $f'_{-}(x_0)=f'_{+}(x_0)$；

(4) 若函数 $f(x)$ 在开区间 (a,b) 内可导，且 $f'_{+}(a)$ 和 $f'_{-}(b)$ 都存在，就称函数 $f(x)$ 在闭区间 $[a,b]$ 内可导.

3.1.3　定义求导数

利用定义求导数的步骤：

(1) 求增量 $\Delta y=f(x_0+\Delta x)-f(x_0)$；

(2) 计算比值 $\dfrac{\Delta y}{\Delta x}=\dfrac{f(x_0+\Delta x)-f(x_0)}{\Delta x}$；

(3) 求极限 $f'(x_0)=\lim\limits_{\Delta x\to 0}\dfrac{\Delta y}{\Delta x}$；

(4) 求 $f(x)$ 的导函数 $f'(x)=\lim\limits_{\Delta x\to 0}\dfrac{f(x_0+\Delta x)-f(x_0)}{\Delta x}$.

例 3.1　求 $y=x^2$ 的导数 $f'(x)$ 及 $f'(1)$.

解　
$$f'(1)=\lim_{\Delta x\to 0}\frac{\Delta y}{\Delta x}=\lim_{\Delta x\to 0}\frac{f(1+\Delta x)-f(1)}{\Delta x}=\lim_{\Delta x\to 0}\frac{(1+\Delta x)^2-1^2}{\Delta x}$$
$$=\lim_{\Delta x\to 0}\frac{1+2\Delta x+(\Delta x)^2-1}{\Delta x}=\lim_{\Delta x\to 0}(2+\Delta x)=2.$$
$$f'(x)=\lim_{\Delta x\to 0}\frac{f(x+\Delta x)-f(x)}{\Delta x}=\lim_{\Delta x\to 0}\frac{(x+\Delta x)^2-x^2}{\Delta x}$$
$$=\lim_{\Delta x\to 0}(2x+\Delta x)=2x.$$

且
$$f'(1)=f'(x)\big|_{x=1}=2x\big|_{x=1}=2.$$

例 3.2　求函数 $f(x)=c$（c 为常数）的导数.

解　$f'(x)=\lim\limits_{\Delta x\to 0}\dfrac{f(x+\Delta x)-f(x)}{\Delta x}=\lim\limits_{\Delta x\to 0}\dfrac{c-c}{\Delta x}=0$. 即 $(c)'=0$.

例 3.3　设函数 $f(x)=\sin x$，求 $(\sin x)'$ 及 $(\sin x)'\big|_{x=\frac{\pi}{4}}$.

解　
$$(\sin x)'=\lim_{\Delta x\to 0}\frac{\sin(x+\Delta x)-\sin(x)}{\Delta x}=\lim_{\Delta x\to 0}\frac{2\sin\frac{\Delta x}{2}\cdot\cos\left(x+\frac{\Delta x}{2}\right)}{\Delta x}$$
$$=\lim_{\Delta x\to 0}\cos\left(x+\frac{\Delta x}{2}\right)\cdot\frac{\sin\frac{\Delta x}{2}}{\frac{\Delta x}{2}}=\cos x.\ 即\ (\sin x)'=\cos x.$$

则 $(\sin x)'\big|_{x=\frac{\pi}{4}}=\cos\dfrac{\pi}{4}=\dfrac{\sqrt{2}}{2}$.

例 3.4　求函数 $f(x)=x^n$(n 为正整数)的导数.

解　$(x^n)'=\lim\limits_{\Delta x\to 0}\dfrac{(x+\Delta x)^n-x^n}{\Delta x}=\lim\limits_{\Delta x\to 0}(nx^{n-1}+C_n^2x^{n-2}\Delta x+\cdots+\Delta x^n)=nx^{n-1}$.

即
$$(x^n)'=nx^{n-1}.$$

更一般地，$(x^a)'=ax^{a-1},a\in\mathbf{R}$.

例如　$(\sqrt{x})'=\dfrac{1}{2}x^{\frac{1}{2}-1}=\dfrac{1}{2\sqrt{x}}$, $(x^{-1})'=(-1)x^{-1-1}=-\dfrac{1}{x^2}$.

例 3.5　求 $f(x)=\mathrm{e}^x$ 的导数.

解
$$f'(x)=\lim_{\Delta x\to 0}\frac{f(x+\Delta x)-f(x)}{\Delta x}=\lim_{\Delta x\to 0}\frac{\mathrm{e}^{x+\Delta x}-\mathrm{e}^x}{\Delta x}$$
$$=\mathrm{e}^x\lim_{\Delta x\to 0}\frac{\mathrm{e}^{\Delta x}-1}{\Delta x}=\mathrm{e}^x.$$

即
$$(\mathrm{e}^x)'=\mathrm{e}^x.$$

更一般地，有 $(a^x)'=a^x\ln a$.

例 3.6　求 $f(x)=\ln x$ 的导数.

解
$$f'(x)=\lim_{\Delta x\to 0}\frac{f(x+\Delta x)-f(x)}{\Delta x}=\lim_{\Delta x\to 0}\frac{\ln(x+\Delta x)-\ln x}{\Delta x}$$
$$=\lim_{\Delta x\to 0}\frac{1}{\Delta x}\ln\left(1+\frac{\Delta x}{x}\right)=\frac{1}{x}\lim_{\Delta x\to 0}\ln\left(1+\frac{\Delta x}{x}\right)^{\frac{x}{\Delta x}}=\frac{1}{x}\ln\mathrm{e}=\frac{1}{x}.$$

即
$$(\ln x)'=\frac{1}{x}.$$

更一般地，有
$$(\log_a x)'=\frac{1}{x\ln a}.$$

例 3.7　讨论 $f(x)=|x|$ 在 $x=0$ 的可导性.

解　因为 $\dfrac{f(0+\Delta x)-f(0)}{\Delta x}=\dfrac{|\Delta x|}{\Delta x}$,

故
$$f'_+(0)=\lim_{\Delta x\to 0^+}\frac{f(0+\Delta x)-f(0)}{\Delta x}=\lim_{\Delta x\to 0^+}\frac{\Delta x}{\Delta x}=1,$$
$$f'_-(0)=\lim_{\Delta x\to 0^-}\frac{f(0+\Delta x)-f(0)}{\Delta x}=\lim_{\Delta x\to 0^-}\frac{-\Delta x}{\Delta x}=-1.$$

即
$$f'_+(0)\neq f'_-(0).$$

故 $f(x)=|x|$ 在 $x=0$ 不可导.

3.1.4　导数的几何意义

$f'(x_0)$ 表示曲线 $y=f(x)$ 在点 $M(x_0,f(x_0))$ 处切线的斜率，即 $f'(x_0)=\tan\alpha$

(α 为倾角),则曲线在点 $M(x_0, f(x_0))$ 的切线方程和法线方程分别为

$$y - f(x_0) = f'(x_0)(x - x_0) \quad 和 \quad y - f(x_0) = -\frac{1}{f'(x_0)}(x - x_0).$$

例 3.8 求曲线 $y = \dfrac{1}{x}$ 在点 $\left(\dfrac{1}{2}, 2\right)$ 处的切线和法线方程.

解 $y' = \left(\dfrac{1}{x}\right)' = -\dfrac{1}{x^2}$,切线在点 $\left(\dfrac{1}{2}, 2\right)$ 处的斜率为

$$k = y'\big|_{x=\frac{1}{2}} = \left(\frac{1}{x}\right)'\bigg|_{x=\frac{1}{2}} = -\frac{1}{x^2}\bigg|_{x=\frac{1}{2}} = -4.$$

所求切线方程为

$$y - 2 = -4\left(x - \frac{1}{2}\right), 即\ 4x + y - 4 = 0.$$

法线方程为

$$y - 2 = \frac{1}{4}\left(x - \frac{1}{2}\right), 即\ 2x - 8y + 15 = 0.$$

3.1.5 可导与连续的关系

定理 3.1 (可导的必要条件) 设函数 $f(x)$ 在点 x_0 处可导,则 $y = f(x)$ 在点 x_0 处必连续.

证明 因为函数 $f(x)$ 在点 x_0 处可导,即 $\lim\limits_{\Delta x \to 0} \dfrac{\Delta y}{\Delta x}$ 存在,所以

$$\lim_{\Delta x \to 0} \Delta y = \lim_{\Delta x \to 0} \frac{\Delta y}{\Delta x} \cdot \Delta x = \lim_{\Delta x \to 0} \frac{\Delta y}{\Delta x} \cdot \lim_{\Delta x \to 0} \Delta x = 0.$$

即 $y = f(x)$ 在点 x_0 处必连续.

注意 该定理的逆定理不成立.

例 3.9 讨论函数 $f(x) = \sqrt[3]{x^2}$ 在点 $x = 0$ 处的连续性与可导性.

解 因为 $\lim\limits_{x \to 0} f(x) = \lim\limits_{x \to 0} \sqrt[3]{x^2} = 0$,所以 $f(x) = \sqrt[3]{x^2}$ 在点 $x = 0$ 的连续.

又因为 $f'(0) = \lim\limits_{\Delta x \to 0} \dfrac{f(\Delta x) - f(0)}{\Delta x} = \lim\limits_{\Delta x \to 0} \dfrac{\sqrt[3]{(\Delta x)^2} - 0}{\Delta x} = \infty$.

即导数不存在.

习题 3-1

1. 求下列函数的导数.

(1) $y = \sqrt[3]{x^2}$; (2) $y = \dfrac{1}{\sqrt{x}}$; (3) $y = \sqrt{x\sqrt{x}}$; (4) $y = x^3\sqrt{x}$.

2. 求曲线 $y = e^x$ 在点 $(0,1)$ 处的切线方程.

3. 求曲线 $y=\cos x$ 在点 $\left(\frac{\pi}{3},\frac{1}{2}\right)$ 处的切线方程和法线方程.

4. 讨论下列函数在 $x=0$ 处的连续性和可导性.

(1) $y=|\sin x|$;(2) $y=\begin{cases}x^2\sin\frac{1}{x}, & x\neq 0\\ 0, & x=0\end{cases}$.

5. 设函数 $f(x)=\begin{cases}x^2, & x\leqslant 1\\ ax+b, & x>1\end{cases}$,问 a,b 取何值时,$f(x)$ 在 $x=1$ 处连续且可导.

§3.2　求导法则

直接用定义求一个函数的导数很麻烦,本节给出求初等函数导数的运算法则.

3.2.1　函数的和、差、积和商的求导法则

定理 3.2　如果函数 $u(x),v(x)$ 在点 x 处皆可导,则它们的和、差、积和商(分母不为零)在点 x 处也可导,并且

(1) $[u(x)\pm v(x)]'=u'(x)\pm v'(x)$;

(2) $[u(x)v(x)]'=u'(x)v(x)+u(x)v'(x)$;

(3) $\left[\frac{u(x)}{v(x)}\right]'=\frac{u'(x)v(x)-u(x)v'(x)}{v^2(x)}$,其中 $v(x)\neq 0$.

特别地,$\left[\frac{1}{v(x)}\right]'=-\frac{v'(x)}{v^2(x)}$.

证明　(1),(2)略;证(3).

设 $f(x)=\frac{u(x)}{v(x)}$,$(v(x)\neq 0)$,则

$$f'(x)=\lim_{\Delta x\to 0}\frac{f(x+\Delta x)-f(x)}{\Delta x}=\lim_{\Delta x\to 0}\frac{\frac{u(x+\Delta x)}{v(x+\Delta x)}-\frac{u(x)}{v(x)}}{\Delta x}$$

$$=\lim_{\Delta x\to 0}\frac{u(x+\Delta x)v(x)-u(x)v(x+\Delta x)}{v(x+\Delta x)v(x)\Delta x}$$

$$=\lim_{\Delta x\to 0}\frac{[u(x+\Delta x)-u(x)]v(x)-u(x)[v(x+\Delta x)-v(x)]}{v(x+\Delta x)v(x)\Delta x}$$

$$=\lim_{\Delta x\to 0}\frac{\frac{u(x+\Delta x)-u(x)}{\Delta x}v(x)-u(x)\frac{v(x+\Delta x)-v(x)}{\Delta x}}{v(x+\Delta x)v(x)}$$

$$=\frac{u'(x)v(x)-u(x)v'(x)}{[v(x)]^2}.$$

推论

(1) $\left[\sum_{i=1}^{n} f_i(x)\right]' = \sum_{i=1}^{n} f_i'(x)$;

(2) $[cf(x)]' = cf'(x)$;

(3) $\left[\prod_{i=1}^{n} f_i(x)\right]' = f_1'(x)f_2(x)\cdots f_n(x) + \cdots + f_1(x)\cdots f_n'(x)$.

例 3.10 求 $y = x^3 - 2x^2 + \sin x$ 的导数.

解 $y' = 3x^2 - 4x + \cos x$.

例 3.11 求 $y = \sin 2x \cdot \ln x$ 的导数.

解 因 $y = 2\sin x \cdot \cos x \cdot \ln x$, 故

$$\begin{aligned} y' &= 2\cos^2 x \cdot \ln x - 2\sin^2 x \cdot \ln x + 2\sin x \cdot \cos x \cdot \frac{1}{x} \\ &= 2\cos 2x \cdot \ln x + \frac{1}{x}\sin 2x. \end{aligned}$$

例 3.12 求 $y = \tan x$ 的导数.

解
$$\begin{aligned} y' &= \left(\frac{\sin x}{\cos x}\right)' = \frac{(\sin x)'\cos x - \sin x(\cos x)'}{\cos^2 x} \\ &= \frac{\cos^2 x + \sin^2 x}{\cos^2 x} = \frac{1}{\cos^2 x} = \sec^2 x. \end{aligned}$$

即
$$(\tan x)' = \sec^2 x.$$

例 3.13 求 $y = \sec x$ 的导数.

解
$$y' = (\sec)' = \left(\frac{1}{\cos x}\right)' = \frac{-(\cos x)'}{\cos^2 x} = \sec x \cdot \tan x$$

即
$$(\sec x)' = \sec x \cdot \tan x.$$

同理可得
$$(\csc x)' = -\csc x \cdot \cot x.$$

3.2.2 反函数的导数

定理 3.3 设函数 $y = f(x)$ 在区间 I_x 上单调,可导,且 $f'(x) \neq 0$, 则它的反函数 $x = f^{-1}(y)$ 在对应区间 I_y 上也单调,可导,且

$$[f^{-1}(y)]' = \frac{1}{f'(x)} \text{ 或 } \frac{\mathrm{d}x}{\mathrm{d}y} = \frac{1}{\frac{\mathrm{d}y}{\mathrm{d}x}}.$$

证明 任取 $y \in I_y$, 给 y 以增量 Δy, 由 $x = f^{-1}(y)$ 的单调性可知

$$\Delta x = f^{-1}(y + \Delta y) - f^{-1}(y) \neq 0,$$

于是

$$\frac{\Delta x}{\Delta y}=\frac{1}{\dfrac{\Delta y}{\Delta x}},$$

因为 $x=f^{-1}(y)$ 连续，故 $\lim\limits_{\Delta y\to 0}\Delta x=0$，从而

$$[f^{-1}(y)]'=\lim_{\Delta y\to 0}\frac{\Delta x}{\Delta y}=\frac{1}{\lim\limits_{\Delta x\to 0}\dfrac{\Delta y}{\Delta x}}=\frac{1}{f'(x)}.$$

例 3.14　$y=\arcsin x, x\in(-1,1)$，求 y'.

解　$y=\arcsin x$ 的反函数是 $x=\sin y, y\in\left(-\dfrac{\pi}{2},\dfrac{\pi}{2}\right)$，故

$$y'=\frac{1}{(\sin y)'}=\frac{1}{\cos y}=\frac{1}{\sqrt{1-\sin^2 y}}=\frac{1}{\sqrt{1-x^2}}.$$

即
$$(\arcsin x)'=\frac{1}{\sqrt{1-x^2}}.$$

类似地，
$$(\arcsin x)'=-\frac{1}{\sqrt{1-x^2}},\ (\arctan x)'=\frac{1}{1+x^2},$$

$$(\operatorname{arccot} x)'=-\frac{1}{1+x^2},\ (\log_a x)'=\frac{1}{x\ln a}.$$

3.2.3　复合函数求导法则

定理 3.4　设函数 $u=g(x)$ 在点 x 处可导，$y=f(u)$ 在点 $u=g(x)$ 处可导，则复合函数 $y=f[g(x)]$ 在点 x 处可导，且其导数为

$$\frac{\mathrm{d}y}{\mathrm{d}x}=f'(u)\cdot g'(x)，或\frac{\mathrm{d}y}{\mathrm{d}x}=\frac{\mathrm{d}y}{\mathrm{d}u}\cdot\frac{\mathrm{d}u}{\mathrm{d}x}.$$

证明　设 x 取得增量 Δx，则 u 取得增量 Δu，从而 y 取得增量 Δy，即

$$\Delta u=g(x+\Delta x)-g(x),\ \Delta y=f(u+\Delta u)-f(u).$$

当 $\Delta u\neq 0$ 时，有

$$\frac{\Delta y}{\Delta x}=\frac{\Delta y}{\Delta u}\cdot\frac{\Delta u}{\Delta x}.$$

因为 $u=g(x)$ 可导，则必连续，所以当 $\Delta x\to 0$ 时，$\Delta u\to 0$，因此

$$\lim_{\Delta x\to 0}\frac{\Delta y}{\Delta x}=\lim_{\Delta u\to 0}\frac{\Delta y}{\Delta u}\cdot\lim_{\Delta x\to 0}\frac{\Delta u}{\Delta x},$$

即

$$\frac{\mathrm{d}y}{\mathrm{d}x}=f'(u)\cdot g'(x).$$

当 $\Delta u=0$ 时，可证明上述公式仍成立.

注意，公式表明，复合函数的导数等于复合函数对中间变量的导数乘以中

间变量对自变量的导数. 复合函数的求导法则又称为**链式法则**.

推广 设 $y=f(u), u=u(v), v=v(x)$, 则复合函数 $y=f\{u[v(x)]\}$ 的导数为

$$\frac{\mathrm{d}y}{\mathrm{d}x}=\frac{\mathrm{d}y}{\mathrm{d}u}\cdot\frac{\mathrm{d}u}{\mathrm{d}v}\cdot\frac{\mathrm{d}v}{\mathrm{d}x}.$$

例 3.15 求 $y=\ln\sin x$ 的导数.

解 设 $y=\ln u, u=\sin x$, 则

$$y'=(\ln u)'\cdot(\sin x)'=\frac{1}{u}\cos x=\frac{\cos x}{\sin x}=\cot x.$$

例 3.16 $y=\mathrm{e}^{\sin\frac{1}{x}}$, 求 y'.

解
$$y'=(\mathrm{e}^{\sin\frac{1}{x}})'=\mathrm{e}^{\sin\frac{1}{x}}\cdot\left(\sin\frac{1}{x}\right)'=\mathrm{e}^{\sin\frac{1}{x}}\cdot\cos\frac{1}{x}\cdot\left(\frac{1}{x}\right)'$$
$$=-\frac{1}{x^2}\mathrm{e}^{\sin\frac{1}{x}}\cdot\cos\frac{1}{x}.$$

例 3.17 求 $y=\cos(\sin^2x^3)$ 的导数.

解
$$\begin{aligned}y'&=[\cos(\sin^2x^3)]'=-\sin(\sin^2x^3)\cdot(\sin^2x^3)'\\&=-\sin(\sin^2x^3)\cdot2\sin x^3\cdot(\sin x^3)'\\&=-\sin(\sin^2x^3)\cdot2\sin x^3\cdot\cos x^3\cdot(x^3)'\\&=-\sin(\sin^2x^3)\cdot2\sin x^3\cdot\cos x^3\cdot3x^2\\&=-6\sin(\sin^2x^3)\cdot\sin x^3\cdot\cos x^3\cdot x^2.\end{aligned}$$

例 3.18 $y=\sqrt[3]{1-2x^2}$, 求 y'.

解 $y'=[(1-2x^2)^{\frac{1}{3}}]'=\frac{1}{3}(1-2x^2)^{-\frac{2}{3}}\cdot(1-2x^2)'=\dfrac{-4x}{3\sqrt[3]{(1-2x^2)^2}}.$

例 3.19 设 $y=\ln|x|$, 求 y'.

解 因为

$$\ln|x|=\begin{cases}\ln x, & x>0\\ \ln(-x), & x<0\end{cases}.$$

所以,当 $x>0$ 时, $y'=\dfrac{1}{x}$; 当 $x<0$ 时, $y'=-\dfrac{1}{x}\cdot(-x)'=\dfrac{1}{x}$.

因此
$$(\ln|x|)'=\frac{1}{x}.$$

例 3.20 求 $y=\dfrac{x}{2}\sqrt{a^2-x^2}+\dfrac{a^2}{2}\arcsin\dfrac{x}{a}$ 的导数.

解
$$\begin{aligned}y'&=\left(\frac{x}{2}\sqrt{a^2-x^2}\right)'+\left(\frac{a^2}{2}\arcsin\frac{x}{a}\right)'\\&=\left(\frac{x}{2}\right)'\sqrt{a^2-x^2}+\frac{x}{2}(\sqrt{a^2-x^2})'+\frac{a^2}{2}\left(\arcsin\frac{x}{a}\right)'\end{aligned}$$

$$= \frac{1}{2}\sqrt{a^2-x^2} + \frac{x}{2} \cdot \frac{-2x}{2\sqrt{a^2-x^2}} + \frac{a^2}{2} \cdot \frac{1}{\sqrt{1^2-\left(\frac{x}{a}\right)^2}} \cdot \left(\frac{x}{a}\right)'$$

$$= \frac{1}{2}\sqrt{a^2-x^2} - \frac{x^2}{2\sqrt{a^2-x^2}} + \frac{a^2}{2\sqrt{a^2-x^2}}$$

$$= \sqrt{a^2-x^2}.$$

3.2.4 基本导数公式与求导法则

1. 基本导数公式

(1) $(C)' = 0$；

(2) $(x^a)' = ax^{a-1}$；

(3) $(\sin x)' = \cos x$；

(4) $(\cos x)' = -\sin x$；

(5) $(\tan x)' = \sec^2 x$；

(6) $(\cot x)' = -\csc^2 x$；

(7) $(\sec x)' = \sec x\tan x$；

(8) $(\csc x)' = -\csc x\cot x$；

(9) $(e^x)' = e^x$；

(10) $(a^x)' = a^x\ln a$；

(11) $(\ln x)' = \frac{1}{x}$；

(12) $(\log_a x)' = \frac{1}{x\ln a}$；

(13) $(\arcsin x)' = \frac{1}{\sqrt{1-x^2}}$；

(14) $(\arccos x)' = -\frac{1}{\sqrt{1-x^2}}$；

(15) $(\arctan)' = \frac{1}{1+x^2}$；

(16) $(\text{arccot} x)' = -\frac{1}{1+x^2}$.

2. 函数的和、差、积、商的求导法则

设 $u=u(x), v=v(x)$ 均可导，则

(1) $(u \pm v)' = u' \pm v'$；

(2) $(uv)' = u'v + uv'$；

(3) $(cu)' = cu'$；

(4) $\left(\frac{u}{v}\right)' = \frac{u'v-uv'}{v^2}$.

3. 复合函数的求导法则

设 $y=f(u), u=g(x)$，且 $f(u), g(x)$ 均可导，则复合函数 $y-f[g(x)]$ 的导数为

$$y'(x) = f'(u)g'(x).$$

习题 3-2

1. 求下列函数的导数.

(1) $y = x^3 + \frac{7}{x^4} - \frac{2}{x} + 12$；

(2) $y = \frac{1-x^3}{\sqrt{x}}$；

(3) $y = \sin x \cdot \cos x$;

(4) $y = \dfrac{1-\ln x}{1+\ln x}$;

(5) $y = \dfrac{e^x}{x^2} + \ln 3$;

(6) $y = \dfrac{\arcsin x}{\arctan x}$;

(7) $y = x^2 \ln x \cos x$;

(8) $y = \dfrac{1+\sin t}{1+\cos t}$.

2. 求下列函数在给定点处的导数.

(1) $y = x\sin x + \dfrac{1}{2}\cos x$, 求 $\dfrac{dy}{dx}\Big|_{x=\frac{\pi}{4}}$;

(2) $f(x) = \dfrac{3}{5-x} + \dfrac{x^2}{5}$, 求 $f'(0)$.

3. 求曲线 $y = 2\sin x + x^2$ 在点 $(0,0)$ 处的切线方程和法线方程.

4. 求下列函数的导数.

(1) $y = \cos(4-3x)$;

(2) $y = \ln(1+x^2)$;

(3) $y = \sqrt{a^2 - x^2}$;

(4) $y = \arctan(e^x)$;

(5) $y = \tan(x^2)$;

(6) $y = \ln\cos x$;

(7) $y = \arcsin(1-2x)$;

(8) $y = e^{-\frac{x}{2}}\cos 3x$;

(9) $y = \dfrac{1-\ln x}{1+\ln x}$;

(10) $y = \ln(\sec x + \tan x)$.

5. 求下列函数的导数.

(1) $y = \ln\tan\dfrac{x}{2}$;

(2) $y = e^{\arctan\sqrt{x}}$;

(3) $y = \arctan\dfrac{x+1}{x-1}$;

(4) $y = \ln\ln\ln x$;

(5) $y = \arcsin\sqrt{\dfrac{1-x}{1+x}}$;

(6) $y = e^{-x}(x^2 - 2x + 3)$;

(7) $y = \left(\arctan\dfrac{x}{2}\right)^2$;

(8) $y = \dfrac{e^t - e^{-t}}{e^t + e^{-t}}$;

(9) $y = e^{-\sin^2\frac{1}{x}}$;

(10) $y = x\arcsin\dfrac{x}{2} + \sqrt{4-x^2}$.

6. 设 $f(x)$ 可导,求下列函数的导数.

(1) $y = f(x^2)$;

(2) $y = f(\sin^2 x) + f(\cos^2 x)$.

§3.3 隐函数的导数

一个二元方程 $F(x,y)=0$ 可以确定一元函数 $y=y(x)$ 或 $x=x(y)$, 并称其为隐函数. 如 $x^2+e^x+y=0$, $\ln x + e^y - y^2 = 0$. 我们研究了显函数 $y=y(x)$ 的导数. 若方程 $F(x,y)=0$ 确定了隐函数 $y=y(x)$, 如何求出 $y=y(x)$ 的导数?

3.3.1　一般方法

在方程 $F(x,y)=0$ 中将 y 视为 x 的函数 $y=y(x)$，或者将 x 视为 y 的函数 $x=x(y)$，用复合函数求导法则直接对方程 $F(x,y)=0$ 的两边求导数.

例 3.21　求由 $xy-\mathrm{e}^x+\mathrm{e}^y=0$ 确定的函数 $y=y(x)$ 的导数 $\dfrac{\mathrm{d}y}{\mathrm{d}x},\left.\dfrac{\mathrm{d}y}{\mathrm{d}x}\right|_{x=0}$.

解　方程两边对 x 求导得，

$$y+x\frac{\mathrm{d}y}{\mathrm{d}x}-\mathrm{e}^x+\mathrm{e}^y\frac{\mathrm{d}y}{\mathrm{d}x}=0,$$

解得

$$\frac{\mathrm{d}y}{\mathrm{d}x}=\frac{\mathrm{e}^x-y}{x+\mathrm{e}^y}.$$

由原方程知 $x=0,y=0$，故

$$\left.\frac{\mathrm{d}y}{\mathrm{d}x}\right|_{x=0}=\left.\frac{\mathrm{e}^x-y}{x+\mathrm{e}^y}\right|=1.$$

例 3.22　设曲线 C 的方程为 $x^3+y^3=3xy$，求通过 C 上点 $\left(\dfrac{3}{2},\dfrac{3}{2}\right)$ 的切线方程，并证明曲线 C 在该点的法线通过原点.

解　方程两边对 x 求导得，

$$3x^2+3y^2\cdot y'=3y+3xy',$$

解得

$$y'=\frac{y-x^2}{y^2-x},\qquad \left.y'\right|_{\left(\frac{3}{2},\frac{3}{2}\right)}=-1.$$

所求切线方程为

$$y-\frac{3}{2}=-\left(x-\frac{3}{2}\right),\quad 即\quad x+y-3=0.$$

法线方程为

$$y-\frac{3}{2}=x-\frac{3}{2},\quad 即\quad y=x.$$

显然它通过原点.

3.3.2　对数求导法

观察函数 $y=\dfrac{(x+1)\sqrt[3]{x-1}}{(x+4)^2\mathrm{e}^x},y=x^{\sin x}$. 这些函数的特点是多个函数相乘或幂指函数 $u(x)^{v(x)}$ 的情形. 对于这些函数，使用对数求导法来求导数要比通常的方法简便.

对数求导法： 先在方程两边取对数，然后利用隐函数的求导方法求导数.

例 3.23 设 $y=\dfrac{(x+1)\sqrt[3]{x-1}}{(x+4)^2e^x}$，求 y'.

解 两边取对数得

$$\ln y=\ln(x+1)+\frac{1}{3}\ln(x-1)-2\ln(x+4)-x,$$

上式两边同时对 x 求导得

$$\frac{y'}{y}=\frac{1}{x+1}+\frac{1}{3(x-1)}-\frac{2}{x+4}-1,$$

于是

$$y'=\frac{(x+1)\sqrt[3]{x-1}}{(x+4)^2e^x}\left[\frac{1}{x+1}+\frac{1}{3(x-1)}-\frac{2}{x+4}-1\right].$$

例 3.24 $y=x^{\sin x}(x>0)$，求 y'.

解法一 两边取对数得

$$\ln y=\sin x\cdot\ln x.$$

上式两边同时对 x 求导并乘以 y 得

$$y'=x^{\sin x}\left[\cos x\cdot\ln x+\frac{\sin x}{x}\right].$$

解法二 因为 $y=e^{\sin x\cdot\ln x}$，所以

$$y'=e^{\sin x\cdot\ln x}(\sin x\cdot\ln x)'=e^{\sin x\cdot\ln x}\left(\cos x\cdot\ln x+\sin x\cdot\frac{1}{x}\right)$$

$$=x^{\sin x}\left(\cos x\cdot\ln x+\frac{\sin x}{x}\right).$$

注意 幂指函数 $u(x)^{v(x)}(u(x)>0)$ 的求导有两种方法：① 直接取对数，再按隐函数求导法计算；② 先取对数，再取以 e 为底的指数，最后按复合函数求导法计算.

习题 3-3

1. 求由下列方程所确定的隐函数的导数 $\dfrac{dy}{dx}$.

(1) $y^2-2xy+9=0$；　　(2) $x^3+y^3-3axy=0$；

(3) $xy=e^{x+y}$；　　(4) $y=1-xe^y$.

2. 求曲线 $x^{\frac{2}{3}}+y^{\frac{2}{3}}=a^{\frac{2}{3}}$ 在点 $\left(\dfrac{\sqrt{2}}{4}a,\dfrac{\sqrt{2}}{4}a\right)$ 处的切线方程和法线方程.

3. 用对数求导法求下列函数的导数.

(1) $\left(\dfrac{x}{1+x}\right)^x$；　　(2) $\sqrt[5]{\dfrac{x-5}{\sqrt[5]{x^2+2}}}$；

(3) $y=\dfrac{\sqrt{x+2}\,(3-x)^4}{(x+1)^5}$；　　(4) $y=\sqrt{x\sin x\sqrt{1-e^x}}$.

§3.4 高阶导数

3.4.1 高阶导数的定义

设物体作变速直线运动，其速度 $v(t)$ 是位移 $s(t)$ 对时间 t 的导数，而加速度 $a(t)$ 又是速度 $v(t)$ 的变化率，即 $a(t)=\dfrac{dv}{dt}=\dfrac{d}{dt}\left(\dfrac{ds}{dt}\right)$. 像这样，导数的导数称为二阶导数.

定义 3.2 若函数 $y=f(x)$ 的导数 $y'=f'(x)$ 在点 x 处可导，即

$$(y')'=(f'(x))'=\lim_{\Delta x\to 0}\frac{f'(x+\Delta x)-f'(x)}{\Delta x}$$

存在，则称为函数在点 x 处的二阶导数. 记为 $f''(x)$，y''，$\dfrac{d^2y}{dx^2}$ 或 $\dfrac{d^2f(x)}{dx^2}$.

依次类推，$f''(x)$ 的导数称为 $f(x)$ 的三阶导数，记为 $f'''(x)$，y'''，$\dfrac{d^3y}{dx^3}$；三阶导数的导数称为四阶导数，记为 $f^{(4)}(x)$，$y^{(4)}$，$\dfrac{d^4y}{dx^4}$，….

一般地，函数 $f(x)$ 的 $n-1\ (n>1)$ 阶导数 $f^{(n-1)}(x)$ 的导数称为函数 $f(x)$ 的 n 阶导数(高阶导数)，记作 $f^{(n)}(x)$，$y^{(n)}$，$\dfrac{d^ny}{dx^n}$ 或 $\dfrac{d^nf(x)}{dx^n}$.

3.4.2 高阶导数的求法

1. 显函数 $y=f(x)$ 的 n 阶导数的求法

例 3.25 设 $y=\arctan x$，求 $f''(0)$，$f'''(0)$.

解
$$y'=\frac{1}{1+x^2},\ y''=\left(\frac{1}{1+x^2}\right)'=\frac{-2x}{(1+x^2)^2},$$

$$y'''=\left(\frac{-2x}{(1+x^2)^2}\right)'=\frac{2(3x^2-1)}{(1+x^2)^3}.$$

所以

$$f''(0)=\left.\frac{-2x}{(1+x^2)^2}\right|_{x=0}=0;\ f'''(0)=\left.\frac{2(3x^2-1)}{(1+x^2)^3}\right|_{x=0}=-2.$$

例 3.26 求 $y=e^x$ 的 n 阶导数.

解 $y'=e^x$，$y''=e^x$，…，$y^{(n)}=e^x$.

例 3.27 求 $y=\sin x$ 的 n 阶导数.

解
$$y'=\cos x=\sin\left(x+\frac{\pi}{2}\right),$$
$$y''=-\sin x=\sin(x+\pi),$$
$$y'''=-\cos x=\sin\left(x+\frac{3}{2}\pi\right),$$
$$\cdots$$
$$y^{(n)}=\sin\left(x+\frac{n}{2}\pi\right).$$

即
$$(\sin x)^{(n)}=\sin\left(x+\frac{n}{2}\pi\right).$$

类似可得
$$(\cos x)^{(n)}=\cos\left(x+\frac{n}{2}\pi\right).$$

例 3.28 求 $y=\ln(1+x)$ 的 n 阶导数.

解 $y'=\dfrac{1}{1+x},y''=\dfrac{-1}{(1+x)^2},y'''=\dfrac{1\times2}{(1+x)^3},y^{(4)}=\dfrac{-1\times2\times3}{(1+x)^4},\cdots,$

$$y^{(n)}=\frac{(-1)^{n+1}1\times2\times3\cdots(n-1)}{(1+x)^n},$$

即
$$[\ln(1+x)]^{(n)}=\frac{(-1)^{n+1}(n-1)!}{(1+x)^n}.$$

常用高阶导数公式

(1) $(a^x)^{(n)}=a^x\ln^n a\,(a>0),(\mathrm{e}^x)^{(n)}=\mathrm{e}^x$;

(2) $(\sin ax)^{(n)}=a^n\sin\left(ax+n\cdot\dfrac{\pi}{2}\right)$;

(3) $(\cos bx)^{(n)}=b^n\cos\left(bx+n\cdot\dfrac{\pi}{2}\right)$;

(4) $(x^a)^{(n)}=a(a-1)\cdots(a-n+1)x^{a-n}$;

(5) $(\ln x)^{(n)}=(-1)^{n-1}\dfrac{(n-1)!}{x^n}$;

(6) $\left(\dfrac{1}{x}\right)^{(n)}=(-1)^n\dfrac{n!}{x^{n+1}}$;

(7)(莱布尼茨公式)

$$(uv)^{(n)}=\sum_{k=0}^{n}C_n^k u^{(k)}v^{(n-k)}=u^{(n)}v+nu^{(n-1)}v'+\frac{n(n-1)}{2!}u^{(n-2)}v''+\cdots+uv^{(n)}.$$

例 3.29 设 $y=\dfrac{1}{x^2-1}$,求 $y^{(5)}$.

解
$$y=\frac{1}{x^2-1}=\frac{1}{2}\left(\frac{1}{x-1}-\frac{1}{x+1}\right),$$

$$y^{(5)}=\frac{1}{2}\left[\frac{-5!}{(x-1)^6}-\frac{-5!}{(x+1)^6}\right]=60\left[\frac{1}{(x+1)^6}-\frac{1}{(x-1)^6}\right].$$

例 3.30　设 $y=x^2\sin x$，求 $y^{(10)}$.

解　设 $u=\sin x, v=x^2$，由莱布尼茨公式得

$$y^{(10)}=(\sin x\cdot x^2)^{(10)}=(\sin x)^{(10)}\cdot x^2+10(\sin x)^{(9)}(x^2)'+\frac{10\times 9}{2}(\sin x)^{(8)}(x^2)''$$

$$=\left[\sin\left(x+10\times\frac{\pi}{2}\right)\right]x^2+10\sin\left[\left(x+9\times\frac{\pi}{2}\right)\right]\times 2x$$

$$+\frac{90}{2}\left[\sin\left(x+8\times\frac{\pi}{2}\right)\right]\times 2$$

$$=-x^2\sin x+20x\cos x+90\sin x.$$

2. 隐函数的二阶导数

例 3.31　求由方程 $e^y=xy$ 所确定的隐函数 $y=y(x)$ 的二阶导数 y''.

解　两边对 x 求导得

$$e^y y'=y+xy',$$

解得

$$y'=\frac{y}{e^y-x}.$$

上式两边对 x 求导得

$$\frac{d^2y}{dx^2}=\frac{y'(e^y-x)-y(e^y y'-1)}{(e^y-x)^2}=\frac{2(e^y-x)y-y^2e^y}{(e^y-x)^3}.$$

例 3.32　设 $y=x^x$，求 y''.

解　两边取对数得

$$\ln y=x\ln x,$$

两边对 x 求导得

$$\frac{1}{y}y'=\ln x+x\frac{1}{x}=\ln x+1,$$

即

$$y'=y(\ln x+1).$$

上式两边再对 x 求导得

$$y''=y'(\ln x+1)+y\cdot\frac{1}{x}=y\left[(\ln x+1)^2+\frac{1}{x}\right]=x^x\left[(\ln x+1)^2+\frac{1}{x}\right].$$

习题 3-4

1. 求下列函数的二阶导数.

(1) $y=e^{2x-1}$；　　(2) $y=e^{-t}\sin t$；

(3) $y=\ln(1-x^2)$；　　(4) $y=\dfrac{1}{x^3+1}$；

(5) $x^2-y^2=1$；　　(6) $y=\tan(x+y)$；

(7) $\begin{cases}x=\dfrac{t^2}{2}\\ y=1-t\end{cases}$；　　(8) $\begin{cases}x=a\cos t\\ y=b\sin t\end{cases}$.

2. 设 $f''(x)$ 存在，求 $y=f(x^2)$ 的二阶导数 $\dfrac{d^2y}{dx^2}$.

3. 求下列函数所指定阶的导数.

(1) $y=e^x\cos x$，求 $y^{(4)}$；　　(2) $y=x^2\sin 2x$，求 $y^{(50)}$；

(3) $y=x\ln x$，求 $y^{(n)}$；　　(4) $y=xe^x$，求 $y^{(n)}$.

4. 求下列函数在指定点处的高阶导数.

(1) $f(x)=3x^3+4x^2-5x-9$，求 $f''(1)$，$f'''(1)$，$f^{(4)}(1)$；

(2) $f(x)=\dfrac{x}{\sqrt{1+x^2}}$，求 $f''(0)$，$f'''(1)$，$f'''(-1)$.

§3.5 微分

3.5.1 微分的定义

函数在一点处的导数表示函数在该点处变化的快慢程度，有时还需要了解函数在某点当自变量有一微小的增量时，函数增量的大小. 如函数 $y=x^3$，当自变量 x 在点 x_0 处的改变量为 Δx 时，函数改变量 Δy 为

$$\Delta y=(x_0+\Delta x)^3-x_0^3=3x_0^2\Delta x+3x_0(\Delta x)^2+(\Delta x)^3.$$

其中第一部分为 Δx 的线性函数，且为 Δy 的主要部分，第二部分与第三部分之和为 Δx 的高阶无穷小，当 $|\Delta x|$ 很小时可忽略，即 $\Delta y\approx 3x_0^2\Delta x$.

定义 3.3 设函数 $y=f(x)$ 在某区间内有定义，如果在点 x_0 处给自变量一增量 Δx，函数的增量为

$$\Delta y=f(x_0+\Delta x)-f(x_0)=A\Delta x+o(\Delta x),$$

其中 A 是与 Δx 无关的常数，则称函数 $y=f(x)$ 在点 x_0 处可微，且称 $A\Delta x$ 为函数 $y=f(x)$ 在点 x_0 相应于自变量增量 Δx 的微分，记作 $dy|_{x=x_0}$ 或 $df(x_0)$. 即 $dy|_{x=x_0}=A\Delta x$.

3.5.2 可微的充要条件

定理 3.5　函数 $f(x)$ 在点 x_0 处可微的充分必要条件是：函数 $f(x)$ 在点 x_0 处可导，且 $A=f'(x_0)$.

证明　(1) 必要性：设函数 $f(x)$ 在点 x_0 可微，

则
$$\Delta y = A\Delta x + o(\Delta x),$$

上式两边同除以 Δx，得
$$\frac{\Delta y}{\Delta x} = A + \frac{o(\Delta x)}{\Delta x},$$

则
$$\lim_{\Delta x\to 0}\frac{\Delta y}{\Delta x} = A + \lim_{\Delta x\to 0}\frac{o(\Delta x)}{\Delta x} = A.$$

即 $f(x)$ 在点 x_0 处可导，且 $A=f'(x_0)$.

(2) 充分性：设 $f(x)$ 在点 x_0 处可导，则
$$\lim_{\Delta x\to 0}\frac{\Delta y}{\Delta x} = f'(x_0),\quad 即\quad \frac{\Delta y}{\Delta x} = f'(x_0)+\alpha,$$

其中当 $\Delta x\to 0$ 时，$\alpha\to 0$. 从而
$$\Delta y = f'(x_0)\Delta x + \alpha(\Delta x) = f'(x_0)\Delta x + o(\Delta x).$$

故 $f(x)$ 在点 x_0 可微，且 $A=f'(x_0)$.

通常把自变量 x 的增量 Δx 称为自变量的微分，记作 $\mathrm{d}x$，即 $\mathrm{d}x=\Delta x$，故 $\mathrm{d}y=f'(x_0)\mathrm{d}x$.

例 3.33　求 $y=x^3$ 当 $x=2, \Delta x=0.02$ 时的微分.

解　函数的微分为 $\mathrm{d}y=3x^2\Delta x$. 已知 $x=2, \Delta x=0.02$，故
$$\mathrm{d}y\Big|_{\substack{x=2\\ \Delta x=0.02}} = 3\times 2^2\times 0.02 = 0.24.$$

3.5.3 微分的几何意义

曲线 $y=f(x)$ 在点 $M(x_0, f(x_0))$ 处的切线为 MT，$\mathrm{d}y$ 就是曲线的切线上点的纵坐标的相应增量，如图 3-2 所示. 当 $|\Delta x|$ 很小时，在点 M 的附近，切线 MT 可近似代替曲线段 MN.

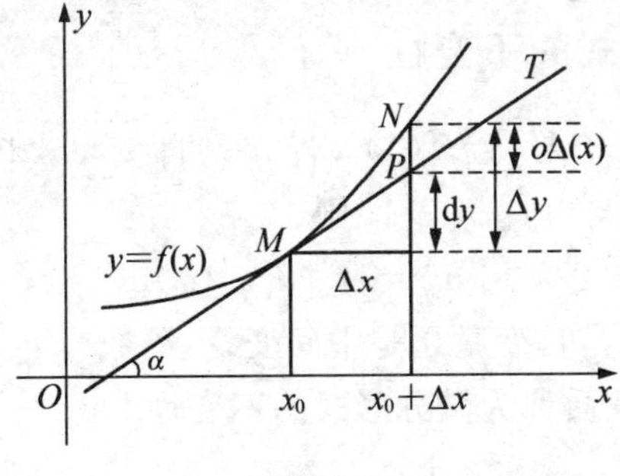

图 3-2

3.5.4 微分的求法

由 $\mathrm{d}y = f'(x)\mathrm{d}x$ 可知，求微分 $\mathrm{d}y$，只要求出导数 $f'(x)$，再乘以 $\mathrm{d}x$ 即可.

1. 基本初等函数的微分公式

(1) $\mathrm{d}C = 0\mathrm{d}x$； (2) $\mathrm{d}(x^a) = ax^{a-1}\mathrm{d}x$；

(3) $\mathrm{d}(\sin x) = \cos x\mathrm{d}x$； (4) $\mathrm{d}(\cos x) = -\sin x\mathrm{d}x$；

(5) $\mathrm{d}(\tan x) = \sec^2 x\mathrm{d}x$； (6) $\mathrm{d}(\cot x) = -\csc^2 x\mathrm{d}x$；

(7) $\mathrm{d}(\sec x) = \sec x\tan x\mathrm{d}x$； (8) $\mathrm{d}(\csc x) = -\csc x\cot x\mathrm{d}x$；

(9) $\mathrm{d}(\mathrm{e}^x) = \mathrm{e}^x\mathrm{d}x$； (10) $\mathrm{d}(a^x) = a^x\ln a\mathrm{d}x$；

(11) $\mathrm{d}(\ln x) = \dfrac{1}{x}\mathrm{d}x$； (12) $\mathrm{d}(\log_a x) = \dfrac{1}{x\ln a}\mathrm{d}x$；

(13) $\mathrm{d}(\arcsin x) = \dfrac{1}{\sqrt{1-x^2}}\mathrm{d}x$； (14) $\mathrm{d}(\arccos x) = -\dfrac{1}{\sqrt{1-x^2}}\mathrm{d}x$；

(15) $\mathrm{d}(\arctan x) = \dfrac{1}{1+x^2}\mathrm{d}x$； (16) $\mathrm{d}(\mathrm{arccot}\,x) = -\dfrac{1}{1+x^2}\mathrm{d}x$.

2. 函数的和、差、积、商

(1) $\mathrm{d}(u \pm v) = \mathrm{d}u \pm \mathrm{d}v$； (2) $\mathrm{d}(Cu) = C\mathrm{d}u$；

(3) $\mathrm{d}(uv) = v\mathrm{d}u + u\mathrm{d}v$； (4) $\mathrm{d}\left(\dfrac{u}{v}\right) = \dfrac{v\mathrm{d}u - u\mathrm{d}v}{v^2}\ (v \neq 0)$.

例 3.34 设 $y = \ln(x + \mathrm{e}^{x^2})$，求 $\mathrm{d}y$.

解 $\mathrm{d}y = y'\mathrm{d}x = \dfrac{1 + 2x\mathrm{e}^{x^2}}{x + \mathrm{e}^{x^2}}\mathrm{d}x$.

例 3.35 设 $y = \mathrm{e}^{1-3x}\cos x$，求 $\mathrm{d}y$.

解 $(\mathrm{e}^{1-3x})' = -3\mathrm{e}^{1-3x}$，$(\cos x)' = -\sin x$，则

$$\begin{aligned}\mathrm{d}y &= \cos x\mathrm{d}(\mathrm{e}^{1-3x}) + \mathrm{e}^{1-3x}\mathrm{d}(\cos x)\\ &= \cos x(-3\mathrm{e}^{1-3x})\mathrm{d}x + \mathrm{e}^{1-3x}(-\sin x)\mathrm{d}x\\ &= -\mathrm{e}^{1-3x}(3\cos x + \sin x)\mathrm{d}x.\end{aligned}$$

3.5.5 微分形式的不变性

设函数 $y = f(u)$ 有导数 $f'(u)$，若 u 是自变量，$\mathrm{d}y = f'(u)\mathrm{d}u$；若 $u = \varphi(x)$，且 $\varphi(x)$ 可微，$y = f[\varphi(x)]$，则

$$\mathrm{d}y = f[\varphi(x)]'\mathrm{d}x = f'(u)\varphi'(x)\mathrm{d}x = f'(u)\mathrm{d}u.$$

由此可见，无论 u 是自变量还是中间变量，函数 $y = f(u)$ 的微分形式总是 $\mathrm{d}y = f'(u)\mathrm{d}u$，这种性质称为**微分形式的不变性**.

例 3.36 设 $y = \mathrm{e}^{ax+bx^2}$，求 $\mathrm{d}y$.

解　$dy = d(e^{ax+bx^2}) = e^{ax+bx^2} d(ax + bx^2) = (a + 2bx)e^{ax+bx^2} dx.$

例 3.37　设 $y = 1 + xe^y$，求 dy.

解　$$dy = d(xe^y) = e^y dx + x d(e^y) = e^y dx + xe^y dy.$$

故　$$dy = \frac{e^y}{1 - xe^y} dx.$$

例 3.38　在下列等式左端的括号中填入适当的函数，使得等式成立.

(1) $d(x^2) = x dx$；　　(2) $d(x) = \cos wt\, dt$.

解　(1) 由于 $d(x^2) = 2x dx$，故

$$x dx = \frac{1}{2} d(x^2) = d\left(\frac{x^2}{2}\right).\quad 即\quad d\left(\frac{x^2}{2}\right) = x dx.$$

一般地，有 $d\left(\frac{x^2}{2} + C\right) = x dx$.

(2) 因为 $d(\sin wt) = w \cos wt\, dt$，可见

$$\cos wt\, dt = \frac{1}{w} d(\sin wt) = d\left(\frac{1}{w}\sin wt\right).\ 即\ d\left(\frac{1}{w}\sin wt\right) = \cos wt\, dt.$$

一般地，有 $d\left(\frac{1}{w}\sin wt + c\right) = \cos wt\, dt$.

习题 3-5

1. 求下列函数的微分.

(1) $y = \frac{x}{1 - x^2}$；　　(2) $y = x\sin 2x$；

(3) $y = \sqrt{x} + \ln x - \frac{1}{\sqrt{x}}$；　　(4) $y = \arcsin \sqrt{1 - x^2}$；

(5) $y = \tan^2(1 + 2x^2)$；　　(6) $y = e^{\sin x^2}$.

2. 将适当的函数填入括号内，使等号成立.

(1) $d(\quad) = \frac{1}{1 + x} dx$；　　(2) $d(\quad) = \sec^2 3x dx$；

(3) $d(\quad) = \frac{1}{\sqrt{x}} dx$；　　(4) $d(\quad) = e^{-2x} dx$.

第 4 章　导数的应用

本章由微分中值定理与导数的应用两部分组成. 微分中值定理主要是罗尔定理、拉格朗日定理与柯西定理. 这三个定理既相互独立又相互联系，是微积分理论及导数应用理论的基础. 导数的应用包括洛比达法则、最值问题、函数的形态及经济应用.

§4.1　微分中值定理

4.1.1　罗尔定理

1. 定理

定理 4.1　如果函数 $f(x)$ 在 $[a,b]$ 上连续，在 (a,b) 上可导，$f(a)=f(b)$，则至少存在一点 $\xi\in(a,b)$，使得 $f'(\xi)=0$.

证明　因为 $f(x)$ 在 $[a,b]$ 上连续，所以 $f(x)$ 在 $[a,b]$ 上有最大值 M 与最小值 m.

① $M=m$，则 $f(x)$ 为常数，从而 $f'(x)=0$. 所以对于 $\forall\xi\in(a,b)\subset[a,b]$，有 $f'(\xi)=0$.

② $M>m$，则 M 与 m 至少有一个在 (a,b) 内取到(若两者都在端点处取得，则 $f(a)=f(b)=M=m$)，不妨设某点 $\xi\in(a,b)$，有 $f(\xi)=M$，同时有

$$f'_+(\xi)=\lim_{\Delta x\to 0^+}\frac{f(\xi+\Delta x)-f(\xi)}{\Delta x}\leqslant 0,$$

$$f'_-(\xi)=\lim_{\Delta x\to 0^-}\frac{f(\xi+\Delta x)-f(\xi)}{\Delta x}\geqslant 0.$$

因为 $f(x)$ 在 (a,b) 上可导，所以 $f'(\xi)$ 存在，从而 $f'(\xi)=0$.

2. 几何意义

如图 4－1 所示，对于满足条件的函数 $f(x)$，其图形上至少有一点 ξ，该点的切线斜率为零(或该点的切线与 x 轴平行).

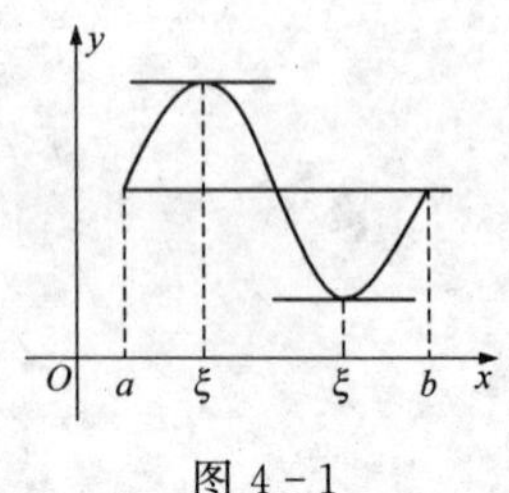

图 4－1

例 4.1　不直接求导,判别函数 $f(x)=(x-1)(x-2)(x-3)+4$ 的导数 $f'(x)=0$ 有几个实根.

解　$f(1)=f(2)=f(3)=4$. 显然,函数 $f(x)$ 在区间$[1,2]$,$[2,3]$上满足罗尔定理,所以至少存在 $\xi_1\in(1,2)$,$\xi_2\in(2,3)$,有 $f'(\xi_1)=0$,$f'(\xi_2)=0$. 因此 $f'(x)=0$ 至少有两个实根 ξ_1,ξ_2.

又 $f'(x)=0$ 为二次方程,所以至多有两个实根. 从而 $f'(x)=0$ 有且仅有两个实根.

例 4.2　证明方程 $x^5+x+1=0$ 在 $(-1,0)$ 内有且仅有一个实根.

证明(存在性)　令 $f(x)=x^5+x+1$, 显然, $f(x)$ 在 $[-1,0]$ 上连续. $f(-1)=-1$, $f(0)=1$, $f(-1)f(0)<0$, 由零点定理得: 至少存在一点 $\xi\in(-1,0)$, 使得 $f(\xi)=0$. 即方程 $x^5+x+1=0$ 在 $(-1,0)$ 内至少有一个实根 ξ.

(唯一性)　假设还有一个根 η, 则 $f(\xi)=f(\eta)=0$, 不妨设 $\xi<\eta$. 因为 $f(x)=x^5+x+1$ 在 $[\xi,\eta]$ 上连续,在 (ξ,η) 上可导, $f(\xi)=f(\eta)$, 所以至少存在一个点 $\zeta\in(\xi,\eta)$, 使得 $f'(\zeta)=0$. 这与 $f'(x)=5x^4+1>0$ 矛盾,所以假设不成立.

从而方程 $x^5+x+1=0$ 在 $(-1,0)$ 内有且仅有一个实根.

4.1.2　拉格朗日中值定理

1. 定理

定理 4.2　如果函数 $f(x)$ 在 $[a,b]$ 上连续,在 (a,b) 上可导,则至少存在一点 $\xi\in(a,b)$, 使得 $f(b)-f(a)=f'(\xi)(b-a)$.

证明　略.

说明　① 拉格朗日定理又称微分中值定理,在微积分理论中有着举足轻重的地位;

② 定理中 $a\neq b$, 若 $f(a)=f(b)$, 则 $f'(\xi)=0$, 即为罗尔定理,也即罗尔定理是拉格朗日定理的特例.

2. 几何意义

如图 4-2 所示,对于满足条件的函数 $f(x)$, 其曲线上至少有一点 ξ, 该点的切线与端点连线平行.

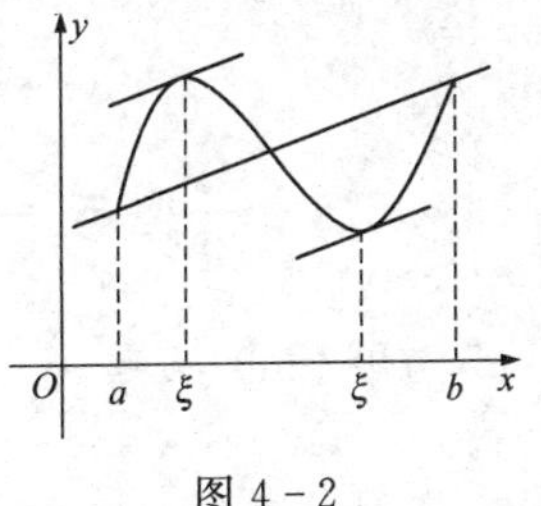

图 4-2

3. 推论

函数 $f(x)$ 在区间 I 上的导数恒为零,则 $f(x)$ 是区间 I 上的常数.

证明　设 $x_1,x_2\in I$,且 $x_1<x_2$, $f(x)$ 在$[x_1,x_2]$上满足拉格朗日定理,则存在 $\xi\in(x_1,x_2)\subset I$,有

$$f(x_2)-f(x_1)=f'(\xi)(x_2-x_1)=0,$$

所以 $f(x_2)=f(x_1)$,即 $f(x)=C$(常数).

例 4.3 证明:当 $a>b>0$ 时,$nb^{n-1}(a-b)<a^n-b^n<na^{n-1}(a-b)$.

证明 令 $f(x)=x^n$,显然函数在区间$[b,a]$上满足拉格朗日定理,且 $f'(x)=nx^{n-1}$,则存在 $\xi\in(b,a)$,使得 $f(a)-f(b)=f'(\xi)(a-b)$,即

$$a^n-b^n=n\xi^{n-1}(a-b).$$

又 $b<\xi<a$,所以

$$nb^{n-1}(a-b)<n\xi^{n-1}(a-b)<na^{n-1}(a-b),$$

即

$$nb^{n-1}(a-b)<a^n-b^n<na^{n-1}(a-b).$$

4.1.3 柯西中值定理

定理 4.3 如果函数 $f(x)$ 和 $g(x)$ 在 $[a,b]$ 上连续,在 (a,b) 上可导,且 $g'(x)\neq 0$,则至少存在一点 $\xi\in(a,b)$,使得 $\dfrac{f(b)-f(a)}{g(b)-g(a)}=\dfrac{f'(\xi)}{g'(\xi)}$.

习题 4-1

1. 设 $f(x)=x(x^2-1)(x-2)(x-3)+4$,不求导数,试判断 $f''(x)=0$ 有几个根.

2. 试证方程 $x^9+5x-1=0$ 只有一个正根.

3. 证明下列不等式:

(1) 当 $0<a<b$ 时,$\dfrac{b-a}{b}<\ln\dfrac{b}{a}<\dfrac{b-a}{a}$;

(2) 当 $h>0$ 时,$\dfrac{h}{1+h^2}<\arctan h<h$;

(3) 设 $x_1,x_2\in\mathbf{R}$,$|\sin x_1-\sin x_2|\leqslant|x_1-x_2|$.

§4.2 未定式求值

4.2.1 $\frac{0}{0}$型与$\frac{\infty}{\infty}$型未定式

如果 $\lim f(x)=0$,$\lim g(x)=0$,$g(x)\neq 0$,则 $\lim\dfrac{f(x)}{g(x)}$ 称为 $\dfrac{0}{0}$ 型未定式;

如果 $\lim f(x)=\infty$,$\lim g(x)=\infty$,$g(x)\neq 0$,则 $\lim\dfrac{f(x)}{g(x)}$ 称为 $\dfrac{\infty}{\infty}$ 型未定式.

1. $x \to x_0$ 时的 $\frac{0}{0}$ 型

定理 4.4　若函数 $f(x)$ 和 $g(x)$ 满足以下条件：① $\lim\limits_{x \to x_0} f(x) = 0$，$\lim\limits_{x \to x_0} g(x) = 0$；② 在 $\mathring{U}(x_0)$ 内，$f'(x)$ 和 $g'(x)$ 存在，且 $g'(x) \neq 0$；③ $\lim\limits_{x \to x_0} \frac{f'(x)}{g'(x)}$ 存在(或为 ∞)，则 $\lim\limits_{x \to x_0} \frac{f(x)}{g(x)} = \lim\limits_{x \to x_0} \frac{f'(x)}{g'(x)}$.

说明　(1) 若 $\lim\limits_{x \to x_0} \frac{f'(x)}{g'(x)}$ 中的函数 $f'(x)$ 和 $g'(x)$ 仍满足条件，则

$$\lim_{x \to x_0} \frac{f(x)}{g(x)} = \lim_{x \to x_0} \frac{f'(x)}{g'(x)} = \lim_{x \to x_0} \frac{f''(x)}{g''(x)}, \cdots，依此类推；$$

(2) 这种方法称为洛比达法则.

例 4.4　求极限 $\lim\limits_{x \to a} \frac{\sin x - \sin a}{x - a}$.

解　$\lim\limits_{x \to a} \frac{\sin x - \sin a}{x - a} = \lim\limits_{x \to a} \frac{\cos x}{1} = \cos a$.

例 4.5　求极限 $\lim\limits_{x \to 1} \frac{x^3 - 3x + 2}{x^3 - 2x^2 + x}$.

解　$\lim\limits_{x \to 1} \frac{x^3 - 3x + 2}{x^3 - 2x^2 + x} = \lim\limits_{x \to 1} \frac{3x^2 - 3}{3x^2 - 4x + 1} = \lim\limits_{x \to 1} \frac{6x}{6x - 4} = 3$.

例 4.6　求极限 $\lim\limits_{x \to 0} \frac{\tan x - x}{x^2 \sin x}$.

解　$\lim\limits_{x \to 0} \frac{\tan x - x}{x^2 \sin x} = \lim\limits_{x \to 0} \frac{\tan x - x}{x^3} = \lim\limits_{x \to 0} \frac{\sec^2 x - 1}{3x^2} = \lim\limits_{x \to 0} \frac{\tan^2 x}{3x^2} = \frac{1}{3}$.

2. $x \to \infty$ 时的 $\frac{0}{0}$ 型及 $x \to x_0$、$x \to \infty$ 时的 $\frac{\infty}{\infty}$ 型

这三种类型的未定式与 $x \to x_0$ 时的 $\frac{0}{0}$ 型未定式都有类似相应的洛比达法则.

例 4.7　求极限 $\lim\limits_{x \to +\infty} \frac{\ln(x+2) - \ln x}{\frac{1}{x}}$.

解　$$\lim_{x \to +\infty} \frac{\ln(x+2) - \ln x}{\frac{1}{x}} = \lim_{x \to +\infty} \frac{\frac{1}{x+2} - \frac{1}{x}}{-\frac{1}{x^2}} = \lim_{x \to +\infty} \frac{-\frac{2}{x^2 + 2x}}{-\frac{1}{x^2}} = 2.$$

例 4.8　求极限 $\lim\limits_{x \to +\infty} \frac{\ln x}{x^2}$.

解　$$\lim_{x \to +\infty} \frac{\ln x}{x^2} = \lim_{x \to +\infty} \frac{\frac{1}{x}}{2x} = 0.$$

注 (1) 洛比达法则并不是万能的；

(2) 运用洛比达法则必须满足洛比达法则的条件，缺一不可.

4.2.2 其他形式的未定式

除 $\frac{0}{0}$ 型与 $\frac{\infty}{\infty}$ 型的未定式以外，还有 1^{∞}、0^{0}、∞^{0}、$0\cdot\infty$、$\infty-\infty$ 等形式的未定式. 这些未定式可以通过变形成为 $\frac{0}{0}$ 型与 $\frac{\infty}{\infty}$ 型的未定式，然后进行求值.

例 4.9 求极限 $\lim\limits_{x\to 1^{+}}\left(\frac{x}{x-1}-\frac{1}{\ln x}\right)$.

解 这是 $\infty-\infty$ 型未定式.

$$\lim_{x\to 1^{+}}\left(\frac{x}{x-1}-\frac{1}{\ln x}\right)=\lim_{x\to 1^{+}}\frac{x\ln x-x+1}{(x-1)\ln x}=\lim_{x\to 1^{+}}\frac{\ln x}{\ln x+1-\frac{1}{x}}$$

$$=\lim_{x\to 1^{+}}\frac{\frac{1}{x}}{\frac{1}{x}+\frac{1}{x^{2}}}=\frac{1}{2}.$$

例 4.10 求极限 $\lim\limits_{x\to 0^{+}}x\ln x$.

解 这是 $0\cdot\infty$ 型未定式.

$$\lim_{x\to 0^{+}}x\ln x=\lim_{x\to 0^{+}}\frac{\ln x}{\frac{1}{x}}=\lim_{x\to 0^{+}}\frac{\frac{1}{x}}{-\frac{1}{x^{2}}}=0.$$

例 4.11 求极限 $\lim\limits_{x\to 0^{+}}x^{x}$.

解 这是 0^{0} 型未定式.

$$\lim_{x\to 0^{+}}x^{x}=\lim_{x\to 0^{+}}e^{x\ln x}=e^{0}=1.\text{（由例 4.10，}\lim_{x\to 0^{+}}x\ln x=0\text{）}$$

例 4.12 求极限 $\lim\limits_{x\to 0^{+}}\left(\frac{1}{x}\right)^{x}$.

解 这是 ∞^{0} 型未定式.

$$\lim_{x\to 0^{+}}\left(\frac{1}{x}\right)^{x}=\lim_{x\to 0^{+}}e^{x\ln\frac{1}{x}}=\lim_{x\to 0^{+}}e^{-x\ln x}=1.\text{（由例 4.10，}\lim_{x\to 0^{+}}x\ln x=0\text{）}$$

习题 4-2

求下列未定式的值.

(1) $\lim\limits_{x\to 0}\frac{e^{x}-e^{-x}}{\sin 2x}$；　　(2) $\lim\limits_{x\to a}\frac{\cos x-\cos a}{x-a}$；

(3) $\lim\limits_{x\to+\infty}\dfrac{\ln\left(1+\dfrac{1}{x}\right)}{\operatorname{arccot}x}$;　　(4) $\lim\limits_{x\to\frac{\pi}{2}}\dfrac{\ln\sin x}{(\pi-2x)^2}$;

(5) $\lim\limits_{x\to1}\left(\dfrac{1}{\ln x}-\dfrac{1}{x-1}\right)$;　　(6) $\lim\limits_{x\to\frac{\pi}{2}}\dfrac{\tan x}{\tan 3x}$;

(7) $\lim\limits_{x\to0}x^2\mathrm{e}^{\frac{1}{x^2}}$;　　(8) $\lim\limits_{x\to0^+}\dfrac{\ln\sin 3x}{\ln\sin 5x}$;

(9) $\lim\limits_{x\to0^+}\left(\dfrac{1}{x}\right)^{\sin x}$;　　(10) $\lim\limits_{x\to0^+}x^{\tan x}$.

§4.3　函数曲线的形状

4.3.1　函数的单调性

从直观上来说，若函数 $f(x)$ 在 $[a,b]$ 上递增，则其曲线上升，任意一点的斜率大于 0，即 $f'(x)>0$；反之，$f'(x)<0$. 那么当 $f'(x)>0$ 时，函数 $f(x)$ 是否递增；当 $f'(x)<0$ 时，函数 $f(x)$ 是否递减？

定理 4.5（函数单调性的判别）　设函数 $y=f(x)$ 在 $[a,b]$ 上连续，在 (a,b) 上可导，则① 当 $f'(x)>0$ 时，函数 $f(x)$ 在 $[a,b]$ 上单调增加；② 当 $f'(x)<0$ 时，函数 $f(x)$ 在 $[a,b]$ 上单调减少.

证明　$\forall x_1,x_2\in[a,b]$，且 $x_1<x_2$，则函数 $f(x)$ 在 $[x_1,x_2]$ 上满足拉格朗日定理，所以至少存在一点 $\xi\in(x_1,x_2)\subset[a,b]$，使得 $f(x_2)-f(x_1)=f'(\xi)(x_2-x_1)$. 因此

① $f'(x)>0, f'(\xi)>0, x_2-x_1>0, f(x_2)-f(x_1)>0$，所以 $f(x)$ 单调递增；

② $f'(x)<0, f'(\xi)<0, x_2-x_1>0, f(x_2)-f(x_1)<0$，所以 $f(x)$ 单调递减.

例 4.13　求函数 $f(x)=x^3-3x$ 的单调区间.

解　$f'(x)=3x^2-3=0$，解得：$x_1=-1, x_2=1$.

列表：

x	$(-\infty,-1)$	$(-1,1)$	$(1,+\infty)$
$f'(x)$	+	−	+
$f(x)$	↗	↘	↗

从而函数 $f(x)=x^3-3x$ 在 $(-\infty,-1]$，$[1,+\infty)$ 上单调递增；在 $[-1,1]$ 上单调递减.

例 4.14　试证：$\forall x\in\mathbf{R}$，有 $\mathrm{e}^x\geqslant 1+x$.

证明　令 $f(x)=\mathrm{e}^x-1-x$，$f'(x)=\mathrm{e}^x-1=0$，得 $x=0$. 当 $x<0$，

$f'(x)<0$,$f(x)$ 单调递减;当 $x>0$,$f'(x)>0$,$f(x)$ 单调递增. 所以 $f(x)\geqslant f(0)=0$,即 $\forall x\in\mathbf{R}$,有 $e^x\geqslant 1+x$.

4.3.2 函数的极值

在例 4.13 中可以看到,点 $x=-1$ 是函数 $f(x)$ 从递增变成递减的转折点,称其为极大值点;点 $x=1$ 是函数 $f(x)$ 由递减变成递增的转折点,称其为极小值点.

定义 4.1 设函数 $f(x)$ 在 (a,b) 上有定义,x_0 是 (a,b) 内的一个点,如果存在点 x_0 的一个去心邻域 $\mathring{U}(x_0)$,$\forall x\in\mathring{U}(x_0)$,总有 $f(x)<f(x_0)$,称 $f(x_0)$ 是 $f(x)$ 的一个**极大值**;若总有 $f(x)>f(x_0)$,称 $f(x_0)$ 是 $f(x)$ 的一个**极小值**.

极大值与极小值统称为极值;使函数取得极值的点称为**极值点**.

说明 如图 4-3 所示:

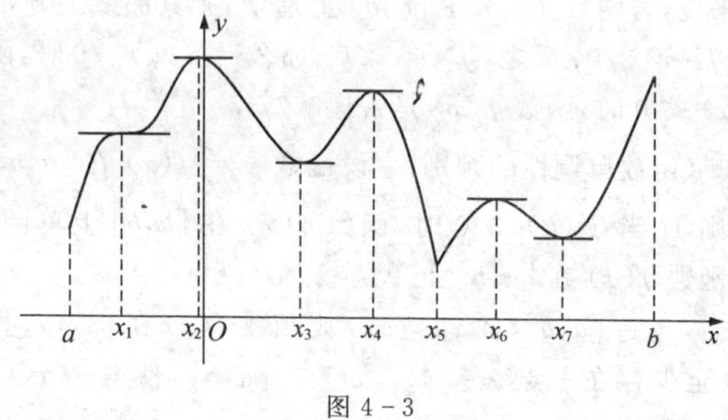

图 4-3

① 极值是局部性的概念,极小值有可能比极大值还要大,如图中 $f(x_3)>f(x_6)$;

② 若极值点可导,则该点导数为零,但是导数为零的点不一定是极值点,如点 x_1;

③ 不可导的点也有可能是极值点,如点 x_5 是一个极小值点;

④ 函数 $f(x)$ 在定义域内可能有多个极值,但极值不能在端点处取到.

定理 4.6 (极值存在的必要条件) 若函数 $f(x)$ 在 x_0 处取得极值,且在 x_0 处可导,则 $f'(x_0)=0$.

证明 设 $f(x_0)$ 是极小值,则 $\forall x\in U(x_0)$,有 $f(x)\geqslant f(x_0)$.

若 $x\leqslant x_0$,则 $f'_-(x)=\lim\limits_{x\to x_0^-}\dfrac{f(x)-f(x_0)}{x-x_0}\leqslant 0$;

若 $x\geqslant x_0$,则 $f'_+(x)=\lim\limits_{x\to x_0^-}\dfrac{f(x)-f(x_0)}{x-x_0}\geqslant 0$.

又函数 $f(x)$ 在 x_0 处可导，所以必有 $f'(x_0)=0$.

使 $f'(x_0)=0$ 的点 x_0 称为函数 $f(x)$ 的驻点或稳定点. 显然，可导的极值点必为驻点，而驻点不一定是极值点.

定理 4.7（判别极值的第一充分条件）　设函数 $f(x)$ 在点 x_0 处连续，在 $\mathring{U}(x_0,\delta)$ 内可导，且 $f'(x_0)=0$ 或 $f'(x_0)$ 不存在.

(1) 若 $x\in(x_0-\delta,x_0)$，$f'(x)>0$，$x\in(x_0,x_0+\delta)$，$f'(x)<0$，则 $f(x_0)$ 是 $f(x)$ 的一个极大值；

(2) 若 $x\in(x_0-\delta,x_0)$，$f'(x)<0$，$x\in(x_0,x_0+\delta)$，$f'(x)>0$，则 $f(x_0)$ 是 $f(x)$ 的一个极小值；

(3) 若 $\forall x\in\mathring{U}(x_0,\delta)$，$f'(x)$ 不变号，则 $f(x_0)$ 不是 $f(x)$ 的极值.

证明　(1) $x\in(x_0-\delta,x_0)$，$f'(x)>0$，则函数 $f(x)$ 单调递增；

$x\in(x_0,x_0+\delta)$，$f'(x)<0$，则函数 $f(x)$ 单调递减.

所以 $f(x_0)$ 是 $f(x)$ 的一个极大值.

(2) $x\in(x_0-\delta,x_0)$，$f'(x)<0$，则函数 $f(x)$ 单调递减；

$x\in(x_0,x_0+\delta)$，$f'(x)>0$，则函数 $f(x)$ 单调递增.

所以 $f(x_0)$ 是 $f(x)$ 的一个极小值.

(3) $f'(x)$ 不变号，则 $f(x)$ 在该邻域内单调，所以 $f(x_0)$ 不是极值.

例 4.15　求函数 $f(x)=2x^3-6x^2-18x-7$ 的极值.

解　$f'(x)=6x^2-12x-18=6(x-3)(x+1)=0$，

得
$$x=-1,x=3.$$

当　$x<-1$，$f'(x)>0$；$-1<x<3$，$f'(x)<0$，$x>3$，$f'(x)>0$，

所以函数 $f(x)=2x^3-6x^2-18x-7$ 有极大值 $f(-1)=3$，极小值 $f(3)=-61$.

定理 4.8（判别极值存在的第二充分条件）　设函数 $f(x)$ 在 x_0 具有二阶导数，且 $f'(x_0)=0$，$f''(x_0)\neq 0$. 则① 当 $f''(x_0)<0$ 时，$f(x_0)$ 是 $f(x)$ 的一个极大值；② 当 $f''(x_0)>0$ 时，$f(x_0)$ 是 $f(x)$ 的一个极小值.

证明　因为 $f'(x_0)=0$，所以

$$f''(x_0)=\lim_{x\to x_0}\frac{f'(x)-f'(x_0)}{x-x_0}=\lim_{x\to x_0}\frac{f'(x)}{x-x_0}.$$

① $f''(x_0)<0$，根据函数极限的局部保号性，存在 $\mathring{U}(x_0)$，有 $\dfrac{f'(x)}{x-x_0}<0$.

若 $x<x_0$，则 $f'(x)>0$；若 $x>x_0$，则 $f'(x)<0$；

由定理 4.7 得，$f(x_0)$ 是 $f(x)$ 的一个极大值.

② 与①类似可证.

例 4.16　运用定理 4.8 求解例 4.15.

解　$f'(x)=6x^2-12x-18=6(x-3)(x+1)=0$，

得
$$x=-1,x=3.$$
$f''(x)=12x-12$,得到 $f''(-1)=-24<0,f''(3)=24>0$.
所以函数 $f(x)=2x^3-6x^2-18x-7$ 有极大值 $f(-1)=3$,极小值 $f(3)=-61$.

注 如果 $f''(x_0)=0$ 时,应改用定理 4.7 加以判别.

例 4.17 求函数 $f(x)=(x^2-1)^3+1$ 的极值.

解 $f'(x)=3(x^2-1)^2\cdot 2x=0\Rightarrow x=0,\ x=-1,x=1.$
$$\begin{aligned}f''(x)&=6(x^2-1)\cdot 2x\cdot 2x+3(x^2-1)^2\cdot 2\\&=6(x^2-1)(5x^2-1),\end{aligned}$$
因为 $f''(0)=6>0$,所以函数有极小值 $f(0)=0$. 而 $f''(-1)=f''(1)=0$,所以改用定理 4.7 判断:当 $x<0$ 时,$f'(x)\leqslant 0$;当 $x>0$ 时,$f'(x)\geqslant 0$. 所以 $x=\pm 1$ 都不是极值点.

4.3.3 函数的凹凸性

函数 $f(x)$ 的导数 $f'(x)$ 的正负性决定了函数 $f(x)$ 的单调性,而 $f''(x)$ 的正负性则决定了曲线 $f(x)$ 的弯曲情况,称其为函数 $f(x)$ 的凹凸性.

定义 4.2 设函数 $f(x)$ 在区间 I 上连续,对于区间 I 上的任意两点 x_1,x_2,若恒有 $f\left(\dfrac{x_1+x_2}{2}\right)<\dfrac{f(x_1)+f(x_2)}{2}$,则称函数 $f(x)$ 的图形在区间 I 上是凹的(或凹弧);若恒有 $f\left(\dfrac{x_1+x_2}{2}\right)>\dfrac{f(x_1)+f(x_2)}{2}$,则称函数 $f(x)$ 的图形在区间 I 上是凸的(或凸弧).

定理 4.9(函数凹凸性的判别) 设函数 $f(x)$ 在区间 I 上具有二阶导数,若 $f''(x)>0$,则函数 $f(x)$ 在区间 I 上是凹弧;若 $f''(x)<0$,则函数 $f(x)$ 在区间 I 上是凸弧.

定义 4.3 连续函数 $f(x)$ 上凹弧与凸弧的分界点 $(x,f(x))$ 称为函数 $f(x)$ 的拐点.

例 4.18 求函数 $y=x^4-2x^3+1$ 的凹凸性与拐点.

解 $y'=4x^3-6x^2,y''=12x^2-12x=0\Rightarrow x=0,x=1$. 当 $x<0,y''>0$,函数是凹的;当 $0<x<1,y''<0$,函数是凸的;当 $x>1,y''>0$,函数是凹的.

函数的拐点为(0,1),(1,0).

例 4.19 讨论函数 $y=\sqrt[3]{x}$ 的凹凸性,并求其拐点.

解 $y'=\dfrac{1}{3}x^{-\frac{2}{3}},y''=-\dfrac{2}{9}x^{-\frac{5}{3}}$ 在 $x=0$ 处不存在,而当 $x<0,y''>0$,函数是凹的;当 $x>0,y''<0$,函数是凸的. 从而(0,0)是函数 $y=\sqrt[3]{x}$ 的拐点.

因此，二阶导数不存在的点也有可能是函数的拐点；若拐点 x 处二阶导数存在，则必有 $f''(x)=0$.

4.3.4　函数图形的描绘

函数在定义域上的单调性、凹凸性及特殊位置的变化趋势确定了函数的大致图形. 其中单调性与极值点可由函数的一阶导数判定，凹凸性可由函数的二阶导数判定，而特殊位置上的变化趋势则依据函数的渐近线来确定.

1. 函数的渐近线

(1) 水平渐近线：若 $\lim\limits_{\substack{x\to\infty\\ \left(\substack{x\to+\infty\\ x\to-\infty}\right)}} f(x)=A$，则直线 $y=A$ 称为 $y=f(x)$ 当 $x\to\infty(x\to+\infty,x\to-\infty)$ 时的水平渐近线.

(2) 铅直渐近线：若 $\lim\limits_{\substack{x\to x_0\\ \left(\substack{x\to x_0^+\\ x\to x_0^-}\right)}} f(x)=\infty$，则直线 $x=x_0$ 称为 $y=f(x)$ 的铅直渐近线(也称垂直渐近线).

(3) 斜渐近线：若 $\lim\limits_{\substack{x\to\infty\\ \left(\substack{x\to+\infty\\ x\to-\infty}\right)}} [f(x)-(ax+b)]=0,a\neq 0$，则直线 $y=ax+b$ 称为 $y=f(x)$ 的斜渐近线；其中 $a=\lim\limits_{\substack{x\to\infty\\ \left(\substack{x\to+\infty\\ x\to-\infty}\right)}} \dfrac{f(x)}{x}$，$b=\lim\limits_{\substack{x\to\infty\\ \left(\substack{x\to+\infty\\ x\to-\infty}\right)}} [f(x)-ax]$.

例 4.20　求曲线 $y=\dfrac{x^2}{2x-1}$ 的渐近线.

解　因为 $\lim\limits_{x\to\frac{1}{2}} \dfrac{x^2}{2x-1}=\infty$，所以曲线有铅直渐近线 $r=\dfrac{1}{2}$；因为 $\lim\limits_{x\to\infty}\dfrac{x^2}{2x-1}=\infty$，所以曲线没有水平渐近线；因为

$$\lim_{x\to\infty}\frac{x^2}{(2x-1)x}=\frac{1}{2}=a,\lim_{x\to\infty}\left(\frac{x^2}{2x-1}-\frac{1}{2}x\right)=\frac{1}{4}=b,$$

所以曲线有斜渐近线 $y=\dfrac{1}{2}x+\dfrac{1}{4}$.

2. 函数图形的描绘

步骤如下：

(1) 确定函数的定义域，求出函数的间断点；

(2) 求出使得 $f'(x)=0,f''(x)=0$ 及两者都不存在的点；

(3) 用列表的方式将相关形态列出；

(4) 确定函数的渐近线及特殊形态；

(5) 建立坐标系并应用描点法作图，所描的点包括极值点、拐点及辅助点.

例 4.21　作出函数 $y=\dfrac{x^2}{2x-1}$ 的图形.

解 (1) 定义域为 $\left(-\infty,\frac{1}{2}\right)\cup\left(\frac{1}{2},+\infty\right)$，$x=\frac{1}{2}$ 是函数的间断点；

(2) $y'=\frac{2x(x-1)}{(2x-1)^2}=0$，得 $x=0$，$x=1$，$y''=\frac{2}{(2x-1)^3}\neq 0$，$\left(x\neq\frac{1}{2}\right)$；

(3) 列表：

x	$(-\infty,0)$	0	$\left(0,\frac{1}{2}\right)$	$\frac{1}{2}$	$\left(\frac{1}{2},1\right)$	1	$(1,+\infty)$
y'	$+$	0	$-$		$-$	0	$+$
y''	$-$	$-$	$-$		$+$	$+$	$+$
y	↗	极大值 0	↘	无定义	↘	极小值 1	↗

(4) 由例 4.20 知函数有铅直渐近线 $x=\frac{1}{2}$，斜渐近线 $y=\frac{1}{2}x+\frac{1}{4}$；

(5) 作图(图 4-4).

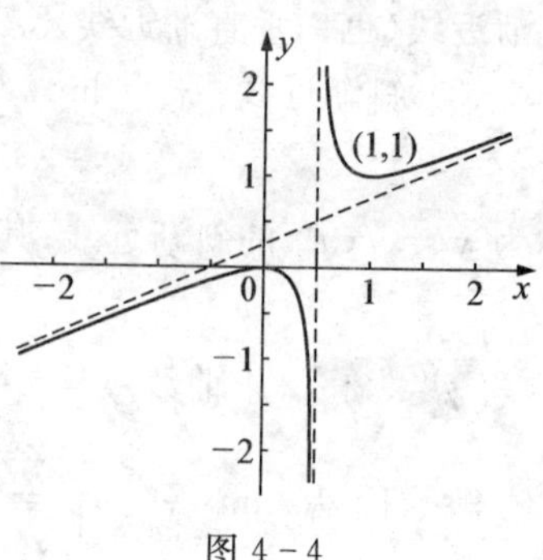

图 4-4

习题 4-3

1. 确定下列函数的单调区间.

(1) $y=2x^3-9x^2+12x-3$；　(2) $y=2x+\frac{8}{x}(x>0)$；

(3) $y=x^2e^x$；　(4) $y=x^3+x^2-x-1$.

2. 求下列函数的极值.

(1) $y=x^2-2x+3$；　(2) $y=x-\ln(1+x)$；

(3) $y=e^x+e^{-x}$；　(4) $y=x+\sqrt{1-x}$.

3. 求下列曲线的凹凸区间和拐点.

(1) $y=1+\frac{1}{x}(x>0)$；　(2) $y=x^3-6x^2+12x+4$；

(3) $y=2e^{x^2-4x}$；　(4) $y=(x+1)^2+e^x$.

4. 画出下列函数的图形.

(1) $y = x^4 - 6x^2 + 8x$；　　(2) $y = \dfrac{x}{1+x^2}$.

§4.4　经济方面应用

4.4.1　函数的最大值与最小值

求函数最大(小)值的步骤：

1. 求出 $f'(x) = 0$ 和 $f'(x)$ 不存在的点；

2. 求出相应的函数值及端点的函数值，比较大小，选出最大(小)值.

例 4.22　求函数 $y = 2x^3 + 3x^2$ 在$[-2,1]$上的最大值和最小值.

解　(1) $y' = 6x^2 + 6x = 0 \Rightarrow x = 0, x = -1$；

(2) $f(0) = 0, f(-1) = 1, f(-2) = -4, f(1) = 5$，所以函数 $y = 2x^3 + 3x^2$ 在$[-2,1]$上的最大值为 $f(1) = 5$，最小值为 $f(-2) = -4$.

4.4.2　边际与弹性

边际与弹性概念一般用于经济问题中.

1. 边际概念

定义 4.4　设经济函数 $y = f(x)$ 在 x 处可导，则称其导数 $f'(x)$ 为函数 $f(x)$ 的边际函数. $f'(x)$ 在 x_0 处的值 $f'(x_0)$ 称为边际函数值.

边际函数值 $f'(x_0)$ 表示当 $x = x_0$ 时，x 改变一个单位，$y = f(x)$ 改变 $f'(x_0)$ 个单位.

例 4.23　设函数 $y = 2x^3$，求 $x = 4$ 时函数的边际函数值.

解　$y'|_{x=4} = 6x^2|_{x=4} = 96$.

2. 常用的边际函数

(1) **边际成本：**总成本函数 $C(Q)$ 的导数 $C'(Q)$ 称为边际成本. 表示产量为 Q 时，再生产一件产品所增加的成本.

如果边际成本 $C'(Q)$ 高于平均成本 $\overline{C(Q)} = \dfrac{C(Q)}{Q}$，那么降低产量以减少平均成本；反之，若边际成本 $C'(Q)$ 低于平均成本 $\overline{C(Q)}$，则增加产量以降低平均成本.

例 4.24　设生产某产品 Q 单位时的总成本 $C(Q) = 120 + \dfrac{Q^2}{100}$，求生产 50 单位产品时的总成本、平均成本和边际成本，并解释边际成本的经济意义.

解 总成本 $C(Q)=120+\dfrac{50^2}{100}=145$；

平均成本 $\overline{C(Q)}=\dfrac{C(Q)}{Q}=\dfrac{145}{50}=2.9$；

边际成本 $C'(Q)=\dfrac{Q}{50}=1$，表示当产量为50时，改变一个单位的产量，成本相应改变1个单位.此时边际成本低于平均成本，可以增加产量.

(2) **边际收益**：总收益函数 $R(Q)$ 的导数 $R'(Q)$ 称为边际收益.表示销售量为 Q 时，再销售一件产品时所增加的收益.

例 4.25 设某产品的需求函数为 $P=20-\dfrac{Q}{5}$，其中 P 为价格，Q 为销售量，求销售量为15个单位时的总收益、平均收益与边际收益.

解 总收益 $R(Q)=PQ=20Q-\dfrac{Q^2}{5}=20\times15-\dfrac{15^2}{5}=255$；

平均收益 $\overline{R(Q)}=\dfrac{R(Q)}{Q}=\dfrac{255}{15}=17$；

边际收益 $R'(Q)=20-\dfrac{2}{5}Q=14$.

(3) **边际利润**：总利润函数 $L(Q)$ 的导数 $L'(Q)$ 称为边际利润.表示销售量为 Q 时，再销售一件产品时所增加的利润.

一般情况下，总利润 $L(Q)=R(Q)-C(Q)$，则边际利润 $L'(Q)=R'(Q)-C'(Q)$，所以

① 当 $R'(Q)>C'(Q)$ 时，$L'(Q)>0$，$L(Q)$ 递增.即当销售量为 Q 时，多销售一件产品所增加的收益高于所增加的成本，此时总利润增加；

② 当 $R'(Q)<C'(Q)$ 时，$L'(Q)<0$，$L(Q)$ 递减.即当销售量为 Q 时，多销售一件产品所增加的收益低于所增加的成本，此时总利润减少；

③ 当 $R'(Q)=C'(Q)$ 时，$L'(Q)=0$，$L(Q)$ 为常数.即当销售量为 Q 时，多销售一件产品所增加的收益等于所增加的成本，此时总利润不变，并达到最大.

例 4.26 某工厂的总利润函数 $L(Q)=250Q-5Q^2$，试确定每月生产20t,25t,35t时的边际利润，并解释其经济意义.

解 边际利润 $L'(Q)=250-10Q$，则：

当 $Q=20$，$L'(Q)=50$，表示当产量为20t时，多生产1t，利润增加50；

当 $Q=25$，$L'(Q)=0$，表示当产量为25t时，多生产1t，利润不变，此时利润最大；

当 $Q=35$，$L'(Q)=-100$，表示当产量为35t时，多生产1t，利润减少100.

此例说明对厂家来说并非产量越多越好.

3. 弹性概念

在日常生活中,人们并不仅仅关注商品涨了多少或者是降了多少,更多的时候还会将之与原价加以比较,与此相关的经济学概念称为“弹性”.

定义 4.5　函数 $y=f(x)$ 在 $x=x_0(\neq 0)$ 处可导,当自变量 x 取得增量 Δx 时,函数的相对改变量 $\dfrac{\Delta y}{y_0}=\dfrac{f(x_0+\Delta x)-f(x_0)}{y_0}$ 与自变量的相对改变量 $\dfrac{\Delta x}{x_0}$ 之比 $\dfrac{\Delta y/y_0}{\Delta x/x_0}$ 称为函数 $y=f(x)$ 从 $x=x_0$ 到 $x=x_0+\Delta x$ 两点间的平均相对变化率,也称两点间的弹性或弧弹性. 当 $\Delta x\to 0$ 时,$\dfrac{\Delta y/y_0}{\Delta x/x_0}$ 的极限存在,则该极限值称为函数 $y=f(x)$ 在点 $x=x_0$ 处的相对变化率,也称函数 $y=f(x)$ 在该点处的点弹性,记作 $\left.\dfrac{Ey}{Ex}\right|_{x=x_0}$.

若对于任意的 x,$f'(x)$ 存在且 $f(x)\neq 0$,则

$$\frac{Ey}{Ex}=\lim_{\Delta x\to 0}\frac{\Delta y/y}{\Delta x/x}=\lim_{\Delta x\to 0}\frac{\Delta y}{\Delta x}\cdot\frac{x}{y}=y'\cdot\frac{x}{y}$$

称为函数 $y=f(x)$ 的弹性函数(简称弹性). 显然,当 $x=x_0$ 时的弹性就是 $\left.\dfrac{Ey}{Ex}\right|_{x=x_0}$.

例 4.27　求函数 $y=x^{\alpha}$(α 是常数) 的弹性函数.

解　$\dfrac{Ey}{Ex}=y'\cdot\dfrac{x}{y}=\alpha\cdot x^{\alpha-1}\cdot\dfrac{x}{x^{\alpha}}=\alpha.$

由例 4.27 可知幂函数的弹性为常数,因此幂函数又称为不变弹性函数.

4.4.3　经济应用问题举例

1. 最大利润问题

例 4.28　某工厂在一个月生产某产品 Q 件时,总成本为 $C(Q)=5Q+200$(万元),得到收益为 $R(Q)=10Q-0.01Q^2$(万元). 问:一个月生产多少产品时获利最大?

解　$L(Q)=R(Q)-C(Q)=10Q-0.01Q^2-(5Q+200)$
$=-0.01Q^2+5Q-200.$

令 $L'(Q)=-0.02+5=0\Rightarrow Q=250$,且 $L''(Q)=-0.02<0$,所以 $L(250)$ 为极大值.

故一个月生产 250 件产品时获利最大.

2. 最大收益问题

例 4.29　某商品的需求量 Q 是价格 P 的函数,$Q=Q(P)=75-P^2$,问

P 为何值时，总收益最大？

解 因为 $R(P)=PQ=75P-P^3(P>0)$，所以

$$R'(P)=75-3P^2=0, P=5,$$

此时 $R''(P)=-6P=-30<0$，所以 $R(5)$ 时极大值.

故当 $P=5$ 时，总收益最大.

习题 4-4

1. 求下列函数的最值.

(1) $y=2x^3-3x^2-80, x\in[-1,3]$;

(2) $y=x^4-8x^2+1, x\in[-1,4]$;

(3) $y=2x^3-6x^2-18x, x\in[0,5]$;

(4) $y=2x^3+3x^2-12x+1, x\in[-3,5]$.

2. 设某商品的总收益 R 关于销售量 Q 的函数为 $R(Q)=80Q-0.2Q^2$，求：(1) 销售量为 50 时总收益的边际收益；(2) 销售量为 80 时总收益对 Q 的弹性.

3. 某工厂日产量最高为 800t，产品的总成本 C 关于日产量 x 的函数为 $C(x)=1000+5x+30\sqrt{x}, x\in[0,800]$，求日产量为 100t 时的边际成本与平均成本.

4. 某商品的需求量 Q 关于价格 P 的函数 $Q=80-\frac{P}{4}$，求 $Q=20$ 时的总收益、平均收益和边际收益.

5. 某厂每天的生产总成本 C 是产量 Q 的函数 $C(Q)=100+20Q+Q^2$，设每件产品的销售价格为 400 元，求出利润函数及边际利润为零时的日产量.

6. 假设某种商品的需求量 Q 是价格 P 的函数 $Q=1200-8P$，商品的总成本是需求量 Q 的函数 $C(Q)=2500+5Q$，求使销售利润最大的商品价格与最大利润.

7. 设生产某商品的总成本 $C(Q)=10000+50Q+Q^2$（Q 为产量），问产量为多少时，产品的平均成本最低？

第5章 不定积分

前面几章内容我们研究了一元函数的微分学,它的基本问题是求已知函数的导数或微分.在科学技术和经济管理领域中,还常常会遇到与此相反的问题,即已知一个函数的导数或微分,求此函数.例如,已知作变速运动的物体在任一时刻 t 的速度 $v=v(t)$,要求该物体的运动方程 $s=s(t)$;又如已知某种产品的边际成本函数 $MC=C'(q)$ (C 表示成本,q 表示产量),要求该产品的成本函数 $C=C(q)$,等等.这类问题在数学中归结为求导运算的逆运算,我们称之为不定积分法.本章的核心问题就是研究不定积分法.

§5.1 原函数与不定积分

5.1.1 不定积分的概念

我们先观察如下的实例:若 $f(x)=-\cos x$,那么不难直接验证 $F(x)=\sin x$ 或 $F(x)=\sin x+C$ (C 是任意常数)都有导函数 $-\cos x$,即有 $F'(x)=f(x)$.我们称 $\sin x$ 为函数 $-\cos x$ 的一个原函数.特别强调,对任意常数 C,$\sin x+C$ 也都是 $-\cos x$ 的原函数.一般地,我们有如下定义.

定义 5.1 设 $f(x)$ 在区间 I 上有定义,若存在函数 $F(x)$,使得在区间 I 上任一点处有 $F'(x)=f(x)$ 成立,则称函数 $F(x)$ 为函数 $f(x)$ 在区间 I 上的一个**原函数**.

那么,怎样的函数存在原函数?原函数有多少?如何表示一个函数的全部原函数呢?

可以证明,若函数 $f(x)$ 在区间 I 上连续,则在该区间 I 上一定存在原函数,也即**连续函数一定有原函数**.

原函数有多少呢?若 $F(x)$ 为 $f(x)$ 的一个原函数,由于 $(F(x)+C)'=f(x)$ (C 为任意常数),所以 $F(x)+C$ 也是 $f(x)$ 的原函数.由 C 的任意性可知**有无穷多个原函数**.那么这无穷多个原函数之间有怎样的关系呢?假设 $F(x)$ 和 $G(x)$ 都是 $f(x)$的原函数,则

$$F'(x)=f(x)=G'(x).$$

由拉格朗日中值定理的推论可知，**$G(x)$ 和 $F(x)$ 仅相差一个常数**，即 $G(x)=F(x)+C$.

因此，若 $F(x)$ 为 $f(x)$ 一个原函数，则 $f(x)$ 的全部原函数可以表示为

$$F(x)+C \quad (C\text{为任意常数}).$$

为此，我们有如下定义.

定义 5.2 若函数 $F(x)$ 是 $f(x)$ 在区间 I 上的一个原函数，则当 C 为任意常数时，表达式 $F(x)+C$ 称为 $f(x)$ 在区间 I 上的不定积分，记作 $\int f(x)\mathrm{d}x$，其中，x 称为积分变量，$f(x)$ 称为被积函数，$f(x)\mathrm{d}x$ 称为被积表达式，"$\int$"是积分号.

若 $F(x)$ 为 $f(x)$ 的一个原函数，则由定义 5.2 有

$$\int f(x)\mathrm{d}x=F(x)+C,$$

即一个函数的不定积分等于它的一个原函数加上一个任意常数 C，一般称 C 为积分常数. 求已知函数的原函数的方法为不定积分法. 显然，它是微分运算的逆运算，若 $\int f(x)\mathrm{d}x$ 存在，则 $f(x)$ 称为可积函数，简称可积.

例 5.1 求 $\int x^3\mathrm{d}x$.

解 因为 $\left(\frac{1}{4}x^4\right)'=x^3$，所以 $\frac{x^4}{4}$ 是 x^3 的一个原函数. 故 $\int x^3\mathrm{d}x=\frac{x^4}{4}+C$.

例 5.2 求 $\int \mathrm{e}^x\mathrm{d}x$.

解 因为 $(\mathrm{e}^x)'=\mathrm{e}^x$，所以 e^x 为 e^x 的一个原函数. 故 $\int \mathrm{e}^x\mathrm{d}x=\mathrm{e}^x+C$.

例 5.3 求 $\int \frac{1}{x}\mathrm{d}x$.

解 当 $x>0$ 时，$(\ln x)'=\frac{1}{x}$. 又 $x<0$，即当 $-x>0$ 时有 $(\ln(-x))'=\frac{1}{x}$. 故 $\ln x$ 为 $\frac{1}{x}$ 在 $(0,+\infty)$ 上一个原函数，$\ln(-x)$ 为 $\frac{1}{x}$ 在 $(-\infty,0)$ 上的一个原函数. 所以当 $x\neq 0$ 时，$\ln|x|$ 为 $\frac{1}{x}$ 的一个原函数. 从而

$$\int \frac{1}{x}\mathrm{d}x=\ln|x|+C \quad (x\neq 0).$$

5.1.2 不定积分基本公式

依据不定积分定义和导数基本公式，便可得到如下不定积分基本

公式：

1. $\int 0\mathrm{d}x = C$；

2. $\int x^{\alpha}\mathrm{d}x = \frac{1}{\alpha+1}x^{\alpha+1} + C \quad (\alpha \neq -1)$；

3. $\int \frac{1}{x}\mathrm{d}x = \ln|x| + C \quad (x \neq 0)$；

4. $\int a^{x}\mathrm{d}x = \frac{1}{\ln a}a^{x} + C \quad (a > 0, a \neq 1)$；

5. $\int \mathrm{e}^{x}\mathrm{d}x = \mathrm{e}^{x} + C$；

6. $\int \sin x\mathrm{d}x = -\cos x + C$；

7. $\int \cos x\mathrm{d}x = \sin x + C$；

8. $\int \sec^{2}x\mathrm{d}x = \tan x + C$；

9. $\int \csc^{2}x\mathrm{d}x = -\cot x + C$；

10. $\int \sec x\tan x\mathrm{d}x = \sec x + C$；

11. $\int \csc x\cot x\mathrm{d}x = -\csc x + C$；

12. $\int \frac{1}{\sqrt{1-x^{2}}}\mathrm{d}x = \arcsin x + C = -\arccos x + C$；

13. $\int \frac{1}{1+x^{2}}\mathrm{d}x = \arctan x + C = -\operatorname{arccot} x + C$.

例 5.4 求 $\int \sqrt{x}\mathrm{d}x$.

解 由基本公式2，有

$$\int \sqrt{x}\mathrm{d}x = \int x^{\frac{1}{2}}\mathrm{d}x = \frac{1}{\frac{1}{2}+1}x^{\frac{1}{2}+1} + C = \frac{2}{3}x^{\frac{3}{2}} + C.$$

例 5.5 已知物体在时刻 t 的运动速度为 t^{2}，且当 $t=0$ 时，$s=0$. 试求物体的运动方程 $s(t)$.

解 由已知条件可知 $v(t) = t^{2}$，故

$$s(t) = \int v(t)\mathrm{d}t = \int t^{2}\mathrm{d}t = \frac{1}{3}t^{2} + C,$$

而 $t=0, s=0$，故可得 $C=0$，所以 $s(t) = \frac{1}{3}t^{2}$.

习题 5-1

背诵记住不定积分基本公式.

§5.2 基本运算法则

5.2.1 性质

从不定积分的定义直接推出下列性质：

1. $\mathrm{d}\int f(x)\mathrm{d}x = f(x)\mathrm{d}x$.

即，记号 d 与$\int$，当 d 位于$\int$ 的前面时，可互相消去.

2. $\int F'(x)\mathrm{d}x = F(x) + C$ 或 $\int \mathrm{d}F(x) = F(x) + C$.

即，在 $F(x)$ 前面的记号 d 与 $\int$，当 d 在 $\int$ 后面时，也可以把它消去，但必须在 $F(x)$ 后加上一个任意常数.

5.2.2 基本运算法则

从微分法则容易推出不定积分的两个基本运算法则：

1. $\int kf(x)\mathrm{d}x = k\int f(x)\mathrm{d}x$ (k 是非零常数).

即是，非零常数因子 k 可以移到不定积分符号的外面.

2. $\int [f(x) \pm g(x)]\mathrm{d}x = \int f(x)\mathrm{d}x \pm \int g(x)\mathrm{d}x$.

注意，该法则可以推广到任意有限个函数的代数和的情形：

$$\begin{aligned}&\int [f_1(x) \pm f_2(x) \pm \cdots \pm f_n(x)]\mathrm{d}x\\ &= \int f_1(x)\mathrm{d}x \pm \int f_2(x)\mathrm{d}x \pm \cdots \pm \int f_n(x)\mathrm{d}x.\end{aligned}$$

例 5.6 求 $\int \left(2\sin x - \frac{3}{x} + \sqrt[3]{x} - \frac{1}{1+x^2}\right)\mathrm{d}x$.

解

$$\begin{aligned}&\int \left(2\sin x - \frac{3}{x} + \sqrt[3]{x} - \frac{1}{1+x^2}\right)\mathrm{d}x\\ &= 2\int \sin x\mathrm{d}x - 3\int \frac{1}{x}\mathrm{d}x + \int x^{\frac{1}{3}}\mathrm{d}x - \int \frac{1}{1+x^2}\mathrm{d}x\\ &= -2\cos x + C_1 - 3\ln|x| + C_2 + \frac{3}{4}x^{\frac{4}{3}} + C_3 - \arctan x + C_4\end{aligned}$$

$$=-2\cos x-3\ln|x|+\frac{3}{4}x^{\frac{4}{3}}-\arctan x+C.$$

注意 以后在分项积分时，不必分别加任意常数，只要将各项常数合并成一个常数 C 就可以了.

例 5.7 求 $\int\frac{x^4}{1+x^2}dx$.

解
$$\begin{aligned}\int\frac{x^4}{1+x^2}dx&=\int\frac{(x^4-1)+1}{1+x^2}dx\\&=\int\frac{x^4-1}{1+x^2}dx+\int\frac{1}{1+x^2}dx\\&=\int(x^2-1)dx+\int\frac{1}{1+x^2}dx\\&=\int x^2dx-\int dx+\int\frac{1}{1+x^2}dx\\&=\frac{1}{3}x^3-x+\arctan x+C.\end{aligned}$$

例 5.8 求 $\int\frac{(x-1)^2}{x^2}dx$.

解
$$\begin{aligned}\int\frac{(x-1)^2}{x^2}dx&=\int\frac{x^2-2x+1}{x^2}dx\\&=\int\left(1-\frac{2}{x}+\frac{1}{x^2}\right)dx\\&=\int dx-2\int\frac{1}{r}dx+\int x^{-2}dx\\&=x-2\ln|x|-\frac{1}{x}+C.\end{aligned}$$

例 5.9 求 $\int\tan^2xdx$.

解
$$\begin{aligned}\int\tan^2xdx&=\int(\sec^2x-1)dx\\&=\int\sec^2xdx-\int dx\\&=\tan x-x+C.\end{aligned}$$

例 5.10 求 $\int\frac{\cos2x}{\sin^2x\cos^2x}dx$.

解
$$\begin{aligned}\int\frac{\cos2x}{\sin^2x\cos^2x}dx&=\int\frac{\cos^2x-\sin^2x}{\sin^2x\cos^2x}dx\\&=\int\frac{1}{\sin^2x}dx-\int\frac{1}{\cos^2x}dx\\&=\int\csc^2xdx-\int\sec^2xdx\end{aligned}$$

$$=-\cot x-\tan x+C.$$

例 5.11 求 $\int \frac{1-\cos^2 x}{\sin^2 \frac{x}{2}}\mathrm{d}x$.

解 $\int \frac{1-\cos^2 x}{\sin^2 \frac{x}{2}}\mathrm{d}x=\int \frac{(1-\cos x)(1+\cos x)}{\frac{1}{2}(1-\cos x)}\mathrm{d}x$

$$=2\int(1+\cos x)\mathrm{d}x$$

$$=2(x+\sin x)+C.$$

例 5.12 生产某产品 x 个单位的总成本 C 为产量 x 的函数. 已知边际成本函数 $MC=4+\frac{12}{\sqrt{x}}$, 固定成本为 1000 元. 试求总成本与产量 x 的函数关系.

解 由于边际成本函数

$$MC=C'(x)=4+\frac{12}{\sqrt{x}},$$

故总成本函数为

$$C(x)=\int MC\mathrm{d}x=\int\left(4+\frac{12}{\sqrt{x}}\right)\mathrm{d}x$$

$$=4x+24\sqrt{x}+C.$$

又由题设 $C(x)\big|_{x=0}=1000$, 得 $C=1000$, 从而所求总成本函数为

$$C(x)=4x+24\sqrt{x}+1000.$$

不定积分是求导的逆运算. 由上述的例子可以看出,与数学中多种逆运算相类似,求积分比求导数困难. 事实上,除了少量简单函数可以直接利用基本积分公式求出不定积分外,大量的初等函数的原函数并不能按固定程式求得. 因此,求不定积分需要根据被积函数的类型和特点灵活地使用各种技巧,这样使得积分法成为学习中丰富多彩的极具挑战性的园地. 后面我们将介绍几种常用的积分法,熟练、灵活地运用这些方法,可以解决许多常见的初等函数的积分问题.

习题 5-2

1. 已知曲线 $y=f(x)$ 过点 $(0,2)$, 且其上任意点的斜率为 $\frac{1}{2}x+3\mathrm{e}^x$, 求曲线方程.

2. 一质点作直线运动,其速度为 $\frac{\mathrm{d}S}{\mathrm{d}t}=3t^2-\sin t$, 初始位移为 $S_0=2$, 求 S

和 t 的函数关系.

3. 求下列不定积分.

(1) $\int \frac{dx}{x\sqrt{x}}$； (2) $\int \left(x-\frac{1}{x}\right)^2 dx$；

(3) $\int \frac{x^2-1}{x^2+1}dx$； (4) $\int \frac{e^{2x}-1}{e^x-1}dx$；

(5) $\int \frac{x^2-1}{x^2(x^2+1)}dx$； (6) $\int \left(3-\frac{1}{xe^x}\right)e^x dx$；

(7) $\int \frac{(x^2-1)\sqrt{1-x^2}+3x}{x\sqrt{1-x^2}}dx$； (8) $\int \frac{1+\sin 2x}{\sin x+\cos x}dx$；

(9) $\int \frac{1+\cos^2 x}{\cos 2x}dx$； (10) $\int \sin^2\frac{x}{2}dx$.

4. 设生产 x 单位某产品的总成本 C 是 x 的函数 $C(x)$，固定成本 $C(0)$ 为 20 元，边际成本函数为 $C'(x)=2x+10$（元/单位）. 求总成本函数 $C(x)$.

§5.3 换元积分法

由前述内容我们可以看出：直接利用基本积分公式和不定积分的性质所能计算的积分是十分有限的，为此必须寻找求积分的一些基本方法. 本节介绍的换元积分法，是把复合函数求导法则反过来应用于不定积分，通过适当的变量替换(换元)，把某些不定积分化归为基本积分表中所列的形式而计算出最终结果.

5.3.1 凑微分法(第一换元积分法)

先看如下几例.

例 5.13 求 $\int (x+1)^2 dx$.

解法一
$$\begin{aligned}\int (x+1)^2 dx &= \int (x^2+2x+1)dx \\ &= \int x^2 dx + 2\int x dx + \int dx \\ &= \frac{1}{3}x^3 + x^2 + x + C.\ \text{(已学过的解法)}\end{aligned}$$

解法二 由于 $dx = d(x+1)$，设 $u=x+1$，则

$$\int (x+1)^2 dx = \int (x+1)^2 d(x+1)$$

$$\xlongequal{u=x+1} \int u^2 du = \frac{1}{3}u^3 + C_1$$

$$= \frac{1}{3}(x+1)^3 + C_1$$

$$= \frac{1}{3}x^3 + x^2 + x + C \quad \left(C = C_1 + \frac{1}{3}\right).$$

两种解法所得结果是一致的. 但解法二的应用范围更广泛些. 例如求 $\int (x+1)^{10}\mathrm{d}x$，若用"解法一"所示的展开法，则显得很繁复，但若用"解法二"，则很简捷：

$$\int (x+1)^{10}\mathrm{d}x = \int (x+1)^{10}\mathrm{d}(x+1) = \int \mathrm{d}\frac{(x+1)^{11}}{11} = \frac{1}{11}(x+1)^{11} + C.$$

例 5.14 求 $\int \sin 2x\mathrm{d}x$

解法一 $\int \sin 2x\mathrm{d}x = \frac{1}{2}\int \sin 2x\mathrm{d}(2x) = \frac{1}{2}\int \mathrm{d}(-\cos 2x) = -\frac{1}{2}\cos 2x + C.$

解法二 $\int \sin 2x\mathrm{d}x = \int 2\sin x\cos x\mathrm{d}x = \int 2\sin x\mathrm{d}(\sin x) = \int \mathrm{d}(\sin^2 x) = \sin^2 x + C.$

解法三 $\int \sin 2x\mathrm{d}x = \int 2\cos x\sin x\mathrm{d}x = -\int 2\cos x\mathrm{d}(\cos x)$

$$= -\int \mathrm{d}(\cos^2 x) = -\cos^2 x + C.$$

读者可以验证出这三个结果是等价的，但同时也恰恰说明了不定积分的结果形式不唯一. 可以看出，这种方法的特点是"凑"成微分形式，从而便于利用基本积分公式，通常称为凑微分法，它是不定积分法中最基本的方法之一.

定理 5.1 设 $\varphi(x)$ 是可微函数，若 $\int f(x)\mathrm{d}x = F(x) + C$，则有

$$\int f[\varphi(x)]\varphi'(x)\mathrm{d}x = F[\varphi(x)] + C.$$

证明 显然.

应用定理 5.1 求不定积分时，关键是如何将被积表达式凑成 $f[\varphi(x)]\mathrm{d}\varphi(x)$ 的形式，而 $f(u)\mathrm{d}u$ 恰为微分形式. 这样可以利用基本积分公式求出结果.

例 5.15 求 $\int \mathrm{e}^{ax+b}\mathrm{d}x$ (a,b 为常数且 $a \neq 0$).

解 $\int \mathrm{e}^{ax+b}\mathrm{d}x = \frac{1}{a}\int \mathrm{e}^{ax+b}\mathrm{d}(ax+b)$

$$\xlongequal{\text{令 } u = ax+b} \frac{1}{a}\int \mathrm{e}^u\mathrm{d}u = \frac{1}{a}\mathrm{e}^u + C = \frac{1}{a}\mathrm{e}^{ax+b} + C.$$

例 5.16 求 $\int \sin(wt+\varphi)\mathrm{d}t$ (w,φ 为常数且 $w \neq 0$).

解 $\int \sin(wt+\varphi)\mathrm{d}t = \frac{1}{w}\int \sin(wt+\varphi)\mathrm{d}(wt+\varphi)$

$$\xlongequal{\text{令 } u=wt+\varphi}\frac{1}{w}\int\sin u\mathrm{d}u=-\frac{1}{w}\cos u+C=-\frac{1}{w}\cos(wt+\varphi)+C.$$

例 5.17 求 $\int\frac{\mathrm{e}^x}{1+\mathrm{e}^x}\mathrm{d}x$.

解 $\int\frac{\mathrm{e}^x}{1+\mathrm{e}^x}\mathrm{d}x=\int\frac{\mathrm{d}(1+\mathrm{e}^x)}{1+\mathrm{e}^x}$

$$\xlongequal{\text{令 } u=1+\mathrm{e}^x}\int\frac{\mathrm{d}u}{u}=\ln|u|+C=\ln(1+\mathrm{e}^x)+C.$$

利用凑微分法求不定积分需要一定的技巧，且往往要作多次尝试，读者不要怕失败，注意总结规律性的技巧.熟记下列等式：

(1) $\mathrm{d}x=\frac{1}{a}\mathrm{d}(ax+b)$；　(2) $\frac{1}{x}\mathrm{d}x=\mathrm{d}(\ln|x|)$；

(3) $x^\alpha\mathrm{d}x=\frac{1}{\alpha+1}\mathrm{d}(x^{\alpha+1})\ (\alpha\neq-1)$；特别 $x\mathrm{d}x=\frac{1}{2}\mathrm{d}x^2$，$\frac{1}{\sqrt{x}}\mathrm{d}x=2\mathrm{d}(\sqrt{x})$；

(4) $\mathrm{e}^{ax}\mathrm{d}x=\frac{1}{a}\mathrm{d}(\mathrm{e}^{ax}+b)$；　(5) $\sin x\mathrm{d}x=-\mathrm{d}(\cos x)$；

(6) $\cos x\mathrm{d}x=\mathrm{d}(\sin x)$；　(7) $\frac{1}{1+x^2}\mathrm{d}x=\mathrm{d}(\arctan x)=-\mathrm{d}(\mathrm{arccot}x)$；

(8) $\frac{1}{\sqrt{1-x^2}}\mathrm{d}x=\mathrm{d}(\arcsin x)=-\mathrm{d}(\arccos x)\ \sec^2x\mathrm{d}x=\mathrm{d}(\tan x)$.

例 5.18 求 $\int\frac{1}{\mathrm{e}^x+\mathrm{e}^{-x}}\mathrm{d}x$.

解 $\int\frac{1}{\mathrm{e}^x+\mathrm{e}^{-x}}\mathrm{d}x=\int\frac{\mathrm{e}^x}{1+\mathrm{e}^{2x}}\mathrm{d}x=\int\frac{\mathrm{d}\mathrm{e}^x}{1+(\mathrm{e}^x)^2}=\arctan\mathrm{e}^x+C.$

例 5.19 求 $\int\cot x\mathrm{d}x$.

解 $\int\cot x\mathrm{d}x=\int\frac{\cos x}{\sin x}\mathrm{d}x=\int\frac{1}{\sin x}\mathrm{d}(\sin x)=\ln|\sin x|+C.$

例 5.20 求 $\int\frac{1}{x^2-a^2}\mathrm{d}x$.

解 因为 $(x+a)-(x-a)=2a$，$\frac{1}{x^2-a^2}=\frac{1}{2a}\left(\frac{1}{x-a}-\frac{1}{x+a}\right)$，所以

$$\begin{aligned}\int\frac{1}{x^2-a^2}\mathrm{d}x&=\frac{1}{2a}\left[\int\frac{1}{x-a}\mathrm{d}x-\int\frac{1}{x+a}\mathrm{d}x\right]\\&=\frac{1}{2a}\left[\int\frac{\mathrm{d}(x-a)}{x-a}-\int\frac{\mathrm{d}(x+a)}{x+a}\right]\\&=\frac{1}{2a}[\ln|x-a|-\ln|x+a|]+C\\&=\frac{1}{2a}\ln\left|\frac{x-a}{x+a}\right|+C.\end{aligned}$$

例 5.21 求 $\int \frac{1}{1+e^x}dx$.

解 $$\int \frac{1}{1+e^x}dx = \int \frac{e^x}{e^x(1+e^x)}dx = \int\left[\frac{1}{e^x} - \frac{1}{1+e^x}\right]de^x$$
$$= \int \frac{de^x}{e^x} - \int \frac{d(1+e^x)}{1+e^x} = \ln\frac{e^x}{1+e^x} + C.$$

例 5.22 求 $\int \frac{dx}{x^2+2x+4}$.

解 $$\int \frac{dx}{x^2+2x+4} = \int \frac{dx}{(x+1)^2+(\sqrt{3})^2} = \frac{1}{\sqrt{3}}\int \frac{1}{\left(\frac{x+1}{\sqrt{3}}\right)^2+1}d\left(\frac{x+1}{\sqrt{3}}\right)$$
$$= \frac{1}{\sqrt{3}}\arctan\frac{x+1}{\sqrt{3}} + C.$$

例 5.23 求 $\int \sec x dx$.

解 $$\int \sec x dx = \int \frac{1}{\cos x}dx = \int \frac{\cos x}{\cos^2 x}dx$$
$$= \int \frac{d\sin x}{1-\sin^2 x} \xlongequal{u=\sin x} -\int \frac{du}{u^2-1}$$
$$= -\frac{1}{2}\ln\left|\frac{u-1}{u+1}\right| + C \quad \text{（利用例 5.20）}$$
$$= -\frac{1}{2}\ln\left|\frac{\sin x-1}{\sin x+1}\right| + C$$
$$= \frac{1}{2}\ln\left|\frac{1+\sin x}{1-\sin x}\right| + C$$
$$= \frac{1}{2}\ln\left|\frac{(1+\sin x)^2}{1-\sin^2 x}\right| + C$$
$$= \ln\left|\frac{1+\sin x}{\cos x}\right| + C$$
$$= \ln|\sec x + \tan x| + C.$$

类似的可以求得 $\int \csc x dx$ 的积分：$\int \csc x dx = \ln|\csc x - \cot x| + C$.

例 5.24 求 $\int \frac{\sin x}{1+\sin x}dx$.

解 $$\int \frac{\sin x}{1+\sin x}dx = \int \frac{\sin x(1-\sin x)}{1-\sin^2 x}dx$$
$$= \int \frac{\sin x}{\cos^2 x}dx + \int \frac{-\sin^2 x}{1-\sin^2 x}dx$$
$$= -\int \frac{d(\cos x)}{\cos^2 x} + \int \frac{1-\sin^2 x-1}{1-\sin^2 x}dx$$

$$= \frac{1}{\cos x} + x - \int \frac{1}{\cos^2 x} \mathrm{d}x$$

$$= \frac{1}{\cos x} + x - \tan x + C.$$

例 5.23、例 5.24 为较复杂的例子，解答过程的关键是运用了大量的中学阶段熟知的三角函数关系的恒等式.

5.3.2　第二换元积分法

用第一换元法即凑微分法能够求出许多不定积分，但有的不定积分用这个方法并不可行，例如积分

$$\int \sqrt{16 - x^2} \mathrm{d}x.$$

这里的困难是根式 $\sqrt{16 - x^2}$ 里面的二次多项式，若令 $u = \sqrt{16 - x^2}$ 则不能解决问题. 应选择其他途径，目标是设法去掉二次根式，这就自然联想到三角函数公式 $1 - \sin^2 t = \cos^2 t$，试令 $x = 4\sin t$，则

$$\sqrt{16 - x^2} = \sqrt{16(1 - \sin^2 t)} = 4 \mid \cos t \mid.$$

这样可以去掉根号，但有绝对值，如取 $t \in \left[-\frac{\pi}{2}, \frac{\pi}{2}\right]$，则 $\mid \cos t \mid = \cos t, \mathrm{d}x = 4\cos t \mathrm{d}t$，于是得到

$$\int \sqrt{16 - x^2} \mathrm{d}x \xlongequal{x = 4\sin x} \int 4\cos t \cdot 4\cos t \mathrm{d}t = 16 \int \cos^2 t \mathrm{d}t$$

$$= 16 \int \frac{1 + \cos 2t}{2} \mathrm{d}t$$

$$= 8t + 4\sin 2t + C$$

$$= 8(t + \sin t \cos t) + C.$$

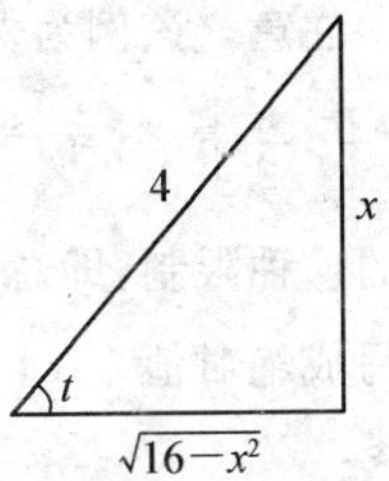

为了将新变量 t 置换成原来的变量 x，可依据 $x = 4\sin t$ 作一直角三角形(如图 5-1)得

图 5-1

$$\sin t = \frac{x}{4}, \cos t = \frac{\sqrt{16 - x^2}}{4}.$$

由 $x = 4\sin t$，解出 $t = \arcsin \frac{x}{4}$，于是所求积分为

$$\int \sqrt{16 - x^2} \mathrm{d}x = 8\left(\arcsin \frac{x}{4} + \frac{x}{4} \cdot \frac{\sqrt{16 - x^2}}{4}\right) + C$$

$$= 8\arcsin \frac{x}{4} + \frac{1}{2} x \sqrt{16 - x^2} + C.$$

这种令 $x = \varphi(t)$ 的换元法常称为**第二换元积分法**. 其换元公式

$$\int f(x) \mathrm{d}x \xlongequal{x = \varphi(t)} \left[\int f[\varphi(t)] \varphi'(t) \mathrm{d}t\right]_{t} = \varphi^{-1}(x).$$

这里要求 $\varphi(t)$ 具有连续导数且 $\varphi'(t)\neq 0$，确保变换 $x=\varphi(t)$ 存在可导的反函数 $t=\varphi^{-1}(x)$.

下面举例说明.

例 5.25 求 $\int\sqrt{a^2-x^2}\,\mathrm{d}x\quad(a>0)$.

解 设 $x=a\sin t,\mathrm{d}x=a\cos t\mathrm{d}t,\sqrt{a^2-x^2}=a\cos t\quad\left(t\in\left[-\frac{\pi}{2},\frac{\pi}{2}\right]\right)$,

于是
$$\begin{aligned}\int\sqrt{a^2-x^2}\,\mathrm{d}x&=\int a\cos t\cdot a\cos t\mathrm{d}t=a^2\int\cos^2t\mathrm{d}t\\&=\frac{a^2}{2}\int(1+\cos 2t)\,\mathrm{d}t\\&=\frac{1}{2}\left(t+\frac{1}{2}\sin 2t\right)+C\\&=\frac{a^2}{2}(t+\sin t\cos t)+C.\end{aligned}$$

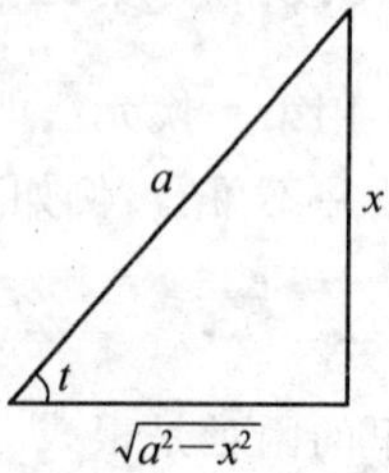

图 5-2

为还原积分变量，由 $x=a\sin t$ 作直角三角形(如图 5-2 所示)，

可知
$$\cos t=\frac{\sqrt{a^2-x^2}}{a},\text{而 } t=\arcsin\frac{x}{a},$$

代入得
$$\int\sqrt{a^2-x^2}\,\mathrm{d}x=\frac{a^2}{2}\arcsin\frac{x}{a}+\frac{1}{2}x\sqrt{a^2-x^2}+C.$$

注意 该例为保证开平方后的结果非负，将变量 t 的变化范围限制在区间 $\left[-\frac{\pi}{2},\frac{\pi}{2}\right]$. 今后，为了讨论方便作如下约定：在求不定积分时，可以略去对变量的这种限制，即总认为 $\sqrt{A^2}$ 是在 $A\geqslant 0$ 的范围内讨论，因而在去掉根号时不必写成绝对值 $|A|$ 的形式，而直接得出 $\sqrt{A^2}=A$. 另外，也总认为 a^2 中的 a 大于零.

例 5.26 求 $\int\frac{\mathrm{d}x}{\sqrt{x^2+a^2}}$.

解 令 $x=a\tan t$，则 $\sqrt{x^2+a^2}=a\sec t,\mathrm{d}x=a\sec^2t\mathrm{d}t$，于是有
$$\begin{aligned}\int\frac{\mathrm{d}x}{\sqrt{x^2+a^2}}&=\int\frac{a\sec^2t}{a\sec t}\mathrm{d}t=\int\sec t\mathrm{d}t\\&=\ln|\sec t+\tan t|+C_1\qquad(\text{利用例 5.23})\\&=\ln\left|\frac{x}{a}+\frac{\sqrt{x^2+a^2}}{a}\right|+C_1\\&=\ln|x+\sqrt{x^2+a^2}|+C\quad(C=C_1-\ln a).\end{aligned}$$

例 5.27 求 $\int\frac{\mathrm{d}x}{\sqrt{x^2-a^2}}$.

解 令 $x=a\sec t$，则 $\sqrt{x^2-a^2}=a\tan t, \mathrm{d}x=a\sec t\tan t\mathrm{d}t$，于是有

$$\begin{aligned}\int\frac{\mathrm{d}x}{\sqrt{x^2-a^2}}&=\int\frac{a\sec t\cdot\tan t}{a\tan t}\mathrm{d}t=\int\sec t\mathrm{d}t\\&=\ln|\sec t+\tan t|+C_1\\&=\ln\left|\frac{x}{a}+\frac{\sqrt{x^2-a^2}}{a}\right|+C_1\\&=\ln|x+\sqrt{x^2-a^2}|+C\quad(C=C_1-\ln a).\end{aligned}$$

例 5.26,例 5.27 可以合成为如下积分形式：

$$\int\frac{\mathrm{d}x}{\sqrt{x^2\pm a^2}}=\ln|x+\sqrt{x^2\pm a^2}|+C.$$

例 5.28 求 $\int\frac{\mathrm{d}x}{x^2\sqrt{x^2-4}}$.

解法一 令 $x=2\sec t$，则 $\sqrt{x^2-4}=2\tan t, \mathrm{d}x=2\sec t\cdot\tan t\mathrm{d}t$，于是有

$$\begin{aligned}\int\frac{\mathrm{d}x}{x^2\sqrt{x^2-4}}&=\int\frac{2\sec t\cdot\tan t}{4\sec^2t\cdot2\tan t}\mathrm{d}t=\frac{1}{4}\int\frac{1}{\sec t}\mathrm{d}t\\&=\frac{1}{4}\int\cos t\mathrm{d}t=\frac{1}{4}\sin t+C\\&=\frac{\sqrt{x^2-4}}{4x}+C.\end{aligned}$$

解法二 令 $x=\frac{1}{t}$，则 $\mathrm{d}x=-\frac{1}{t^2}\mathrm{d}t$，于是有

$$\begin{aligned}\int\frac{\mathrm{d}x}{x^2\sqrt{x^2-4}}&=\int\frac{t^3}{\sqrt{1-4t^2}}\cdot\left(-\frac{\mathrm{d}t}{t^2}\right)=-\int\frac{t\mathrm{d}t}{\sqrt{1-4t^2}}\\&=\frac{1}{8}\int(1-4t^2)^{-\frac{1}{2}}\mathrm{d}(1-4t^2)\\&=\frac{1}{4}(1-4t^2)^{\frac{1}{2}}+C\\&=\frac{\sqrt{x^2-4}}{4x}+C.\end{aligned}$$

该解法采用了倒数代换，也是一种很有用的代换，利用它常可以消去被积函数分母中的变量因子 x，读者可仿照之求 $\int\frac{\sqrt{a^2-x^2}}{x^4}\mathrm{d}x$，以熟悉这种代换积分法.

例 5.29 求 $\int\frac{x^3}{(1-x^2)^{\frac{3}{2}}}\mathrm{d}x$.

解法一 令 $x=a\sin t$，则 $\mathrm{d}x=\cos t\mathrm{d}t$，于是有

$$\int \frac{x^3}{(1-x^2)^{\frac{3}{2}}}\mathrm{d}x = \int \frac{\sin^3 t\cos t\mathrm{d}t}{\cos^3 t} = \int \frac{(1-\cos^2 t)\sin t}{\cos^2 t}\mathrm{d}t$$

$$= \int \frac{-\mathrm{d}(\cos t)}{\cos^2 t} - \int \sin t\mathrm{d}t = \frac{1}{\cos t} + \cos t + C$$

$$= \frac{1}{\sqrt{1-x^2}} + \sqrt{1-x^2} + C = \frac{2-x^2}{\sqrt{1-x^2}} + C.$$

解法二 凑微分法

$$\int \frac{x^3}{(1-x^2)^{\frac{3}{2}}}\mathrm{d}x = \frac{1}{2}\int \frac{-x^2\mathrm{d}(1-x^2)}{(1-x^2)^{\frac{3}{2}}}$$

$$= \frac{1}{2}\int [(1-x^2)-1](1-x^2)^{-\frac{3}{2}}\mathrm{d}(1-x^2)$$

$$= \frac{1}{2}\int [(1-x^2)^{-\frac{1}{2}} - (1-x^2)^{-\frac{3}{2}}]\mathrm{d}(1-x^2)$$

$$= \frac{1}{2}[2(1-x^2)^{\frac{1}{2}} + 2(1-x^2)^{-\frac{1}{2}}] + C$$

$$= \sqrt{1-x^2} + \frac{1}{\sqrt{1-x^2}} + C = \frac{2-x^2}{\sqrt{1-x^2}} + C.$$

本节例题中，由于有不少积分在以后经常遇到，因而往往把它们作为公式使用，于是在基本积分表中再增加下列几个公式（常数 $a > 0$）：

14. $\int \tan x\mathrm{d}x = -\ln|\cos x| + C$；

15. $\int \cot x\mathrm{d}x = \ln|\sin x| + C$；

16. $\int \sec x\mathrm{d}x = \ln|\sec x + \tan x| + C$；

17. $\int \csc x\mathrm{d}x = \ln|\csc x - \cot x| + C$；

18. $\int \frac{\mathrm{d}x}{x^2 - a^2} = \frac{1}{2a}\ln\left|\frac{x-a}{x+a}\right| + C$；

19. $\int \sqrt{a^2 - x^2}\mathrm{d}x = \frac{a^2}{2}\arcsin\frac{x}{a} + \frac{1}{2}x\sqrt{a^2 - x^2} + C$；

20. $\int \frac{\mathrm{d}x}{\sqrt{x^2 \pm a^2}} = \ln|x + \sqrt{x^2 \pm a^2}| + C.$

以上介绍的第二换元积分法适用于下列三种情况：

(1) 被积函数含 $\sqrt{a^2 - x^2}$，这时可设 $x = a\sin t$；

(2) 被积函数含 $\sqrt{x^2 + a^2}$，这时可设 $x = a\tan t$；

(3) 被积函数含 $\sqrt{x^2 - a^2}$，这时可设 $x = a\sec t$.

第二换元积分法还适用于被积函数含有 $\sqrt{ax^2 + bx + c}$ 的一些积分. 这时，

需先将 ax^2+bx+c 配方，然后作变量代换，便可将积分化成上面所述的三种类型的积分之一.

例 5.30 求 $\displaystyle\int\frac{\mathrm{d}x}{\sqrt{16x^2+8x+5}}$.

解

$$\int\frac{\mathrm{d}x}{\sqrt{16x^2+8x+5}}=\frac{1}{4}\int\frac{\mathrm{d}(4x+1)}{\sqrt{(4x+1)^2+4}}$$

$$\xlongequal{t=4x+1}\frac{1}{4}\int\frac{\mathrm{d}t}{\sqrt{t^2+2^2}}$$

$$=\frac{1}{4}\ln|t+\sqrt{t^2+4}|+C$$

$$=\frac{1}{4}\ln|4x+1+\sqrt{16x^2+8x+5}|+C.$$

例 5.31 求 $\displaystyle\int\frac{x+5}{\sqrt{3+2x-x^2}}\mathrm{d}x$.

解

$$\int\frac{x+5}{\sqrt{3+2x-x^2}}\mathrm{d}x=-\frac{1}{2}\int\frac{(2-2x)-12}{\sqrt{3+2x-x^2}}\mathrm{d}x$$

$$=-\frac{1}{2}\int\frac{\mathrm{d}(3+2x-x^2)}{\sqrt{3+2x-x^2}}+6\int\frac{\mathrm{d}x}{\sqrt{4-(x-1)^2}}$$

$$=-\sqrt{3+2x-x^2}+6\arcsin\frac{x-1}{2}+C.$$

习题 5-3

用换元积分法计算下列各题.

(1) $\displaystyle\int\frac{x}{3-2x^2}\mathrm{d}x$；

(2) $\displaystyle\int\frac{1}{x\ln x}\mathrm{d}x$；

(3) $\displaystyle\int\frac{\sin(\ln x)}{x}\mathrm{d}x$；

(4) $\displaystyle\int\mathrm{c}^{a+bx}\mathrm{d}x$；

(5) $\displaystyle\int\frac{\mathrm{e}^{\frac{1}{x}}}{x^2}\mathrm{d}x$；

(6) $\displaystyle\int\sin^3x\mathrm{d}x$；

(7) $\displaystyle\int\frac{1}{4+9x^2}\mathrm{d}x$；

(8) $\displaystyle\int\frac{\arctan x}{1+x^2}\mathrm{d}x$；

(9) $\displaystyle\int\frac{1}{x^2+x+1}\mathrm{d}x$；

(10) $\displaystyle\int\frac{x}{\sqrt{1-x^2}}\mathrm{d}x$；

(11) $\displaystyle\int\frac{1}{\sqrt{16-9x^2}}\mathrm{d}x$；

(12) $\displaystyle\int\sqrt{4-x^2}\mathrm{d}x$；

(13) $\int \frac{1}{(x+2)\sqrt{x+1}}dx$； (14) $\int \frac{\sqrt{x}}{1+\sqrt[3]{x}}dx$；

(15) $\int \frac{1}{x^2\sqrt{1+x^2}}dx$； (16) $\int \frac{dx}{x^2\sqrt{1-x^2}}$；

(17) $\int \frac{x^2}{\sqrt{2-x^2}}dx$； (18) $\int \frac{\sqrt{x^2-a^2}}{x}dx$；

(19) $\int \frac{1}{\sqrt{(1-x^2)^3}}dx$； (20) $\int \frac{1}{x^2(\sqrt{(1-x^2)})^3}dx$.

§5.4 分部积分法

将复合函数的求导法则逆向使用，便是上一节讲解的换元积分法. 现在利用两个函数乘积的求导法则，推导出另一种求不定积分基本方法的分部积分法.

设函数 $u=u(x)$ 与 $v=v(x)$ 具有连续导数，由乘积的求导公式，有

$$(uv)'=u'v+uv',$$

移项得

$$uv'=(uv)'-u'v.$$

对这个等式两边求不定积分，就得

$$\int uv'dx=uv-\int u'vdx, \quad 即 \quad \int udv=uv-\int vdu.$$

这便是分部积分公式. 它通常用来求两个不同类型函数乘积的不定积分. 一般地说，公式中左端积分为所求积分且求解较困难，而右端积分比较容易求解，这样就可以解出所求不定积分了.

例 5.32 求 $\int xe^x dx$.

解 应用分部积分法求积分，关键是 u，dv 的选择问题，现选择 $u=x$，$dv=e^x dx$，则 $du=dx$，$v=e^x$，所以

$$\int xe^x dx=xe^x-\int e^x dx=xe^x-e^x+C.$$

求这个积分时，如果选择 $u=e^x$，$dv=xdx$，则有

$$\int xe^x dx=\frac{1}{2}x^2e^x-\frac{1}{2}\int x^2e^x dx.$$

可见上式右端的积分比所求原积分更为复杂. 由此可知，使用分部积分法的关键是恰当选择 u 和 dv.

选择 u 和 dv 的一般原则是：

(1) v 要容易求得；

(2) $\int v\mathrm{d}u$ 要比 $\int u\mathrm{d}v$ 容易积分.

如下几个常见类型的不定积分,可以考虑这样选择 u 和 $\mathrm{d}v$:

(1) $\int x^n \mathrm{e}^{ax}\mathrm{d}x$, $\int x^n \sin bx\mathrm{d}x$, $\int x^n \cos bx\mathrm{d}x$($n$ 为自然数)等,选择 $u = x^n$,余下部分为 $\mathrm{d}v$;

(2) $\int x^n \ln x\mathrm{d}x$, $\int x^n \arctan x\mathrm{d}x$, $\int x^n \arcsin x\mathrm{d}x$($n$ 为自然数)等,分别把 $\ln x$, $\arctan x$, $\arcsin x$ 等选作 u,余下部分为 $\mathrm{d}v$;

(3) $\int \mathrm{e}^{ax}\sin x\mathrm{d}x$, $\int \mathrm{e}^{ax}\cos bx\mathrm{d}x$ 等,把 e^{ax} 选作 u,或把 $\sin bx$, $\cos bx$ 选作 u,余下部分为 $\mathrm{d}v$ 均可.

例 5.33 求 $\int x\sin x\mathrm{d}x$.

解 设 $u = x$, $\mathrm{d}v = \sin x\mathrm{d}x = \mathrm{d}(-\cos x)$,则

$$\int x\sin x\mathrm{d}x = -x\cos x + \int \cos x\mathrm{d}x = -x\cos x + \sin x + C.$$

例 5.34 求 $\int x^2\sin x\mathrm{d}x$.

解 设 $u = x^2$, $\mathrm{d}v = \sin x\mathrm{d}x = \mathrm{d}(-\cos x)$,则

$$\begin{aligned}\int x^2\sin x\mathrm{d}x &= -x^2\cos x + \int \cos x\mathrm{d}(x^2)\\ &= -x^2\cos x + 2\int x\cos x\mathrm{d}x\\ &= -x^2\cos x + 2\int x\mathrm{d}(\sin x)\\ &= -x^2\cos x + 2x\sin x - 2\int \sin x\mathrm{d}x\\ &= -x^2\cos x + 2x\sin x + 2\cos x + C.\end{aligned}$$

从该例可以看出,有些积分需要连续使用多次分部积分公式才能求出.运用时要特别注意 u, v 选择方向的一致性.

例 5.35 求 $\int \ln x\mathrm{d}x$.

解 设 $u = \ln x$, $\mathrm{d}v = \mathrm{d}x$,则

$$\int \ln x\mathrm{d}x = x\ln x - \int x\cdot\frac{1}{x}\mathrm{d}x = x\ln x - x + C.$$

例 5.36 求 $\int \arcsin x\mathrm{d}x$.

解 设 $u = \arcsin x$, $\mathrm{d}v = \mathrm{d}x$,则

$$\begin{aligned}\int \arcsin x\mathrm{d}x &= x\arcsin x-\int x\mathrm{d}(\arcsin x)\\ &= x\arcsin x-\int x\cdot\frac{\mathrm{d}x}{\sqrt{1-x^2}}\\ &= x\arcsin x+\frac{1}{2}\int\frac{\mathrm{d}(1-x^2)}{\sqrt{1-x^2}}\\ &= x\arcsin x+\sqrt{1-x^2}+C.\end{aligned}$$

例 5.37 求 $\int \mathrm{e}^x\sin x\mathrm{d}x$.

解 $\int \mathrm{e}^x\sin x\mathrm{d}x=\int \sin x\mathrm{d}\mathrm{e}^x$

$$\begin{aligned}&= \mathrm{e}^x\sin x-\int \mathrm{e}^x\cos x\mathrm{d}x\\ &= \mathrm{e}^x\sin x-\int \cos x\mathrm{d}\mathrm{e}^x\\ &= \mathrm{e}^x\sin x-\left[\mathrm{e}^x\cos x+\int \mathrm{e}^x\sin x\mathrm{d}x\right]\\ &= \mathrm{e}^x(\sin x-\cos x)-\int \mathrm{e}^x\sin x\mathrm{d}x.\end{aligned}$$

可见,所求不定积分经过两次分部积分公式又重新出现.这时应用方程的思想即可得到:

$$\int \mathrm{e}^x\sin x\mathrm{d}x=\frac{1}{2}\mathrm{e}^x(\sin x-\cos x)+C.$$

例 5.38 求 $\int \sqrt{x^2+a^2}\mathrm{d}x$.

解 $\int \sqrt{x^2+a^2}\mathrm{d}x=x\sqrt{x^2+a^2}-\int x\mathrm{d}(\sqrt{x^2+a^2})$

$$\begin{aligned}&= x\sqrt{x^2+a^2}-\int x\cdot\frac{2x}{\sqrt{x^2+a^2}}\mathrm{d}x\\ &= x\sqrt{x^2+a^2}-\int\frac{(x^2+a^2)-a^2}{\sqrt{x^2+a^2}}\mathrm{d}x\\ &= x\sqrt{x^2+a^2}-\int \sqrt{x^2+a^2}\mathrm{d}x+a^2\int\frac{\mathrm{d}x}{\sqrt{x^2+a^2}}\\ &= x\sqrt{x^2+a^2}+a^2\ln|x+\sqrt{x^2+a^2}|-\int \sqrt{x^2+a^2}\mathrm{d}x.\end{aligned}$$

所以 $\int \sqrt{x^2+a^2}\mathrm{d}x=\frac{x}{2}\sqrt{x^2+a^2}+\frac{a^2}{2}\ln|x+\sqrt{x^2+a^2}|+C.$

同样的方法推出:

$$\int \sqrt{x^2-a^2}\mathrm{d}x=\frac{x}{2}\sqrt{x^2-a^2}-\frac{a^2}{2}\ln|x+\sqrt{x^2-a^2}|+C.$$

这两个积分的结果可以作为公式应用.

下面介绍分部积分的列表法.

我们知道,对一个乘积形式的不定积分 $\int f(x)\mathrm{d}x=\int u\varphi\mathrm{d}x$,运用分部积分公式的第一步,是将其中的一个因子 φ 写成 v' 的形式,而依原函数的定义,v 就是 φ 的一个原函数,或 $v=\int\varphi\mathrm{d}x$;第二步才是利用分部积分公式:

$$\int u\varphi\mathrm{d}x=\int uv'\mathrm{d}x=uv-\int u'v\mathrm{d}x,$$

改写成如下便于记忆的列表形式:

$$\begin{array}{ccc}(+)\,u & \longrightarrow & \varphi \\ \text{求导}\downarrow & & \downarrow\text{积分} \\ (-)\,u' & \longrightarrow & v\left(=\int\varphi\mathrm{d}x\right)\end{array}$$

具体运算方法如下:

横向函数相乘再积分,左列函数依次求导数,右列函数依次求积分,斜向函数相乘不积分,符号选择依次取正负.

$$\int u\varphi\mathrm{d}x=uv-\int u'v\mathrm{d}x.$$

横向　　斜向　横向

例 5.39　求 $\int xe^x\mathrm{d}x$.

解　依据积分列表法计算如下:

$$\begin{array}{lll}(+) & x & \longrightarrow e^x \\ (-) & 1 & \longrightarrow e^x\ \left(=\int e^x\mathrm{d}x,\text{取 } C=0\right) \\ (+) & 0 & \longrightarrow e^x\end{array}$$

由于左列"0"的出现,可以据上表直接写出积分结果为

$$\int xe^x\mathrm{d}x=xe^x-e^x+C.$$

例 5.40　求 $\int x\ln x\mathrm{d}x$.

解　由于 $\ln x$ 不易求出原函数,故只能放在左列,列表有:

$$\begin{array}{lll}(+) & \ln x & \longrightarrow x \\ (-) & \dfrac{1}{x} & \longrightarrow \dfrac{1}{2}x^2\end{array}$$

所以　$\int x\ln x\mathrm{d}x=\dfrac{1}{2}x^2\ln x-\int\dfrac{1}{x}\cdot\dfrac{1}{2}x^2\mathrm{d}x$

$$= \frac{1}{2}x^2\ln x - \frac{1}{2}\int x\mathrm{d}x$$

$$= \frac{1}{2}x^2\ln x - \frac{1}{4}x^2 + C.$$

依据分部积分列表法的图表结构可知，应用列表法时应考虑如下三个原则（如例 5.20）：

（1）右列的函数应是容易积分的（即原函数易求）；

（2）左列的函数一般应是求导后逐渐简化的；

（3）左导右积的结果相乘，其积分应是逐渐简化，并最终方便求出结果的.

例 5.41 求 $\int e^{-x}\sin 2x\mathrm{d}x$.

解 用列表法

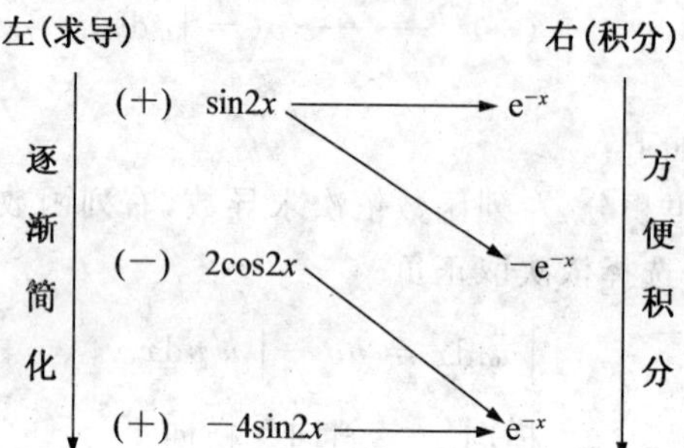

$$\int e^{-x}\sin 2x\mathrm{d}x = -e^{-x}\sin 2x - 2e^{-x}\cos 2x - 4\int e^{-x}\sin 2x\mathrm{d}x.$$

移项整理得：

$$\int e^{-x}\sin 2x\mathrm{d}x = -\frac{1}{5}e^{-x}(\sin 2x + 2\cos 2x) + C.$$

习题 5－4

1. 用分部积分法求下列不定积分.

（1）$\int x\ln x\mathrm{d}x$；　　（2）$\int xe^{-x}\mathrm{d}x$；

（3）$\int x\sin 2x\mathrm{d}x$；　　（4）$\int x^2\cos 3x\mathrm{d}x$；

（5）$\int \arcsin x\mathrm{d}x$；　　（6）$\int \arctan\sqrt{x}\mathrm{d}x$；

（7）$\int e^{\sqrt{x}}\mathrm{d}x$；　　（8）$\int \ln(3+x^2)\mathrm{d}x$；

(9) $\int \frac{\ln x}{(1-x)^2}\mathrm{d}x$；　　　(10) $\int \frac{\ln(\ln x)}{x}\mathrm{d}x$；

(11) $\int \sin(\ln x)\mathrm{d}x$；　　　(12) $\int \frac{\ln\sin x}{\cos^2 x}\mathrm{d}x$；

(13) $\int \frac{\arcsin\sqrt{x}}{\sqrt{1-x}}\mathrm{d}x$.

2. 求下列不定积分(其中 a,b 为常数).

(1) $\int f'(ax+b)\mathrm{d}x \quad (a\neq 0)$；　　(2) $\int xf''(x)\mathrm{d}x$.

3. 设 $I_n=\int \sin^n x\mathrm{d}x$，证明：

$$I_n=-\frac{1}{n}\sin^{n-1}x\cos x+\frac{n-1}{n}I_{n-2}.$$

4. 设函数 $f(x)=\begin{cases}x+1, & x\leqslant 1\\ 2x, & x>1\end{cases}$，求 $\int f(x)\mathrm{d}x$.

5. 如果 $\frac{\sin x}{x}$ 是 $f(x)$ 的一个原函数，证明：

$$\int xf'(x)\mathrm{d}x=\cos x-\frac{2\sin x}{x}+C.$$

6. 设某商品的需求量 Q 是价格 P 的函数，该商品的最大需求量为 1000(即 $P=0$ 时，$Q=1000$)，已知需求的变化率(边际需求)为

$$Q'(P)=-1000\cdot\ln 3\cdot\left(\frac{1}{3}\right)^P,$$

求需求量 Q 与价格 P 的函数关系.

第 6 章　定积分及其应用

定积分的概念与不定积分有着本质区别，它是作为一种和的极限，来自大量的实际问题，在众多领域中有着广泛的应用. 和的极限问题中最典型的是如何求由曲线围成的封闭图像的面积，由变速直线运动物体的速度求路程，以及经济与商务中已知边际成本求总成本、已知边际利润求总利润等.

§6.1　概念与性质

6.1.1　定积分概念引例

1. 曲边梯形的面积

初等数学中，已经解决了圆、三角形、矩形、体型等平面图形的面积问题，而对由任意曲线所围成的一般平面图形的面积计算问题尚未解决，其原因是用初等数学方法解决这类问题相当困难. 下面将介绍一种求曲边梯形的面积的方法，有了这种方法就可以解决一般封闭图形的面积问题.

例 6.1　所谓曲边梯形，是指由连续曲线 $y=f(x)(f(x)\geqslant 0)$，x 轴以及直线 $x=a$，$x=b$ 所围成的图形(如图 6-1 所示). 现计算它的面积 A.

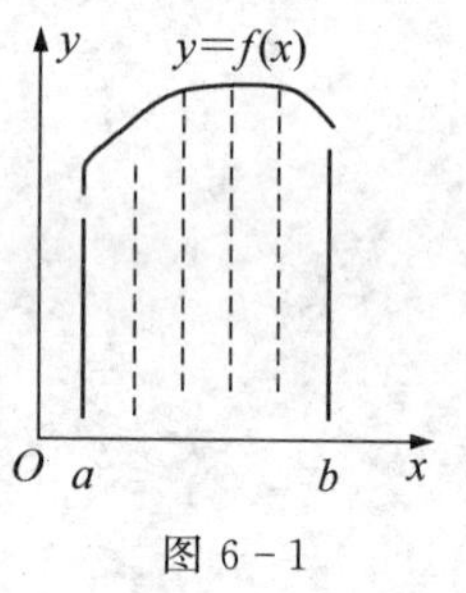

图 6-1

分析　从图中可以看出，当 $y=f(x)$ 在$[a,b]$上为常数时，图形变成矩形，其面积为：面积＝底×高. 而对于一般的曲边梯形，其高度是变化的，因而不能直接按矩形面积公式来求. 然后，由于 $y=f(x)$ 在区间$[a,b]$上的变化是连续的，在很小的一段区间上它的变化量非常小. 因此，通过分割曲边梯形的底边$[a,b]$，将整个曲边梯形分成若干个小曲边梯形，而每个小曲边梯形的底边长度非常小，并且其面积近似于一个小矩形的面积. 然后，将这些小矩形的面积相加，就是整个曲边梯形面积的一个近似值. 当然，随着分割的份数增多，近似程度越来越高. 当无限分割$[a,b]$，令每个小曲边梯形的底边长度趋于 0，那么整个近似值的极限就是我们要求的曲边梯形的面积. 先将详细过程叙述如下：

(1) **分割**：把区间 $[a,b]$ 任意分成 n 份，设分点为 $a=x_0<x_1<x_2<\cdots<x_n=b$，于是每个小曲边梯形的长度为 $\Delta x_i=x_i-x_{i-1}$. 过每个分点做 x 轴的垂线，则可把曲边梯形分成 n 个小曲边梯形，再设每个小曲边梯形面积为 A_i.

(2) **取近似**：对于第 i 个小曲边梯形，在其底边 $[x_{i-1},x_i]$ 上任取一点 ξ_i，并以 $f(\xi_i)$ 为高作矩形，并用该矩形的面积近似替代每个小曲边梯形的面积，即

$$A_i\approx f(\xi_i)\cdot\Delta x_i\text{，其中 } i=1,2,\cdots,n.$$

(3) **求和**：将所有小矩形的面积求和，即得到原曲边梯形的近似面积

$$A\approx\sum_{i=1}^{n}f(\xi_i)\,\Delta x_i.$$

(4) **取极限**：无限分割区间 $[a,b]$，使所有小区间的长度趋于 0. 为此，记 $\lambda=\max\{\Delta x_1,\Delta x_2,\cdots,\Delta x_n\}$. 当 λ 趋向于 0 时，$A\approx\sum\limits_{i=1}^{n}f(\xi_i)\cdot\Delta x_i$ 的极限就是曲边梯形的面积 A，即

$$A=\lim_{\lambda\to 0}\sum_{i=1}^{n}f(\xi_i)\cdot\Delta x_i.$$

2. 成本问题

例 6.2　某公司对其产品成本变化的情况满足如下关系式：

$$f(x)=500-\frac{x}{3}.$$

其中 x 表示该产品的数量；$f(x)$ 表示当产品数量为 x 时，再增加一个单位产品所增加的成本(即边际函数). 试求当产品从 300 件增加到 900 件时该公司所增加的成本 C.

分析　如同本教材前面章节对边际函数所描述的那样，在经济和商务中遇到的函数自变量往往取正整数，其函数值也是离散的. 为数学处理方便，下面将其连续化，转化成具有连续倒数的函数来处理. 这时许多结果只能看成近似的，但不影响对实际问题的分析.

(1) **分割**：该公司产品产量从 300 件增加到 900 件，将其连续化，把区间 $[300,900]$ 任意分成 n 份，设分点为 $300=x_0<x_1<x_2<\cdots<x_n=900$.

(2) **取近似**：考虑产量从 x_{i-1} 增加到 x_i 时所增加的成本，$f(x_{i-1})$ 作为边际成本在 x_{i-1} 的值表示当产量为 x_{i-1} 时增加单位产量所增加的成本. 当产品数量增加 Δx_i 单位时，所增加的成本为 $f(x_{i-1})\cdot\Delta x_i$.

(3) **求和**：当产量从 300 增加到 900 时，所增加的总成本为 $\sum\limits_{i=1}^{n}f(\Delta x_{i-1})\cdot\Delta x_i$.

(4) **取极限**：为了更精确估计，同样可设 $\lambda=\max\{\Delta x_1,\Delta x_2,\cdots,\Delta x_n\}$，当 λ 趋向于 0 时，所增加的总成本为

$$C = \lim_{\lambda \to 0} \sum_{i=1}^{n} f(\Delta x_{i-1}) \cdot \Delta x_i.$$

6.1.2 定积分的概念

第 6.1.1 节的两个例子涉及不同的领域,但都引导出求类型相同的和的极限问题.还有许多实际问题,诸如求直线变速运动的总路程、变力做功、水对水坝的总压力、某企业的总产量及总利润等都可以归结为此类和的极限问题,在数学上称之为定积分问题.为此,抽象地给出如下数学定义.

定义 6.1 设函数 $f(x)$ 在区间 $[a,b]$ 上有界,任意用分点

$$a = x_0 < x_1 < x_2 < \cdots < x_n = b$$

把区间 $[a,b]$ 分成 n 个小区间

$$[x_0, x_1], [x_1, x_2], \cdots, [x_{n-1}, x_n],$$

在每个小区间 $[x_{i-1}, x_i]$ 上任取一点 ξ_i,求和 $\sum\limits_{i=1}^{n} f(\xi_i) \cdot \Delta x_i$,称其为积分和,记小区间中最大区间长度为 λ.如果当 λ 趋向于 0 时,上述和式的极限存在,则称函数 $f(x)$ 在区间 $[a,b]$ 上可积,并称该极限为函数 $f(x)$ 在区间 $[a,b]$ 上的定积分,记作 $\int_a^b f(x)\mathrm{d}x$,即

$$\int_a^b f(x)\mathrm{d}x = \lim_{\lambda \to 0} \sum_{i=1}^{n} f(\xi_i) \cdot \Delta x_i.$$

其中,$\int$ 称为积分号,$f(x)$ 称为被积函数,$f(x)\mathrm{d}x$ 称为被积表达式,x 称为积分变量,a 与 b 分别称为积分下限与上限.

根据积分定义,例 6.1 中的曲边梯形的面积 A 是函数 $f(x)$ 在区间 $[a,b]$ 上的定积分,即 $A = \int_a^b f(x)\mathrm{d}x$;例 6.2 中当产量从 300 增加到 900 件时,所增加的成本为 $C = \int_{300}^{900} F(x)\mathrm{d}x$.

关于定积分,作以下几点说明:

(1) 函数 $f(x)$ 在区间 $[a,b]$ 上可积的两个充分条件:$f(x)$ 在区间 $[a,b]$ 上连续或具有有限个第一类间断点.

(2) 函数 $f(x)$ 在区间 $[a,b]$ 上可积是指积分 $\int_a^b f(x)\mathrm{d}x$ 存在,即无论区间如何分割以及 ξ_i 如何选取,$\lim\limits_{\lambda \to 0} \sum\limits_{i=1}^{n} f(\xi_i) \cdot \Delta x_i$ 始终存在.

(3) 定积分表示一个数值,它只与被积函数及积分区间有关,而与积分变量用何字母表示无关,即有

$$\int_a^b f(x)\mathrm{d}x = \int_a^b f(y)\mathrm{d}y = \int_a^b f(t)\mathrm{d}t = \int_a^b f(u)\mathrm{d}u.$$

(4) 在定义中，假定 $a<b$，为今后使用方便，规定：

$$\int_a^b f(x)\mathrm{d}x = -\int_b^a f(x)\mathrm{d}x$$

和

$$\int_a^a f(x)\mathrm{d}x = 0.$$

(5) 几何意义：定积分 $\int_a^b f(x)\mathrm{d}x$ 的几何意义为由曲线 $y=f(x)$，x 轴，$x=a$ 和 $x=b$ 所围成的封闭图形在 x 轴上方与下方面积的代数和，其中 x 轴上方面积为正，下方面积为负.

6.1.3　定积分的基本性质

性质 6.1　两个函数的和的定积分等于它们定积分的和，即

$$\int_a^b [f(x)+g(x)]\mathrm{d}x = \int_a^b f(x)\mathrm{d}x + \int_a^b g(x)\mathrm{d}x.$$

性质 6.2　被积函数的常数因子可以提取到积分号外，即

$$\int_a^b kf(x)\mathrm{d}x = k\int_a^b f(x)\mathrm{d}x.$$

性质 6.3　对任意点 c，有

$$\int_a^b f(x)\mathrm{d}x = \int_a^c f(x)\mathrm{d}x + \int_c^b f(x)\mathrm{d}x.$$

该性质也称为定积分的积分区间可加性.

性质 6.4　若在区间 $[a,b]$ 上，恒有 $f(x)\leqslant g(x)$，则

$$\int_a^b f(x)\mathrm{d}x \leqslant \int_a^b g(x)\mathrm{d}x.$$

特别当 $m\leqslant f(x)\leqslant M$ 时，有 $m(b-a)\leqslant\int_a^b f(x)\mathrm{d}x\leqslant M(b-a)$.

习题 6－1

1. 用定义计算下列定积分的值.

(1) $\int_0^1 2x\mathrm{d}x$；　　　　(2) $\int_0^1 (1-x)\mathrm{d}x$.

2. 利用定积分的几何意义计算下列积分.

(1) $\int_0^1 \sqrt{1-x^2}\mathrm{d}x$；　　　　(2) $\int_{-\frac{\pi}{2}}^{\frac{\pi}{2}} \sin x\mathrm{d}x$.

§6.2 定积分的计算

定积分作为一种特殊和式的极限,如果按照定义计算是相当困难的.本节将给出一种简便而有效的方法.

6.2.1 变上限定积分

设 $f(x)$ 在区间 $[a,b]$ 上连续,x 为区间 $[a,b]$ 上任意一点,由于 $f(x)$ 在 $[a,b]$ 上连续,因而在 $[a,x]$ 上也连续.于是,由定积分存在定理可知,定积分 $\int_a^x f(t)\mathrm{d}t$ 存在.这个变动上限的定积分,对每一个 $x\in[a,b]$ 都有一确定的值与之对应.所以,它是定义在 $[a,b]$ 上的函数,记为 $\Phi(x)$,即

$$\Phi(x)=\int_a^x f(t)\mathrm{d}t \quad (a\leqslant x\leqslant b).$$

函数 $\Phi(x)$ 成为定义在区间 $[a,b]$ 上的变上限定积分,也称为**积分上限函数**.

必须指出,积分上限函数 $\Phi(x)$ 是关于 x 的函数,对于给定的 x,它有确定的值,与积分变量 t 无关.

积分上限函数有如下重要性质.

定理 6.1 设函数 $f(x)$ 在 $[a,b]$ 上连续,则积分上限函数 $\Phi(x)=\int_a^x f(t)\mathrm{d}t$ 在 $[a,b]$ 上可导且

$$\Phi'(x)=\left[\int_a^x f(t)\mathrm{d}t\right]'=f(x).$$

这个定理一方面肯定了连续函数的原函数是存在的,另一方面提供了在定积分与原函数之间建立联系的可能性.

6.2.2 微积分基本定理

定理 6.2 设函数 $F(x)$ 是连续函数在 $[a,b]$ 上的一个原函数,即 $F'(x)=f(x)$,则

$$\int_a^b f(x)\mathrm{d}x=F(b)-F(a).$$

为了使用方便,上式也可以写成下面的形式:

$$\int_a^b f(x)\mathrm{d}x=F(x)\Big|_a^b=F(b)-F(a)$$

或

$$\int_a^b f(x)\mathrm{d}x=\Big[F(x)\Big]_a^b=F(b)-F(a).$$

该公式称为**牛顿-莱布尼茨公式**，也是微积分的基本公式. 这个公式为计算连续函数的定积分提供了有效而简便的方法.

例 6.3　求 $\int_0^1 x^3\,dx$.

解　$\int_0^1 x^3\,dx = \frac{1}{4}x^4\Big|_0^1 = \frac{1}{4} - 0 = \frac{1}{4}$.

例 6.4　求 $\int_{-2}^{-1}\frac{1}{x}dx$.

解　$\int_{-2}^{-1}\frac{1}{x}dx = [\ln|x|]\Big|_{-2}^{-1} = -\ln 2$.

例 6.5　计算例 6.2 中所提出的当产品从 300 件增加到 900 件时，公司增加的成本 C.

解　由例 6.2 可知，

$$
\begin{aligned}
C &= \int_{300}^{900}\left(500 - \frac{x}{3}\right)dx \\
&= \left[500x - \frac{1}{6}x^2\right]\Big|_{300}^{900} = \left[500x - \frac{1}{6}x^2\right]\Big|_{300}^{900} \\
&= \left(500\times 900 - \frac{1}{6}\times 900^2\right) - \left(500\times 900 - \frac{1}{6}\times 900^2\right) \\
&= 180000(\text{元}).
\end{aligned}
$$

例 6.6　计算 $\int_0^1 \frac{x^2}{1+x^2}dx$.

解　
$$
\begin{aligned}
\int_0^1 \frac{x^2}{1+x^2}dx &= \int_0^1 \frac{1+x^2-1}{1+x^2}dx \\
&= \int_0^1 dx - \int_0^1 \frac{1}{1+x^2}dx = [x]\Big|_0^1 - [\arctan x]\Big|_0^1 = 1 - \frac{\pi}{4}.
\end{aligned}
$$

6.2.3　定积分的换元法

定理 6.3　若 $y = f(x)$ 在 $[a,b]$ 上连续，函数 $x = g(t)$ 在 $[\alpha,\beta]$ 上单调且具有连续导数 $g'(t)$，又 $g(\alpha) = a, g(\beta) = b$，则

$$
\int_a^b f(x)dx = \int_\alpha^\beta f(g(t))\cdot g'(t)dt,
$$

上式又称为**定积分换元公式**.

证明　因 $f(x)$ 在 $[a,b]$ 上连续，所以 $f(x)$ 在 $[a,b]$ 上可积，设 $f(x)$ 的一个原函数为 $F(x)$，由牛顿-莱布尼茨公式可知 $\int_a^b f(x)dx = F(b) - F(a)$.

另一方面，由定理已知条件得，函数 $f(g(t))\cdot g'(t)$ 在 $[\alpha,\beta]$ 上可积，则其原函数为 $F(g(t))$，因为

$$\{F(g(t))\}' = F'(g(t)) \cdot g'(t) = f(g(t)) \cdot g'(t).$$

于是，

$$\int_{\alpha}^{\beta} f(g(t)) \cdot g'(t)\mathrm{d}t = F(g(t))\Big|_{\alpha}^{\beta} = F(g(\beta)) - F(g(\alpha)) = F(b) - F(a),$$

因此，

$$\int_{a}^{b} f(x)\mathrm{d}x = \int_{\alpha}^{\beta} f(g(t)) \cdot g'(t)\mathrm{d}t.$$

例 6.7 求 $\int_{0}^{\frac{\pi}{2}} \cos^3 x \cdot \sin x \mathrm{d}x$.

解法一 设 $t = \cos x$，则 $\mathrm{d}t = -\sin x$. 当 $x = 0$ 时，$t = 1$；当 $x = \frac{\pi}{2}$ 时，$t = 0$. 故

$$\int_{0}^{\frac{\pi}{2}} \cos^3 x \cdot \sin x \mathrm{d}x = -\int_{1}^{0} t^3 \mathrm{d}t = -\frac{t^4}{4}\Big|_{1}^{0} = \frac{1}{4}.$$

解法二

$$\int_{0}^{\frac{\pi}{2}} \cos^3 x \cdot \sin x \mathrm{d}x = -\int_{0}^{\frac{\pi}{2}} \cos^3 x \mathrm{d}\cos x = -\frac{\cos^4 x}{4}\Big|_{0}^{\frac{\pi}{2}} = \frac{1}{4}.$$

例 6.8 计算 $\int_{1}^{\sqrt{e}} \frac{\mathrm{d}x}{x\sqrt{1-(\ln x)^2}}$.

解 $\int_{1}^{\sqrt{e}} \frac{\mathrm{d}x}{x\sqrt{1-(\ln x)^2}} = \int_{1}^{\sqrt{e}} \frac{\mathrm{d}\ln x}{\sqrt{1-(\ln x)^2}} = [\arcsin(\ln x)]\Big|_{1}^{\sqrt{e}} = \arcsin\frac{1}{2}$

$= \frac{\pi}{6}$.

例 6.9 设 $f(x)$ 在 $[-a,a]$ 上连续，证明：

(1) 当 $f(x)$ 为偶函数时，$\int_{-a}^{a} f(x)\mathrm{d}x = 2\int_{0}^{a} f(x)\mathrm{d}x$；

(2) 当 $f(x)$ 为奇函数时，$\int_{-a}^{a} f(x)\mathrm{d}x = 0$.

证明 由积分区间可加性，得

$$\int_{-a}^{a} f(x)\mathrm{d}x = \int_{-a}^{0} f(x)\mathrm{d}x + \int_{0}^{a} f(x)\mathrm{d}x,$$

而由 $f(x)$ 为偶函数以及定积分的基本性质可知，

$$\int_{-a}^{0} f(x)\mathrm{d}x = \int_{-a}^{0} f(-x)\mathrm{d}x = -\int_{0}^{-a} f(-x)\mathrm{d}x = \int_{0}^{-a} f(-x)\mathrm{d}(-x) = \int_{0}^{a} f(t)\mathrm{d}t.$$

再根据定积分的变量无关性，$\int_{0}^{a} f(t)\mathrm{d}t = \int_{0}^{a} f(x)\mathrm{d}x$.

因此，

$$\int_{-a}^{a} f(x)\mathrm{d}x = \int_{-a}^{0} f(x)\mathrm{d}x + \int_{0}^{a} f(x)\mathrm{d}x = 2\int_{0}^{a} f(x)\mathrm{d}x.$$

同理可得(2)的证明，读者可自行完成证明.

例 6.10　求定积分 $\int_{-\frac{\pi}{4}}^{\frac{\pi}{4}}\frac{1+x^3}{\cos^2 x}dx$.

解　$\frac{1}{\cos^2 x}$ 与 $\frac{x^3}{\cos^2 x}$ 分别为 $\left[-\frac{\pi}{4},\frac{\pi}{4}\right]$ 上的偶函数和奇函数，根据例 6.9 结论可知，

$$\begin{aligned}\int_{-\frac{\pi}{4}}^{\frac{\pi}{4}}\frac{1+x^3}{\cos^2 x}dx &= \int_{-\frac{\pi}{4}}^{\frac{\pi}{4}}\frac{1}{\cos^2 x}dx+\int_{-\frac{\pi}{4}}^{\frac{\pi}{4}}\frac{x^3}{\cos^2 x}dx \\ &= 2\int_0^{\frac{\pi}{4}}\frac{1}{\cos^2 x}dx+0=2\int_0^{\frac{\pi}{4}}\sec^2 x dx \\ &= 2\tan x\Big|_0^{\frac{\pi}{4}}=2.\end{aligned}$$

6.2.4　定积分的分部积分法

定理 6.4　如果 $u(x)$，$v(x)$ 在区间 $[a,b]$ 上有连续导数，则

$$\int_a^b u\,dv = uv\Big|_a^b-\int_a^b v\,du.$$

例 6.11　求 $\int_0^1 x\,e^{-x}dx$.

解　$$\begin{aligned}\int_0^1 x\,e^{-x}dx &= -\int_0^1 x\,de^{-x}=-x\,e^{-x}\Big|_0^1+\int_0^1 e^{-x}dx \\ &= -e^{-1}-\left[e^{-x}\right]\Big|_0^1=1-\frac{2}{e}.\end{aligned}$$

习题 6－2

1. 求下列定积分.

(1) $\int_1^2 x^3 dx$；　　(2) $\int_0^1 e^x dx$；

(3) $\int_0^a (3x^2-x+1)dx$；　　(4) $\int_1^2\left(x^2+\frac{1}{x}\right)dx$.

2. 选取合适的方法计算下列定积分.

(1) $\int_0^1\frac{\sqrt{x}}{2-\sqrt{x}}dx$；　　(2) $\int_0^3\frac{x}{1+\sqrt{1+x}}dx$；

(3) $\int_0^1\frac{1}{1+e^x}dx$；　　(4) $\int_0^1\sqrt{4-x^2}dx$；

(5) $\int_0^2\frac{1}{\sqrt{1+x}+\sqrt{3+x}}dx$；　　(6) $\int_{-1}^1 x\sqrt{(1-x^2)^5}dx$；

(7) $\int_0^{\frac{\pi}{2}} x\sin x dx$；　　(8) $\int_1^e x\ln x dx$.

§6.3 定积分的应用

6.3.1 平面图形面积

根据定积分的几何定义，利用定积分可以求出下列几种类型的平面图形的面积.

例 6.12 求在$[0,2\pi]$上由x轴与余弦曲线$y=\cos x$围成图形的面积S.

解 (1) 根据$y=\cos x$的正负，把$[0,2\pi]$分成三个区间$\left[0,\frac{\pi}{2}\right]$，$\left[\frac{\pi}{2},\frac{3\pi}{2}\right]$，$\left[\frac{3\pi}{2},2\pi\right]$；

(2) 取x为积分变量，根据定积分的几何意义，图形面积为

$$\begin{aligned}S&=\int_0^{\frac{\pi}{2}}\cos x\mathrm{d}x-\int_{\frac{\pi}{2}}^{\frac{3\pi}{2}}\cos x\mathrm{d}x+\int_{\frac{3\pi}{2}}^{2\pi}\cos x\mathrm{d}x\\&=\sin x\Big|_0^{\frac{\pi}{2}}-\sin x\Big|_{\frac{\pi}{2}}^{\frac{3\pi}{2}}+\sin x\Big|_{\frac{3\pi}{2}}^{2\pi}\\&=1+2+1=4.\end{aligned}$$

例 6.13 求由曲线$y=x^3$及$y=2x$所围成图形的面积.

解 (1) 画出图形，如图 6-2 所示；

(2) 求曲线的交点，由方程组$\begin{cases}y=x^3\\y=2x\end{cases}$，解得交点$A_1(-\sqrt{2},-2\sqrt{2})$，$O(0,0)$，$A_2(\sqrt{2},2\sqrt{2})$，由于图形关于原点对称，所求面积$S$是$S_1$的 2 倍.

(3) 在$[0,\sqrt{2}]$上，$2x\geqslant x^3$，取x为积分变量

$$S=2\int_0^{\sqrt{2}}(2x-x^3)\mathrm{d}x=2\left(x^2-\frac{x^4}{4}\right)\Big|_0^{\sqrt{2}}=2.$$

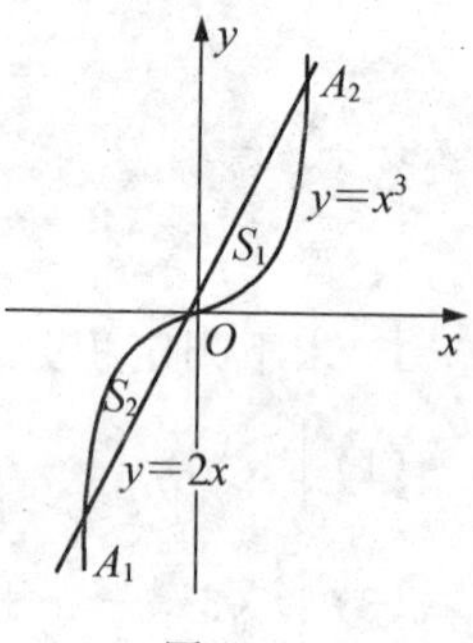

图 6-2

6.3.2 旋转体的体积

定积分可以用来解决几何上的空间立体的体积问题.

旋转体就是一个平面图形绕着平面内一条直线旋转一周而成的立体，该直线称为旋转轴.

若一立体是由连续曲线$y=f(x)$，直线$x=a$，$x=b$及x轴所围成的平面图形绕x轴旋转而成的，则其体积为

$$V=\pi\int_a^b[f(x)]^2\mathrm{d}x.$$

例 6.14　求椭圆 $\frac{x^2}{a^2}+\frac{y^2}{b^2}=1$ 绕 x 轴旋转而成的旋转体体积.

解　绕 x 轴旋转形成的椭球体可看作是由上半椭圆 $y=b\sqrt{1-\frac{x^2}{a^2}}$ 以及 x 轴围成的封闭图形绕 x 轴旋转而成的,故体积为

$$V=\pi\int_{-a}^{a}\left[b\sqrt{1-\frac{x^2}{a}}\right]^2\mathrm{d}x=2\pi b^2\int_0^a\left(1-\frac{x^2}{a^2}\right)\mathrm{d}x$$

$$=2\pi b^2\left(x-\frac{x^3}{3a^2}\right)\Big|_0^a=\frac{4}{3}\pi a b^2.\text{(特别当 } a=b \text{ 时即为球的体积)}$$

6.3.3　由边际函数求总函数

1. 已知某产品的总成本 $C(Q)$ 的边际成本为 $C'(Q)=MC$,则该产品产量为 Q 时的总成本为

$$C(Q)=\int_0^Q MC\,\mathrm{d}Q+C_0,\tag{6-1}$$

其中 C_0 为固定成本,$\int_0^Q MC\,\mathrm{d}Q$ 为可变成本.

由式(6-1)进一步推得,当产量从 Q_1 变到 Q_2 时,总成本的改变量为

$$\Delta C=\int_{Q_1}^{Q_2}MC\,\mathrm{d}Q,\tag{6-2}$$

平均改变量为

$$\overline{\Delta C}=\frac{\Delta C}{\Delta Q}.$$

2. 若边际收益函数为

$$R'(Q)=MR,$$

则总收益函数可表示为

$$R(Q)=\int_0^Q MR\,\mathrm{d}Q.\tag{6-3}$$

3. 若边际利润函数为

$$L'(Q)=MR-MC,$$

则总利润函数为

$$L(Q)=\int_0^Q(MR-MC)\,\mathrm{d}Q-C_0.\tag{6-4}$$

其中 C_0 为固定成本,$\int_0^Q(MR-MC)\mathrm{d}Q$ 为不计固定成本下的利润函数,也称毛利润.

例 6.15　某工厂生产一种产品,每天产量为 Q(单位: t) 时的总成本为 $C(Q)$,已知边际成本为

$$MC=\frac{\mathrm{d}C}{\mathrm{d}Q}=100+6Q-0.6Q^2,$$

试求：产品从 2t 增加到 4t 时的总成本及平均成本.

解 由式(6-2)知，当产量从 2t 增加到 4t 时，总成本的改变量为

$$\Delta C=\int_2^4(100+6Q-0.6Q^2)\mathrm{d}Q$$

$$=\left[100Q+3Q^2-0.2Q^3\right]\Big|_2^4=224.8.$$

此时的平均成本为

$$\overline{\Delta C}=\frac{\Delta C}{\Delta Q}=\frac{224.8}{2}=112.4.$$

例 6.16 已知某产品的边际成本 $MC=2$（元/件），固定成本为 0，边际收益为 $MR=20-0.02Q$，求：

(1) 产量为多少时利润最大？

(2) 在最大利润产量的基础上，再生产 40 件，利润会发生什么变化？

解 (1) 由条件可知，$ML=MR-MC=20-0.02Q-2=18-0.02Q$，令 $\frac{\mathrm{d}L}{\mathrm{d}Q}=ML=0$，即 $18-0.02Q=0$，解出驻点为 $Q=900$（件）.

又 $L''(Q)=\frac{\mathrm{d}ML}{\mathrm{d}Q}=-0.02<0$，因此 $Q=900$ 为 $L(Q)$ 的极大值点，即当产量为 900 件时，可获得最大利润.

(2) 当产量由 900 增加到 940 时，利润的改变量为

$$\Delta L=\int_{900}^{940}ML\,\mathrm{d}Q=\int_{900}^{940}(18-0.02Q)\mathrm{d}Q$$

$$=18Q-0.01\,Q^2\Big|_{900}^{940}=-16(\text{元}).$$

也就是说，产量增加了，利润反而减少了 16 元.

6.3.4 资本现值与投资问题

若现有货币 a 元，按年利率为 r 作连续复利计算，则 t 年后的价值为 $a\mathrm{e}^{rt}$ 元；反过来，若 t 年后有货币 a 元，则按连续复利计算，现在应有 $a\mathrm{e}^{-rt}$ 元，这就称为**资本现值**.

设在时间区间 $[0,T]$ 内 t 时刻的单位时间的收入为 $R(t)$，称其为**收入率**. 若按年利率为 r 的连续复利计算，则在 $[0,T]$ 内的总收入为

$$R=\int_0^T R(t)\,\mathrm{e}^{-rt}\mathrm{d}t.$$

若收入率 $R(t)=A$ 为常数，则称此为均匀收入率. 如果年利率 r 也是常数，则总收入的现值为

$$R=\int_0^T A\,\mathrm{e}^{-rt}\mathrm{d}t=A\cdot\frac{-1}{r}\mathrm{e}^{-rt}\Big|_0^T=\frac{A}{r}(1-\mathrm{e}^{-rT}).$$

例 6.17　若连续 3 年内保持收入率每年 7500 元不变，且利率为 7.5%，问其现值多少？

解　因均匀收入率 $A=7500, r=7.5\%$，所以由公式可知，其现值为

$$R=\int_0^3 A\,\mathrm{e}^{-rt}\,\mathrm{d}t=\int_0^3 7500\,\mathrm{e}^{-0.075t}\,\mathrm{d}t$$

$$=\frac{7500}{0.075}(1-\mathrm{e}^{-0.075\times 3})=20150(\text{元}).$$

因此，现值为 20150 元.

例 6.18　现对某企业给予一笔投资 a，经测算，该企业在 T 年中可以按每年 A 的均匀收入率获得收入，若年利率为 r，试求：

(1) 该投资的纯收入贴现值；

(2) 收回该笔投资的时间为多久？

解　投资后 T 年中获总收入的现值为

$$R=\int_0^T A\,\mathrm{e}^{-rt}\,\mathrm{d}t=\frac{A}{r}(1-\mathrm{e}^{-rT}).$$

从而，(1) 投资获得的纯收入的贴现值为

$$R^*=R-a=\frac{A}{r}(1-\mathrm{e}^{-rT})-a.$$

(2) 收回投资，即总收入的现值等于投资，即有

$$\frac{A}{r}(1-\mathrm{e}^{-rT})=a,$$

解得

$$T=\frac{1}{r}\ln\frac{A}{A-ar}.$$

例如，若对企业投资 800 万元，年利率为 5%，设在 20 年内的均匀收入率为 200 万元/年，则总收入的现值为

$$R=\frac{200}{0.05}(1-\mathrm{e}^{-0.05\times 20})\approx 2528.4\,(\text{万元}),$$

从而投资所得的纯收入为

$$R^*=R-a=2528.4-800=1728.2\,(\text{万元}),$$

投资收回期为

$$T=\frac{1}{0.05}\ln\frac{200}{200-800\times 0.05}\approx 4.46(\text{年}).$$

由此可知，该投资在 20 年中可获得纯利润 1728.2 万元，投资回收期为 4.46年.

习题 6-3

1. 已知某产品生产 Q 个单位时,边际收益 $MR = 200 - \frac{Q}{100}$.

(1) 求生产了 50 个单位时的总收益;

(2) 如果已知生产了 100 个单位,求如果再生产 100 个单位总收益将增加多少?

2. 设某产品的总成本 C(万元)的变化率是产量 Q(百台)的函数 $\frac{\mathrm{d}C(Q)}{\mathrm{d}Q} = 6 - \frac{Q}{2}$,且总收入函数 R(万元)的变化率也是产量 Q 的函数 $\frac{\mathrm{d}R(Q)}{\mathrm{d}Q} = 12 - Q$,求:

(1) 产量从 1 百台增加到 3 百台时,总成本与总收入各增加多少?

(2) 产量是多少时,总利润 $L(Q)$ 最大?

(3) 已知固定成本 $C(Q) = 5$ 万元,求总利润与产量 Q 的函数关系式.

(4) 若在最大利润产量的基础上再生产 2 百台,总利润将发生什么样的变化?

3. 有一笔年利率 6.5%的投资,在 16 年后得到 1200 元,问当初的投资额是多少?

4. 有 2000 元存入银行,按年利率 6%进行复利计算,问 20 年后本利和是多少?

第7章　空间解析几何

向量在数学、物理、力学及工程技术中是一种重要的数学工具；空间解析几何是通过空间坐标系，用代数方法来研究空间几何问题的．本章介绍向量的概念及一些基本运算，并以向量为工具，讨论空间中的平面、直线、曲面和曲线的方程以及关于它们的一些基本问题．

§7.1　空间直角坐标系

7.1.1　空间直角坐标系

通过平面直角坐标系，可以将坐标平面上的点与一对有序实数对应起来，从而可用代数方法讨论几何问题．现在将这种思想加以推广，引进空间直角坐标系，从而将空间中的点用一个有序数组来表示．

在空间中取定一点 O 作为原点，通过该点做三条相互垂直的数轴，分别称为 x 轴、y 轴和 z 轴，统称为坐标轴．三个坐标轴上的单位长度通常相同(这些单位长度也可以不同，但本章中，如无特别声明，三个轴上都取相同的长度单位)．

通常将 x 轴和 y 轴置于水平面上，z 轴取铅直方向，如图 7－1 所示．三个坐标轴的次序和方向一般按右手法则来排列：用右手握住 z 轴，四个手指从 x 轴的正向旋转 90°到 y 轴的正向时，拇指的指向就是 z 轴的正向．按右手法则确定的坐标系称为右手系．

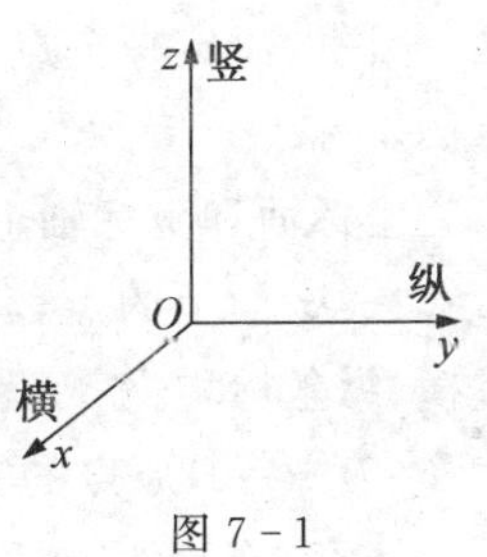

图 7－1

由任意两条坐标轴所确定的平面称为坐标面．三个坐标轴确定了三个坐标面．x 轴和 y 轴所在的平面称为 xOy 坐标面，另外两个坐标面分别是 yOz 坐标面和 zOx 坐标面．

三个坐标面将整个空间分为 8 个部分，每一部分称为一个卦限．含有 x 轴、y 轴和 z 轴的正半轴的卦限称为第一卦限，第二、第三、第四卦限都在 xOy 面的上方，按逆时针方向确定；第五卦限在第一卦限的下方，第六、第七、第八卦限都

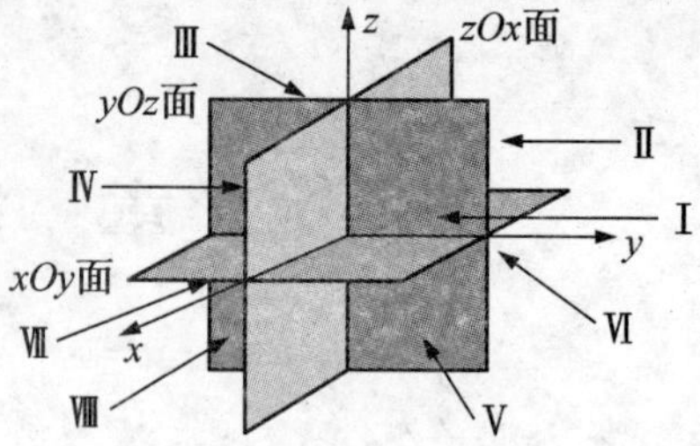

在 xOy 面的下方，按逆时针方向确定. 这8个卦限分别用罗马数字Ⅰ、Ⅱ、Ⅲ、Ⅳ、Ⅴ、Ⅵ、Ⅶ、Ⅷ来表示，如图 7-2 所示.

上面建立的坐标系中，坐标轴、坐标面都是两两垂直的，故称为空间直角坐标系.

图 7-2

7.1.2 空间中点的坐标

有了空间直角坐标系，就可以建立空间中的点和有序数组之间的对应关系. 设 M 为空间中的一点，过该点做三个分别垂直于 x 轴、y 轴和 z 轴的平面，它们与 x 轴、y 轴和 z 轴分别交于 P 点、Q 点和 R 点. 这三个点在 x 轴、y 轴和 z 轴上的坐标分别是 x，y 和 z. 从而，空间中的点 M 就唯一确定了一个有序数组 (x,y,z)；反之，给定一个有序数组 (x,y,z)，则可分别在 x 轴、y 轴和 z 轴上取坐标为 x,y,z 的三个点 P,Q,R，过这三个点各做一个分别与 x 轴、y 轴和 z 轴垂直的平面，这三个平面有唯一的交点，这个交点就是有序数组 (x,y,z) 所确定的点 M，如图 7-3 所示.

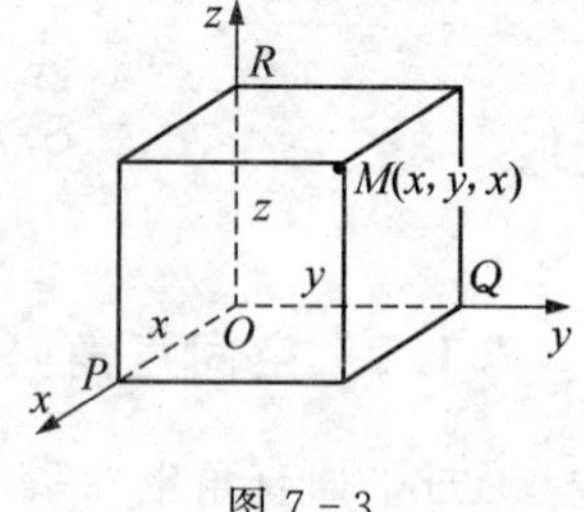

图 7-3

这样，利用空间直角坐标系，就在有序数组 (x,y,z) 与空间中的点 M 之间建立了一一对应关系.

有序数组 (x,y,z) 称为点 M 的坐标. 其中 x,y 和 z 分别称为点 M 的横坐标、纵坐标和竖坐标. 在以后的表述中，常把一个点和表示这个点的坐标不加区别，所说的给定一个点，就是给定这个点的坐标；所说的求一个点，就是求这个点的坐标.

坐标面和坐标轴上的点的坐标都有一定的特点. 如 xOy 面上的点，竖坐标 $z=0$；zOx 面上的点，其纵坐标 $y=0$；yOz 面上的点，其横坐标 $x=0$；z 轴上的点横、纵坐标均为零，即 $x=0,y=0$. 同样，x 轴上的点有 $y=0,z=0$；y 轴上的点有 $x=0,z=0$；原点的三个坐标均为零.

从点 $M(x,y,z)$ 引垂直于 xOy 面的直线，直线与 xOy 面的交点 $N(x,y,0)$ 称为点 M 在 xOy 面的投影. 在 MN 的延长线上取一点 P，使点 P 到 xOy 面的距离等于点 M 到 xOy 面的距离，称点 P 是点 M 关于 xOy 面的对称点，点 P 的坐标为 $(x,y,-z)$. 类似地，点 M 关于 x 轴的对称点的坐标为 $(x,-y,-z)$，关于原点的对称点的坐标为 $(-x,-y,-z)$. 点 M 关于其他坐标面、坐标轴的对称点与此完全类似.

各卦限内，点的坐标符号为：

Ⅰ：(+，+，+)；Ⅱ：(−，+，+)；

Ⅲ：(−，−，+)；Ⅳ：(+，−，+)；

Ⅴ：(+，+，−)；Ⅵ：(−，+，−)；

Ⅶ：(−，−，−)；Ⅷ：(+，−，−).

7.1.3　空间中两点间的距离

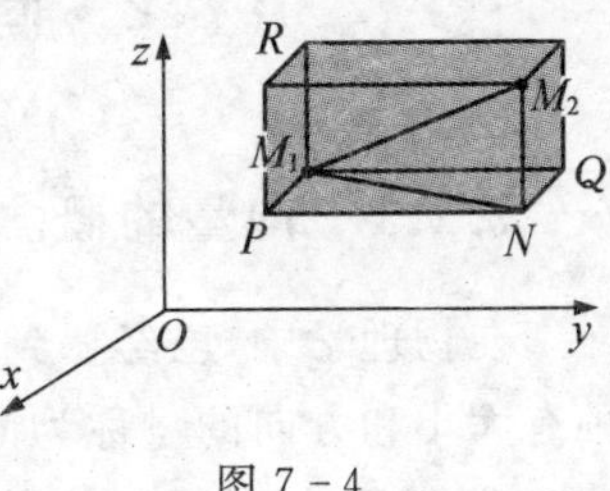

图 7-4

对空间中两点 $M_1(x_1,y_1,z_1)$ 和 $M_2(x_2,y_2,z_2)$，可用其坐标表示它们之间的距离 d.

过 M_1,M_2 两点各做三个分别垂直于三条坐标轴的平面. 这 6 个平面围成以 M_1,M_2 为顶点的长方体，如图 7-4 所示.

由勾股定理得

$$d^2 = |M_1M_2|^2 = |M_1P|^2 + |PN|^2 + |NM_2|^2,$$

$$d = \sqrt{(x_2-x_1)^2+(y_2-y_1)^2+(z_2-z_1)^2}.$$

特殊地，点 $M(x,y,z)$ 到原点 $O(0,0,0)$ 的距离为

$$d = \sqrt{x^2+y^2+z^2}.$$

例 7.1　在 z 轴上求一点 M，使点 M 到点 $A(1,0,2)$ 和点 $B(1,-3,1)$ 的距离相等.

解　因为所求的点 M 在 z 轴上，故点 M 的坐标应为 $(0,0,z)$. 根据题意，有

$$\sqrt{(0-1)^2+(0-0)^2+(z-2)^2} = \sqrt{(0-1)^2+(0+3)^2+(z-1)^2},$$

解得 $z=-3$，即点 M 的坐标是 $(0,0,-3)$.

例 7.2　已知一动点 $M(x,y,z)$ 到两点 $A(1,2,3)$ 和 $B(-1,-3,0)$ 的距离总是相等，求动点 M 的坐标所满足的方程.

解　由已知条件，有

$$\sqrt{(x-1)^2+(y-2)^2+(z-3)^2} = \sqrt{(x+1)^2+(y+3)^2+z^2},$$

两端平方后整理，得 $2x+5y+3z-2=0$，即动点 M 的坐标应满足这个三元一次方程.

习题 7-1

1. 在空间直角坐标系中，标出下列各点的位置：$A(1,2,3)$，$B(3,4,0)$，$C(2,-3,-4)$，$D(0,1,-1)$.

2. 一个边长为 a 的立方体放置在 xOy 面上，其底面的中心在坐标原点，底面的顶点在 x 轴和 y 轴上，求这个立方体各顶点的坐标.

3. 求点 $A(4,-3,5)$ 到各坐标轴的距离.

4. 在 yOz 面上，求与 $A(3,1,2)$，$B(4,-2,-2)$，$C(0,5,1)$ 三点等距离的点.

5. 求出点 $A(2,-1,3)$ 关于原点、三个坐标轴、三个坐标面对称的点.

§7.2　向量的线性运算及向量的坐标

7.2.1　向量的概念

在物理学中，已经遇到过既有大小又有方向的量，如力、力矩、加速度等. 这种有大小和方向的量称为向量(或矢量).

在几何上，可用一条有方向的线段，即有向线段来表示向量. 有向线段的起点与终点分别称为向量的起点与终点，有向线段的方向表示向量的方向，有向线段的长度表示向量的大小.

以 A 为起点，B 为终点的向量记为 AB，如图 7-5 所示. 也可以用一个黑体字母来表示向量，如 $\boldsymbol{a}$，$\boldsymbol{r}$，$\boldsymbol{v}$，$\boldsymbol{F}$ 等，或者用 $\vec{a}$，$\vec{r}$，$\vec{v}$，$\vec{F}$ (书写时要在字母上加箭头) 等表示向量.

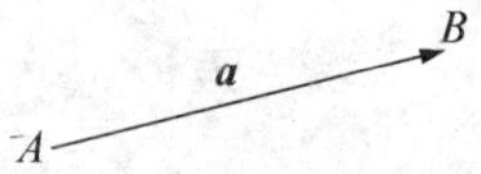

图 7-5

向量的大小称为向量的模或长度，记为 $|AB|$ 或 $|\boldsymbol{a}|$. 模为 1 的向量称为单位向量，模为零的向量称为零向量，记为 $\mathbf{0}$. 零向量的方向是任意的. 显然，对任意非零向量 $\boldsymbol{a}$，有 $|\boldsymbol{a}|>0$.

数学中，通常仅考虑向量的方向与大小，而不考虑向量的起点，这种向量称为自由向量. 当两个向量 $\boldsymbol{a}$ 与 $\boldsymbol{b}$ 相等，记作 $\boldsymbol{a}=\boldsymbol{b}$. 就是说，两个向量相等，并不需要它们在位置上能够完全重合(但经过平行移动后应能完全重合). 一个向量可以任意平行移动而仍然代表原来的向量.

如果两个非零向量的方向相同或相反，则称两个向量平行. 向量 $\boldsymbol{a}$ 与 $\boldsymbol{b}$ 平行，记为 $\boldsymbol{a}/\!/\boldsymbol{b}$. 由于零向量的方向是任意的，因此可以认为零向量与任何向量都平行. 当两个平行向量的起点放在同一点时，它们的终点与公共起点应在一条直线上. 因此，又称平行向量为共线向量.

7.2.2　向量的线性运算

1. 向量的加减法

向量的加法运算规则如下. 设 $\boldsymbol{a}$ 与 $\boldsymbol{b}$ 为两个向量，任取一点 A，作 $AB=\boldsymbol{a}$，$AD=\boldsymbol{b}$，以 AB，AD 为邻边做平行四边形 $ABCD$，其对角线向量 $AC=\boldsymbol{c}$，称为向量 $\boldsymbol{a}$，$\boldsymbol{b}$ 的和，如图 7-6 所示，记为 $\boldsymbol{c}=\boldsymbol{a}+\boldsymbol{b}$.

这种求向量和的方法称为平行四边形法则.

求两个向量的和时,也可以使用三角形法则.方法是,作 $AB=\boldsymbol{a}$,$BC=\boldsymbol{b}$,则由 $\boldsymbol{a}$ 的起点到 $\boldsymbol{b}$ 的终点的向量就是 $\boldsymbol{c}=\boldsymbol{a}+\boldsymbol{b}$,如图 7-7 所示.由向量加法的三角形法则可知,当三个向量 $\boldsymbol{a},\boldsymbol{b},\boldsymbol{c}$ 首尾相接构成三角形时,有 $\boldsymbol{a}+\boldsymbol{b}+\boldsymbol{c}=\boldsymbol{0}$.当 n 个向量相加时,可将这些向量依次首尾相接,则连接第一个向量的起点与最后一个向量的终点所得到的向量即为所求的和.

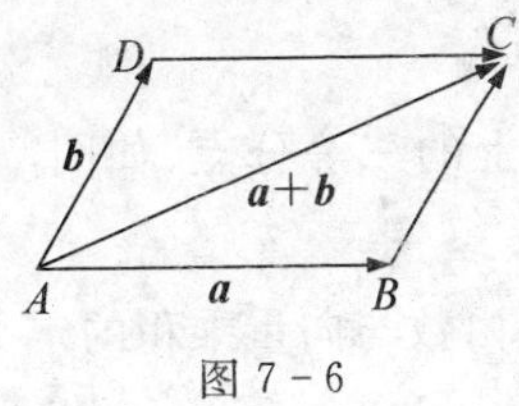

图 7-6

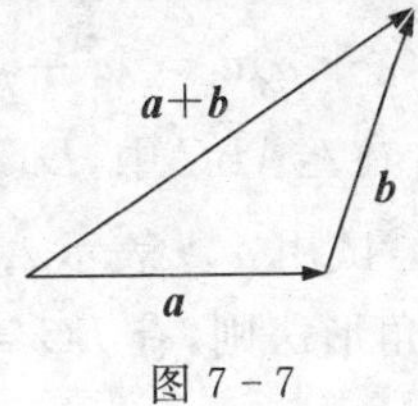

图 7-7

如图 7-8 是三个向量 $\boldsymbol{a},\boldsymbol{b},\boldsymbol{c}$ 的和.如图 7-9 是四个向量 $\boldsymbol{a},\boldsymbol{b},\boldsymbol{c},\boldsymbol{d}$ 的和.

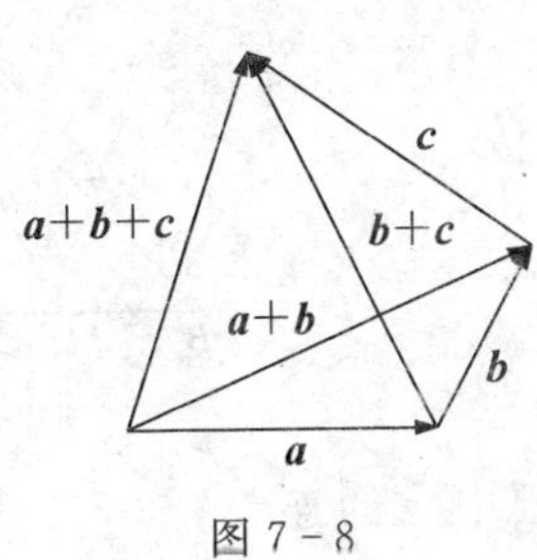

图 7-8

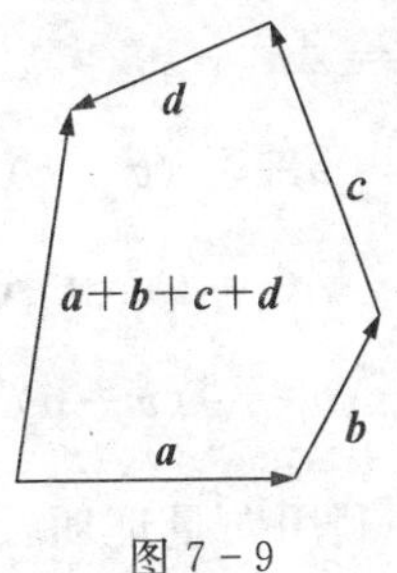

图 7-9

设 $\boldsymbol{a}$ 为一向量,称与 $\boldsymbol{a}$ 的模相同而方向相反的向量为 $\boldsymbol{a}$ 的负向量,记为 $-\boldsymbol{a}$.

规定 $\boldsymbol{a}$ 与 $\boldsymbol{b}$ 的差(如图 7-10 和图 7-11 所示)为 $\boldsymbol{a}-\boldsymbol{b}=\boldsymbol{a}+(-\boldsymbol{b})$.

由图 7-11 可以看到,求两个向量的差时,可以将向量的起点置于同一点,连接两个向量的终点所得到的向量就是 $\boldsymbol{a}-\boldsymbol{b}$ 或 $\boldsymbol{b}-\boldsymbol{a}$.

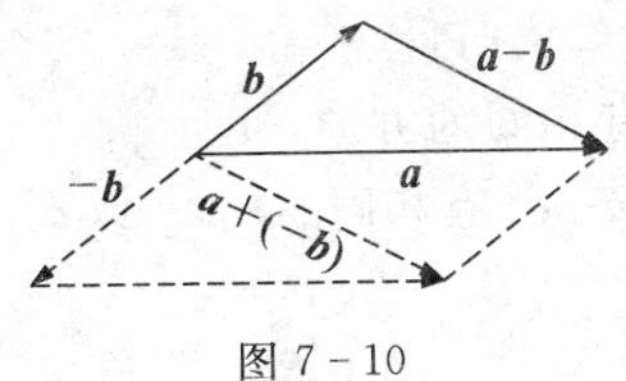

图 7-10

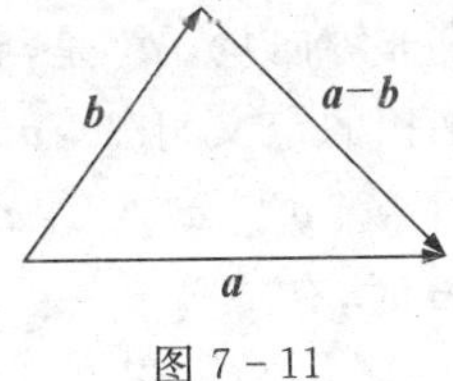

图 7-11

2. 向量与数的乘法

设 λ 是实数,$\boldsymbol{a}$ 是向量,规定两者的积 $\lambda\boldsymbol{a}$ 为一个向量,且 $|\lambda\boldsymbol{a}|=|\lambda||\boldsymbol{a}|$.当 $\lambda>0$ 时,$\lambda\boldsymbol{a}$ 的方向与 $\boldsymbol{a}$ 的方向相同;当 $\lambda<0$ 时,$\lambda\boldsymbol{a}$ 的方向与 $\boldsymbol{a}$ 的方向相反;当

$\lambda=0$时，$\lambda\boldsymbol{a}=0$.

由该定义可知，当 $\boldsymbol{b}=\lambda\boldsymbol{a}\neq 0$ 时，$\boldsymbol{b}$ 与 $\boldsymbol{a}$ 总是平行.

向量加法及向量与数的乘法是线性运算，满足下列运算律.

交换律　$\boldsymbol{a}+\boldsymbol{b}=\boldsymbol{b}+\boldsymbol{a}$；

结合律　$(\boldsymbol{a}+\boldsymbol{b})+\boldsymbol{c}=\boldsymbol{a}+(\boldsymbol{b}+\boldsymbol{c})$，

$\lambda(\mu\boldsymbol{a})=\mu(\lambda\boldsymbol{a})=(\lambda\mu)\boldsymbol{a}$；

分配律　$\lambda(\boldsymbol{a}+\boldsymbol{b})=\lambda\boldsymbol{a}+\lambda\boldsymbol{b}$，

$(\lambda+\mu)\boldsymbol{a}=\lambda\boldsymbol{a}+\mu\boldsymbol{a}$.

例 7.3　在$\triangle ABC$中，D,E是BC边上的三等分点，如图 7-12 所示，设$AB=\boldsymbol{a}$，$AC=\boldsymbol{b}$，试用$\boldsymbol{a}$，$\boldsymbol{b}$表示AD，AE.

解　由三角形法则，有 $BC=\boldsymbol{b}-\boldsymbol{a}$，再由数与向量乘积的定义，有

$$BD=\frac{1}{3}BC=\frac{1}{3}(\boldsymbol{b}-\boldsymbol{a}),EC=\frac{1}{3}BC=\frac{1}{3}(\boldsymbol{b}-\boldsymbol{a}).$$

从$\triangle ABD$及$\triangle AEC$可得

$$\begin{aligned}AD&=AB+BD\\&=\boldsymbol{a}+\frac{1}{3}(\boldsymbol{b}-\boldsymbol{a})=\frac{1}{3}(\boldsymbol{b}+2\boldsymbol{a}),\\AE&=AC+CE=AC-EC\\&=\boldsymbol{b}-\frac{1}{3}(\boldsymbol{b}-\boldsymbol{a})=\frac{1}{3}(2\boldsymbol{b}+\boldsymbol{a}).\end{aligned}$$

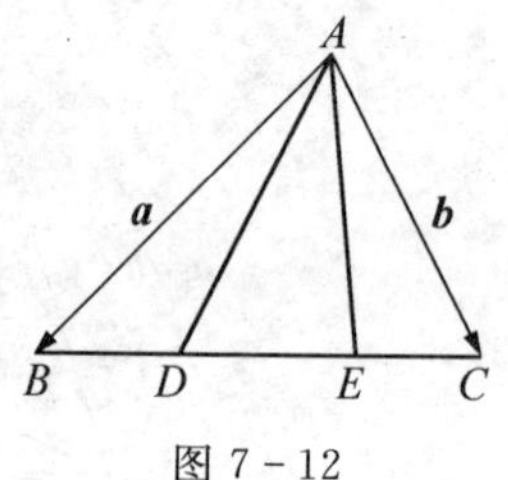

图 7-12

例 7.4　利用向量证明：三角形两腰中点的连线平行于底边且长度为底边的一半.

证明　如图 7-13 所示，设$AB=\boldsymbol{a}$，$AC=\boldsymbol{b}$，则

$$AD=\frac{1}{2}AB=\frac{1}{2}\boldsymbol{a},\ AE=\frac{1}{2}AC=\frac{1}{2}\boldsymbol{b},$$

$$BC=AC-AB=\boldsymbol{b}-\boldsymbol{a},$$

$$DE=AE-AD=\frac{1}{2}(\boldsymbol{b}-\boldsymbol{a})=\frac{1}{2}BC.$$

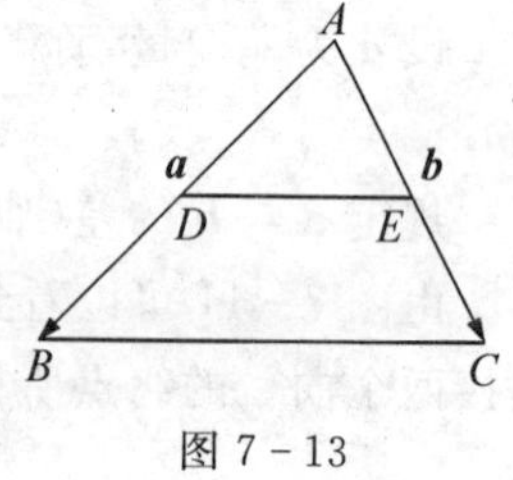

图 7-13

设 $\boldsymbol{a}$ 是非零向量，$\boldsymbol{a}^0$ 是与其同方向的单位向量.

由数与向乘积的定义可知，$\boldsymbol{a}$ 与 $|\boldsymbol{a}|\boldsymbol{a}^0$ 有相同的方向，并且 $|\boldsymbol{a}|\boldsymbol{a}^0$ 的模为 $||\boldsymbol{a}|\Delta\boldsymbol{a}^0|=|\boldsymbol{a}||\boldsymbol{a}^0|=|\boldsymbol{a}|$，即 $\boldsymbol{a}$ 与 $|\boldsymbol{a}|\boldsymbol{a}^0$ 有相同的模，所以 $\boldsymbol{a}=|\boldsymbol{a}|\boldsymbol{a}^0$. 当 $|\boldsymbol{a}|\neq 0$ 时，有

$$\boldsymbol{a}^0=\frac{1}{|\boldsymbol{a}|}\boldsymbol{a},$$

即一个非零向量除以它的模的结果是一个与原向量方向相同的单位向量. 由于向量 $\lambda\boldsymbol{a}$ 与 $\boldsymbol{a}$ 平行，故常用向量与数的乘积来说明两个向量的平行关系，即有如

下定理.

定理 7.1　设向量 $\boldsymbol{a} \neq 0$,则向量 $\boldsymbol{b}$ 平行于 $\boldsymbol{a}$ 的充分必要条件是:存在唯一的实数 λ,使得 $\boldsymbol{b}=\lambda\boldsymbol{a}$.

7.2.3　向量的坐标表示式

前面用几何方法讨论了向量的表示和运算,这种方法虽然直观,但难以进行精确计算,而且有些问题仅靠几何方法也是难以解决的.下面引进向量的坐标,将向量与有序数组联系起来,从而也可以用代数方法来研究向量.

设一向量 $\boldsymbol{r} = OM$,起点为原点 $O(0,0,0)$,终点为 $M(x,y,z)$,这种起点在原点的向量称为向径.

过点 M 做三个分别垂直于 x 轴、y 轴和 z 轴的平面,加上三个坐标面,六个平面围成一个长方体 $OPNQ-RHMK$,OM 是其对角线,如图 7-14所示.

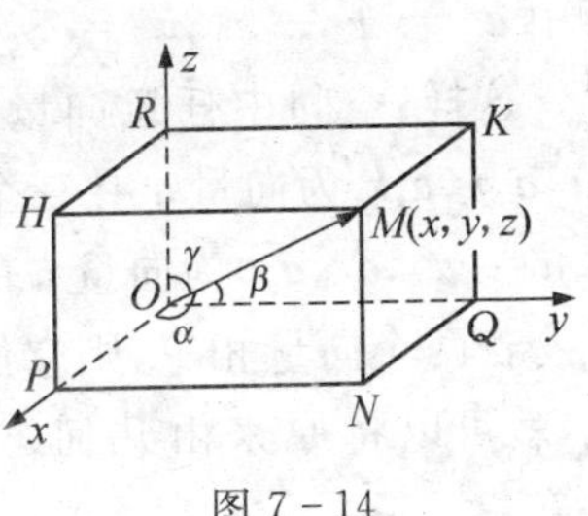

图 7-14

由向量加法的定义,有

$$OM=ON+OR,$$

$$ON=OP+OQ,$$

即

$$OM=OP+OQ+OR.$$

上式右端的三个向量就是向量 OM 沿三个坐标轴方向的分量,也就是将向量 OM 分解成三个相互垂直的向量之和.在 x 轴、y 轴和 z 轴上取与各轴正向相同的单位向量 $\boldsymbol{i},\boldsymbol{j},\boldsymbol{k}$,显然 OP 是平行于 $\boldsymbol{i}$ 的,并且 $OP = x\boldsymbol{i}$.同理有 $OQ = y\boldsymbol{j}$,$OR = z\boldsymbol{k}$.因此得到

$$\boldsymbol{r} = OM = x\boldsymbol{i} + y\boldsymbol{j} + z\boldsymbol{k}. \tag{7-1}$$

式(7-1)称为向量 $\boldsymbol{r}$ 的坐标分解式,称 $x\boldsymbol{i},y\boldsymbol{j},z\boldsymbol{k}$ 为向量 $\boldsymbol{r}$ 在坐标轴上的分量.

显然,给定了向量 OM,就确定了有序数组 (x,y,z);反之,给定了有序数组 (x,y,z),就确定了向量 OM.即向量 OM 与有序数组 (x,y,z) 之间是一一对应的关系.称 (x,y,z) 是向量 OM 的坐标.记为 $OM=(x,y,z)$,称为向量的坐标表示式.从而,(x,y,z) 既可以表示一点 $M(x,y,z)$,又可以表示一个向径 OM.表示点时用 $M(x,y,z)$,表示向径时用 $r=(x,y,z)$.在看到记号 (x,y,z) 时,需要从上下文去辨认它究竟表示点还是表示向量.

下面考虑一般向量的坐标.

设向量 AB 的起点为 $A(x_1,y_1,z_1)$,终点为 $B(x_2,y_2,z_2)$,三个向量 OA,

OB 和 AB 构成一个三角形，如图 7－15 所示. 由向量的加减法运算可得

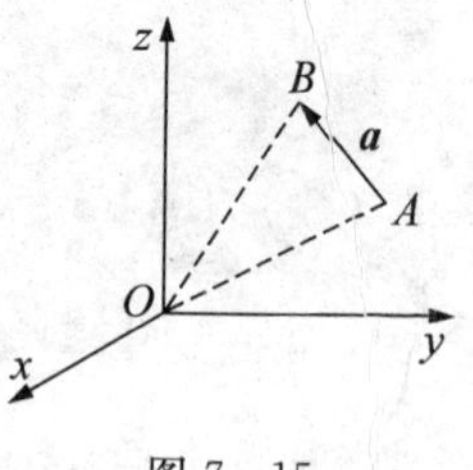

图 7－15

$$\boldsymbol{a}=AB=OB-OA.$$

由向径分向量的坐标表示式及向量的线性运算律，得

$$\begin{aligned}\boldsymbol{a}&=(x_2\boldsymbol{i}+y_2\boldsymbol{j}+z_2\boldsymbol{k})-(x_1\boldsymbol{i}+y_1\boldsymbol{j}+z_1\boldsymbol{k})\\&=(x_2-x_1)\boldsymbol{i}+(y_2-y_1)\boldsymbol{j}+(z_2-z_1)\boldsymbol{k}\\&=\boldsymbol{a}_x\boldsymbol{i}+\boldsymbol{a}_y\boldsymbol{j}+\boldsymbol{a}_z\boldsymbol{k},\end{aligned}\tag{7-2}$$

其中 $\boldsymbol{a}_x=x_2-x_1,\boldsymbol{a}_y=y_2-y_1,\boldsymbol{a}_z=z_2-z_1$.

这样，空间中任意向量 $\boldsymbol{a}$ 均可以用 $\boldsymbol{a}_x,\boldsymbol{a}_y,\boldsymbol{a}_z$ 来表示. 同向径一样，仍然称 $\boldsymbol{a}_x\boldsymbol{i},\boldsymbol{a}_y\boldsymbol{j},\boldsymbol{a}_z\boldsymbol{k}$ 为向量 $\boldsymbol{a}$ 在三个坐标轴上的分向量，称 $\boldsymbol{a}_x,\boldsymbol{a}_y,\boldsymbol{a}_z$ 为向量 $\boldsymbol{a}$ 的坐标，称 $\boldsymbol{a}=(\boldsymbol{a}_x,\boldsymbol{a}_y,\boldsymbol{a}_z)$ 为向量 $\boldsymbol{a}$ 的坐标表示式.

若两个向量相等，则它们的坐标对应相等，反之亦然. 有了向量的坐标表示式，就可以将原来由几何方法规定的向量运算转化为向量坐标之间的代数运算.

设 $\boldsymbol{a}=(\boldsymbol{a}_x,\boldsymbol{a}_y,\boldsymbol{a}_z),\boldsymbol{b}=(\boldsymbol{b}_x,\boldsymbol{b}_y,\boldsymbol{b}_z)$,

则
$$\begin{aligned}\boldsymbol{a}\pm\boldsymbol{b}&=(x_1\boldsymbol{i}+y_1\boldsymbol{j}+z_1\boldsymbol{k})\pm(x_2\boldsymbol{i}+y_2\boldsymbol{j}+z_2\boldsymbol{k})\\&=(\boldsymbol{a}_x\pm\boldsymbol{b}_x)\boldsymbol{i}+(\boldsymbol{a}_y\pm\boldsymbol{b}_y)\boldsymbol{j}+(\boldsymbol{a}_z\pm\boldsymbol{b}_z)\boldsymbol{k},\\\lambda\boldsymbol{a}&=\lambda(\boldsymbol{a}_x\boldsymbol{i}+\boldsymbol{a}_y\boldsymbol{j}+\boldsymbol{a}_z\boldsymbol{k})\\&=(\lambda\boldsymbol{a}_x)\boldsymbol{i}+(\lambda\boldsymbol{a}_y)\boldsymbol{j}+(\lambda\boldsymbol{a}_z)\boldsymbol{k}.\end{aligned}$$

而向量 $\boldsymbol{a}$ 的模就是其起点与终点的距离，所以

$$|\boldsymbol{a}|=\sqrt{\boldsymbol{a}_x^{\ 2}+\boldsymbol{a}_y^{\ 2}+\boldsymbol{a}_z^{\ 2}}.$$

例 7.5 设 $\boldsymbol{a}=(4,3,0)=4\boldsymbol{i}+3\boldsymbol{j},\boldsymbol{b}=(1,-2,2)=\boldsymbol{i}-2\boldsymbol{j}+2\boldsymbol{k}$，求 $\boldsymbol{a}+2\boldsymbol{b}$ 及 $|\boldsymbol{a}|$.

解
$$\begin{aligned}\boldsymbol{a}+2\boldsymbol{b}&=(4\boldsymbol{i}+3\boldsymbol{j})+2(\boldsymbol{i}-2\boldsymbol{j}+2\boldsymbol{k})\\&=4\boldsymbol{i}+3\boldsymbol{j}+2\boldsymbol{i}-4\boldsymbol{j}+4\boldsymbol{k}\\&=6\boldsymbol{i}-\boldsymbol{j}+6\boldsymbol{k},\end{aligned}$$

$$|\boldsymbol{a}|=\sqrt{4^2+3^2+0}=5.$$

易知，两个非零向量平行的充要条件是它们对应的坐标成比例.

例 7.6 已知两点 $A(x_1,y_1,z_1)$ 和 $B(x_2,y_2,z_2)$ 以及实数 $\lambda\neq-1$，在直线 AB 上求一点 M，使得 $AM=\lambda BM$.

解 设点 M 的坐标为 (x,y,z)，由于 $AM=\lambda BM$，因此

$$(x-x_1,y-y_1,z-z_1)=\lambda(x_2-x,y_2-y,z_2-z),$$

从而 $x-x_1=\lambda(x_2-x_1),y-y_1=\lambda(y_2-y_1),z-z_1=\lambda(z_2-z_1)$,

即得点 M 的坐标为

$$\left(\frac{x_1+\lambda x_2}{1+\lambda},\ \frac{y_1+\lambda y_2}{1+\lambda},\ \frac{z_1+\lambda z_2}{1+\lambda}\right).$$

*7.2.4　方向余弦

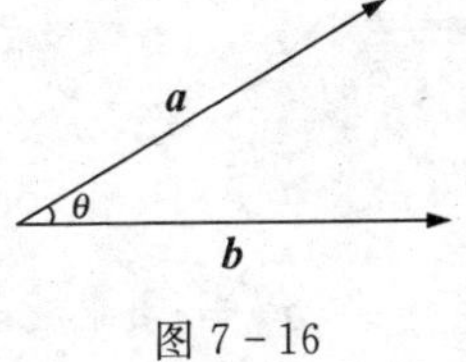

图 7 - 16

先引入向量夹角的概念. 设有两个非零向量 $\boldsymbol{a}$ 与 $\boldsymbol{b}$ 将它们的起点置于同一点,规定两者在 0 与 π 之间的那个夹角为两向量的夹角(设 θ 为其夹角,即取 $0\leqslant\theta\leqslant\pi$, 如图 7 - 16 所示). 记为 $(\widehat{\boldsymbol{a},\boldsymbol{b}})$ 或 $(\widehat{\boldsymbol{b},\boldsymbol{a}})$, 即 $\theta=(\widehat{\boldsymbol{a},\boldsymbol{b}})$.

当 $\boldsymbol{a}$ 与 $\boldsymbol{b}$ 平行,且指向相同时,取 $\theta=0$; 当指向相反时,取 $\theta=\pi$. 当 $\boldsymbol{a}$ 与 $\boldsymbol{b}$ 的夹角为 $\frac{\pi}{2}$ 时,称 $\boldsymbol{a}$ 与 $\boldsymbol{b}$ 垂直,记为 $\boldsymbol{a}\perp\boldsymbol{b}$.

如果 $\boldsymbol{a},\boldsymbol{b}$ 中有一个为零向量,规定它们的夹角可取 0 到 π 之间的任意值.

对非零向量 $\boldsymbol{a}$ 与一个轴 u, 可在 u 轴上取与 u 轴同向的向量 $\boldsymbol{b}$, 规定 $\boldsymbol{a}$ 与 $\boldsymbol{b}$ 之间的夹角即为 $\boldsymbol{a}$ 与 u 轴间的夹角. 类似地还可以规定两个轴之间的夹角.

设向量 $\boldsymbol{r}=(x,y,z)$ 与 x 轴、y 轴和 z 轴正向的夹角分别是 α,β 和 γ, 如图 7 - 14, 则

$$|\boldsymbol{r}|\cos\alpha=x,\ |\boldsymbol{r}|\cos\beta=y,\ |\boldsymbol{r}|\cos\gamma=z,$$

故
$$\cos\alpha=\frac{x}{|\boldsymbol{r}|},\ \cos\beta=\frac{y}{|\boldsymbol{r}|},\ \cos\gamma=\frac{z}{|\boldsymbol{r}|},\ \boldsymbol{r}=\sqrt{x^2+y^2+z^2}.$$

称 α,β,γ 为向量 $\boldsymbol{a}$ 的方向角, $\cos\alpha,\cos\beta,\cos\gamma$ 称为向量 $\boldsymbol{a}$ 的方向余弦,则可得到重要关系式

$$\cos^2\alpha+\cos^2\beta+\cos^2\gamma=1. \tag{7-3}$$

因此,以向量 $\boldsymbol{r}$ 的方向余弦为坐标的向量就是与 $\boldsymbol{r}$ 同方向的单位向量.

例 7.7　已知两点 $A(2,2,\sqrt{2})$, $B(1,3,0)$, 求向量 AB 的方向余弦、方向角以及与 AB 同方向的单位向量.

解　因为 $AB=(1-2,\ 3-2,\ 0-\sqrt{2})=(-1,\ 1,\ -\sqrt{2})$,

$$|AB|=\sqrt{(-1)^2+1^2+(-\sqrt{2})^2}=\sqrt{4}=2,$$

故
$$\cos\alpha=-\frac{1}{2},\ \cos\beta=\frac{1}{2},\ \cos\gamma=-\frac{\sqrt{2}}{2}.$$

则
$$\alpha=\frac{2\pi}{3},\ \beta=\frac{\pi}{3},\ \gamma=\frac{4\pi}{3},$$

与 AB 同向的单位向量为

$$\boldsymbol{a}^0=\frac{1}{|AB|}\cdot AB=\left(-\frac{1}{2},\ \frac{1}{2},\ -\frac{\sqrt{2}}{2}\right).$$

例 7.8 设向量 $\boldsymbol{a}$ 与 x 轴、y 轴的夹角的方向余弦分别为 $\cos\alpha=\frac{1}{3}$，$\cos\beta=\frac{2}{3}$，且 $|\boldsymbol{a}|=3$，求向量 $\boldsymbol{a}$.

解 由式(7-3)，有

$$\cos\gamma=\pm\sqrt{1-\cos^2\alpha-\cos^2\beta}=\pm\frac{2}{3}.$$

故 $\boldsymbol{a}_x=|\boldsymbol{a}|\cos\alpha=3\times\frac{1}{3}=1$,

$\boldsymbol{a}_y=|\boldsymbol{a}|\cos\beta=2$,

$\boldsymbol{a}_z=|\boldsymbol{a}|\cos\gamma=\pm 2$.

所求的向量有两个，分别是 $\boldsymbol{i}+2\boldsymbol{j}+2\boldsymbol{k}$ 及 $\boldsymbol{i}+2\boldsymbol{j}-2\boldsymbol{k}$.

*7.2.5 向量在轴上的投影

设已知向量 AB 及 u 轴，过点 A 做一与 u 轴垂直的平面，该平面与 u 轴的交点 A' 称为点 A 在 u 轴上的投影点，如图 7-17 所示.

设点 A，B 在 u 轴上的投影点分别为 A'，B'，如图 7-18 所示，e 是与 u 轴同向的单位向量，如果有 $A'B'=\lambda e$，则数 λ 称为向量 AB 在 u 轴上的投影，记为

$$\mathrm{Prj}_u AB=\lambda \text{ 或} (AB)_u=\lambda.$$

称 u 轴为投影轴，称 $A'B'$ 为向量 AB 在 u 轴上的分向量. 应当注意，向量 AB 在 u 轴上的投影 λ 是一个数而不是一个向量，λ 也就是由向线段 $A'B'$ 的值.

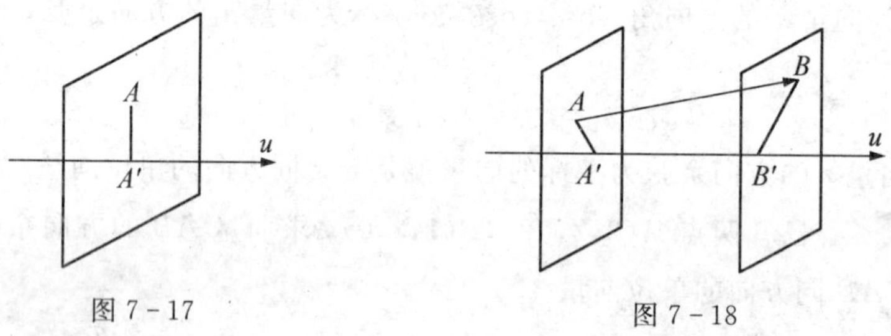

图 7-17　　　　图 7-18

由投影的定义可知，向量 $\boldsymbol{a}=(\boldsymbol{a}_x,\boldsymbol{a}_y,\boldsymbol{a}_z)$ 在直角坐标系中的坐标 $\boldsymbol{a}_x$，$\boldsymbol{a}_y$，$\boldsymbol{a}_z$ 就是向量 $\boldsymbol{a}$ 在 x，y，z 轴上的投影，即

$$\mathrm{Prj}_u\boldsymbol{a}=\boldsymbol{a}_x,\mathrm{Prj}_u\boldsymbol{a}=\boldsymbol{a}_y,\mathrm{Prj}_u\boldsymbol{a}=\boldsymbol{a}_z,$$

或记为

$$(\boldsymbol{a})_x=\boldsymbol{a}_x,(\boldsymbol{a})_y=\boldsymbol{a}_y,(\boldsymbol{a})_z=\boldsymbol{a}_z.$$

由此可知，向量的投影具有与坐标相同的性质.

性质 7.1 向量 $\boldsymbol{a}$ 在 u 轴上的投影等于向量的模乘以 u 轴与向量 AB 间夹角 φ 的余弦，即

$$\text{Prj}_u \boldsymbol{a} = |\boldsymbol{a}| \cos\varphi.$$

性质 7.2　两个向量的和在轴上的投影等于两个向量在该轴上投影的和，即

$$\text{Prj}_u(\boldsymbol{a}+\boldsymbol{b}) = \text{Prj}_u\boldsymbol{a} + \text{Prj}_u\boldsymbol{b}.$$

该性质可推广到 n 个向量，即

$$\text{Prj}_u(\boldsymbol{a}_1+\boldsymbol{a}_2+\cdots+\boldsymbol{a}_n) = \text{Prj}_u\boldsymbol{a}_1 + \text{Prj}_u\boldsymbol{a}_2 + \cdots + \text{Prj}_u\boldsymbol{a}_n.$$

性质 7.3　向量与数的乘积在轴上的投影等于向量在该轴上的投影与该数之积，即

$$\text{Prj}_u(\lambda\boldsymbol{a}) = \lambda\text{Prj}_u\boldsymbol{a}.$$

习题 7-2

1. 设 $u = \boldsymbol{a} - \boldsymbol{b} + 2\boldsymbol{c}$，$v = -\boldsymbol{a} + 3\boldsymbol{b} - \boldsymbol{c}$，试用 $\boldsymbol{a},\boldsymbol{b},\boldsymbol{c}$ 表示 $2u + 3v$.

2. 如果平面上一个四边形的对角线互相平分，试用向量证明它是平行四边形.

3. 设 $\boldsymbol{a} = 2\boldsymbol{i} + 3\boldsymbol{j} + \boldsymbol{k}$，$\boldsymbol{b} = \boldsymbol{i} - \boldsymbol{j} + \boldsymbol{k}$，求以 $u = \boldsymbol{a} + \boldsymbol{b}$，$v = 3\boldsymbol{a} - 2\boldsymbol{b}$ 为邻边的平行四边形的两条对角线的长.

4. 求平行于 $\boldsymbol{a} = (6,7,-6)$ 的单位向量.

***5.** 已知两点 $A(0,1,2)$ 和 $B(1,-1,0)$，求向量 $\overrightarrow{AB}$ 及它的方向余弦.

***6.** 一向量 $\boldsymbol{r}$ 的模为 4，它与 u 轴的夹角为 $\frac{\pi}{3}$，求 $\boldsymbol{r}$ 在 u 轴上的投影.

***7.** 设点 A 位于第一卦限，向径 $\overrightarrow{OA}$ 与 x 轴、y 轴的夹角依次为 $\frac{\pi}{3}$ 和 $\frac{\pi}{4}$，且 $|\overrightarrow{OA}| = 6$，求点 A 的坐标.

§7.3　数量积与向量积

7.3.1　向量的数量积

设一物体在常力 $\boldsymbol{F}$ 的作用下从点 M_1 移动到点 M_2，如图7-19 所示. 以 $\boldsymbol{s}$ 表示位移 M_1M_2，由物理学知道，力 $\boldsymbol{F}$ 所做的功为 $W = |\boldsymbol{F}| \cdot |\boldsymbol{s}| \cos\theta$，其中 θ 为力 $\boldsymbol{F}$ 与位移 $\boldsymbol{s}$ 之间的夹角.

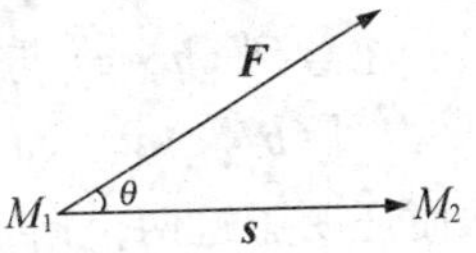

在其他一些问题中，有时也会遇到上述形式的算式，由此引入向量的数量积的定义.

图 7-19

定义 7.1　设 $\boldsymbol{a},\boldsymbol{b}$ 为向量，θ 为两向量间的夹角，称 $|\boldsymbol{a}| \cdot |\boldsymbol{b}|\cos\theta$ 为向量 $\boldsymbol{a}$ 与 $\boldsymbol{b}$ 的数量积，记为 $\boldsymbol{a} \cdot \boldsymbol{b}$，即 $\boldsymbol{a} \cdot \boldsymbol{b} = |\boldsymbol{a}| \cdot |\boldsymbol{b}|\cos\theta$.

由定义 7.1 可知，向量 $\boldsymbol{a},\boldsymbol{b}$ 做数量积的结果是一个数，“数量积”这个名称即由此而来. 数量积又称为“数积”、“点积”或“内积”.

由向量投影的性质 7.1 可知，当 $\boldsymbol{a}\neq 0,\boldsymbol{b}\neq 0$ 时，$\mathrm{Prj}_{\boldsymbol{a}}\boldsymbol{b}=|\boldsymbol{b}|\cos\theta,\mathrm{Prj}_{\boldsymbol{b}}\boldsymbol{a}=|\boldsymbol{a}|\cos\theta$，其中 θ 是 $\boldsymbol{a},\boldsymbol{b}$ 之间的夹角. 这样，数量积又可以写成

$$\boldsymbol{a}\cdot\boldsymbol{b}=|\boldsymbol{b}|\,\mathrm{Prj}_{\boldsymbol{b}}\boldsymbol{a} \text{ 或 } \boldsymbol{a}\cdot\boldsymbol{b}=|\boldsymbol{a}|\,\mathrm{Prj}_{\boldsymbol{a}}\boldsymbol{b}. \tag{7-4}$$

这就是说，两向量的数量积等于其中一个向量的模和另一个向量在这个向量的方向上的投影的乘积.

由定义 7.1 还可以推得如下结论.

(1) $\boldsymbol{a}\cdot\boldsymbol{a}=|\boldsymbol{a}|^2$（这里因为夹角 $\theta=0$，所以 $\boldsymbol{a}\cdot\boldsymbol{a}=|\boldsymbol{a}|^2\cos 0=|\boldsymbol{a}|^2$）.

(2) 向量 $\boldsymbol{a}\perp\boldsymbol{b}$ 的充分必要条件是 $\boldsymbol{a}\cdot\boldsymbol{b}=0$.

数量积满足下列的运算律：

(1) 交换律，即 $\boldsymbol{a}\cdot\boldsymbol{b}=\boldsymbol{b}\cdot\boldsymbol{a}$；

(2) 分配律，即 $(\boldsymbol{a}+\boldsymbol{b})\cdot\boldsymbol{c}=\boldsymbol{a}\cdot\boldsymbol{c}+\boldsymbol{b}\cdot\boldsymbol{c}$

(3) 数乘结合律，即 $(\lambda\boldsymbol{a})\cdot\boldsymbol{b}=\boldsymbol{a}\cdot(\lambda\boldsymbol{b})=\lambda(\boldsymbol{a}\cdot\boldsymbol{b})$.

例 7.9 设 $|\boldsymbol{a}|=1$，$|\boldsymbol{b}|=2$，$|\boldsymbol{c}|=4$，$\boldsymbol{a},\boldsymbol{b},\boldsymbol{c}$ 两两夹角均为 $\frac{\pi}{3}$，$\boldsymbol{s}=\boldsymbol{a}+\boldsymbol{b}+\boldsymbol{c}$，求 $\boldsymbol{a}\cdot\boldsymbol{s}$ 及 $|\boldsymbol{s}|$.

解

$$\begin{aligned}\boldsymbol{a}\cdot\boldsymbol{s}&=\boldsymbol{a}\cdot(\boldsymbol{a}+\boldsymbol{b}+\boldsymbol{c})=\boldsymbol{a}\cdot\boldsymbol{a}+\boldsymbol{a}\cdot\boldsymbol{b}+\boldsymbol{a}\cdot\boldsymbol{c}\\&=|\boldsymbol{a}|^2+|\boldsymbol{a}|\cdot|\boldsymbol{b}|\cos(\widehat{\boldsymbol{a},\boldsymbol{b}})+|\boldsymbol{a}|\cdot|\boldsymbol{c}|\cos(\widehat{\boldsymbol{a},\boldsymbol{c}})\\&=1^2+1\times 2\times\cos\frac{\pi}{3}+1\times 4\times\cos\frac{\pi}{3}=4,\end{aligned}$$

$$\begin{aligned}|\boldsymbol{s}|^2&=\boldsymbol{s}\cdot\boldsymbol{s}=(\boldsymbol{a}+\boldsymbol{b}+\boldsymbol{c})\cdot(\boldsymbol{a}+\boldsymbol{b}+\boldsymbol{c})\\&=\boldsymbol{a}\cdot\boldsymbol{a}+\boldsymbol{b}\cdot\boldsymbol{b}+\boldsymbol{c}\cdot\boldsymbol{c}+2(\boldsymbol{a}\cdot\boldsymbol{b}+\boldsymbol{b}\cdot\boldsymbol{c}+\boldsymbol{a}\cdot\boldsymbol{c})\\&=1^2+2^2+4^2+2\left(1\times 2\times\cos\frac{\pi}{3}+2\times 4\times\cos\frac{\pi}{3}\times 1\times 4\times\cos\frac{\pi}{3}\right)\\&=35.\end{aligned}$$

即

$$|\boldsymbol{s}|=\sqrt{35}.$$

例 7.10 证明向量 $(\boldsymbol{b}\cdot\boldsymbol{c})\boldsymbol{a}-(\boldsymbol{a}\cdot\boldsymbol{c})\boldsymbol{b}$ 与向量 $\boldsymbol{c}$ 垂直.

证 根据向量垂直的条件，只要两个向量的数量积为零，就说明这两个向量是垂直的.

注意到 $(\boldsymbol{b}\cdot\boldsymbol{c})$ 与 $(\boldsymbol{a}\cdot\boldsymbol{c})$ 都是数量，由数量积的运算律，有

$$[(\boldsymbol{b}\cdot\boldsymbol{c})\boldsymbol{a}-(\boldsymbol{a}\cdot\boldsymbol{c})\boldsymbol{b}]\cdot\boldsymbol{c}=(\boldsymbol{b}\cdot\boldsymbol{c})(\boldsymbol{a}\cdot\boldsymbol{c})-(\boldsymbol{a}\cdot\boldsymbol{c})(\boldsymbol{b}\cdot\boldsymbol{c})=0.$$

从而证明了这两个向量是互相垂直的.

下面考虑数量积的坐标表示式.

设 $\boldsymbol{a}=a_x\boldsymbol{i}+a_y\boldsymbol{j}+a_z\boldsymbol{k},\boldsymbol{b}=b_x\boldsymbol{i}+b_y\boldsymbol{j}+b_z\boldsymbol{k}$，由数量积的运算律，有

$$\boldsymbol{a}\cdot\boldsymbol{b}=(a_x\boldsymbol{i}+a_y\boldsymbol{j}+a_z\boldsymbol{k})\cdot(b_x\boldsymbol{i}+b_y\boldsymbol{j}+b_z\boldsymbol{k})$$

$$= a_x b_x(\boldsymbol{i}\cdot\boldsymbol{i}) + a_x b_y(\boldsymbol{i}\cdot\boldsymbol{j}) + a_x b_z(\boldsymbol{i}\cdot\boldsymbol{k}) + a_y b_x(\boldsymbol{j}\cdot\boldsymbol{i}) + a_y b_y(\boldsymbol{j}\cdot\boldsymbol{j})$$
$$+ a_y b_z(\boldsymbol{j}\cdot\boldsymbol{k}) + a_z b_x(\boldsymbol{k}\cdot\boldsymbol{i}) + a_z b_y(\boldsymbol{k}\cdot\boldsymbol{j}) + a_z b_z(\boldsymbol{k}\cdot\boldsymbol{k}).$$

因为 $\boldsymbol{i},\boldsymbol{j},\boldsymbol{k}$ 是相互垂直的单位向量，故
$\boldsymbol{i}\cdot\boldsymbol{i}=1, \boldsymbol{j}\cdot\boldsymbol{j}=1, \boldsymbol{k}\cdot\boldsymbol{k}=1, \boldsymbol{i}\cdot\boldsymbol{j}=\boldsymbol{j}\cdot\boldsymbol{i}=0, \boldsymbol{i}\cdot\boldsymbol{k}=\boldsymbol{k}\cdot\boldsymbol{i}=0, \boldsymbol{j}\cdot\boldsymbol{k}=\boldsymbol{k}\cdot\boldsymbol{j}=0$. 于是有

$$\boldsymbol{a}\cdot\boldsymbol{b} = a_x b_x + a_y b_y + a_z b_z. \tag{7-5}$$

这就是两个向量数量积的坐标表示式. 利用公式(7-5)，可以很方便地求出 $\boldsymbol{a}\cdot\boldsymbol{b}$.

例如，设 $\boldsymbol{a}=(1,2,3)$，$\boldsymbol{b}=(4,2,-1)$，则 $\boldsymbol{a}\cdot\boldsymbol{b}=1\times4+2\times2+3\times(-1)=5$.

由数量积的定义及其坐标表示式可得 $\boldsymbol{a},\boldsymbol{b}$ 间夹角的余弦为

$$\cos\theta = \frac{\boldsymbol{a}\cdot\boldsymbol{b}}{|\boldsymbol{a}|\cdot|\boldsymbol{b}|}$$
$$= \frac{a_x b_y + a_y b_y + a_z b_z}{\sqrt{a_x^2 + b_y^2 + a^{2z}}\cdot\sqrt{b_x^2 + b_y^2 + b_z^2}}. \tag{7-6}$$

由此可见，当 $\boldsymbol{a},\boldsymbol{b}$ 垂直时，必有 $a_x b_x + a_y b_y + a_z b_z = 0$，反之亦然.

例 7.11　一质点在力 $\boldsymbol{F}=4\boldsymbol{i}+2\boldsymbol{j}+2\boldsymbol{k}$ 的作用下，从点 $A(2,1,0)$ 移动到点 $B(5,-2,6)$，求 $\boldsymbol{F}$ 所做的功及 $\boldsymbol{F}$ 与 AB 间的夹角.

解　由数量积的定义知，$\boldsymbol{F}$ 所做的功是 $W=\boldsymbol{F}\cdot\boldsymbol{s}$，其中 $\boldsymbol{s}=AB=3\boldsymbol{i}-3\boldsymbol{j}+6\boldsymbol{k}$，它是路程向量，故

$$W=\boldsymbol{F}\cdot\boldsymbol{s}=(4\boldsymbol{i}+2\boldsymbol{j}+2\boldsymbol{k})\cdot(3\boldsymbol{i}-3\boldsymbol{j}+6\boldsymbol{k})=18.$$

如果力的单位是牛顿(N)，位移的单位是米(m)，则 $\boldsymbol{F}$ 所做的功是 18 焦耳(J).

再由式(7-6)，有

$$\cos\theta = \frac{\boldsymbol{F}\cdot\boldsymbol{s}}{|\boldsymbol{F}|\cdot|\boldsymbol{s}|} = \frac{18}{\sqrt{4^2+2^2+2^2}\cdot\sqrt{3^2+(-3)^2+6^2}} = \frac{1}{2},$$

因此，$\boldsymbol{F}$ 与 $\boldsymbol{s}$ 的夹角为 $\theta=\frac{\pi}{3}$.

例 7.12　求向量 $\boldsymbol{a}=(5,-2,5)$ 在 $\boldsymbol{b}=(2,1,2)$ 上的投影.

解　由式(7-4)，有

$$\mathrm{Prj}_{\boldsymbol{b}}\boldsymbol{a} = \frac{\boldsymbol{a}\cdot\boldsymbol{b}}{|\boldsymbol{b}|} = \frac{10-2+10}{\sqrt{4+1+4}} = 6.$$

7.3.2　向量的向量积

设 O 为一根杠杆 L 的支点，有一个力 $\boldsymbol{F}$ 作用于这杠杆上的 P 点处，$\boldsymbol{F}$ 与 OP 的夹角为 θ，如图 7-20 所示.

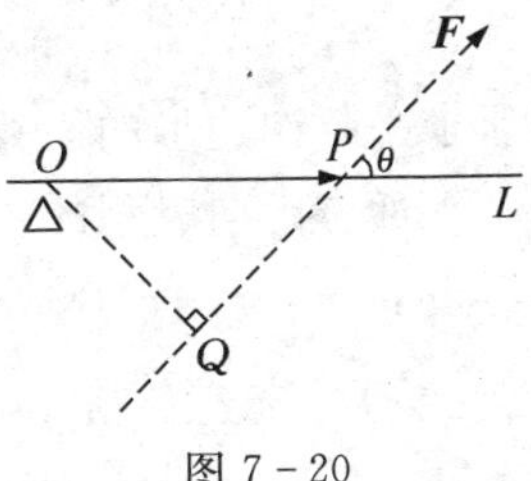

图 7-20

由力学可知，力 $\boldsymbol{F}$ 对支点 O 的力矩是一向量

$\boldsymbol{M}$,它的模为

$$|\boldsymbol{M}|=|OQ|\cdot|\boldsymbol{F}|=|OP|\cdot|\boldsymbol{F}|\sin\theta.$$

而$\boldsymbol{M}$的方向垂直于OP与$\boldsymbol{F}$所确定的平面,$\boldsymbol{M}$的指向是按右手法则从OP以不超过π的角度转向$\boldsymbol{F}$来确定的.

定义 7.2 两向量$\boldsymbol{a}$与$\boldsymbol{b}$的向量积是一个向量$\boldsymbol{c}$,记为$\boldsymbol{c}=\boldsymbol{a}\times\boldsymbol{b}$,$\boldsymbol{c}$的大小与方向分别为

(1) $|\boldsymbol{c}|=|\boldsymbol{a}\times\boldsymbol{b}|=|\boldsymbol{a}|\cdot|\boldsymbol{b}|\sin\theta$; (7-7)

(2) $\boldsymbol{c}$的方向与$\boldsymbol{a}$和$\boldsymbol{b}$都垂直,$\boldsymbol{c}$的指向按右手法则从$\boldsymbol{a}$转向$\boldsymbol{b}$来确定,如图7-21所示.

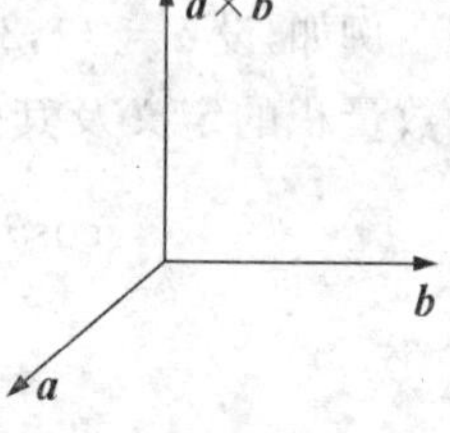

图 7-21

向量积又称为"外积"或"叉积".由定义7.2可得如下结论:

(1) $\boldsymbol{a}\times\boldsymbol{a}=0$.

这是因为,夹角$\theta=0$,所以$|\boldsymbol{a}\times\boldsymbol{a}|=|\boldsymbol{a}|^2\sin\theta=0$.

(2) $\boldsymbol{a}/\!/\boldsymbol{b}$的充要条件是$\boldsymbol{a}\times\boldsymbol{b}=0$.

由定义7.2还可以看出,$|\boldsymbol{a}\times\boldsymbol{b}|=|\boldsymbol{a}||\boldsymbol{b}|\sin(\boldsymbol{a}\hat{}\boldsymbol{b})$表示以$\boldsymbol{a}$,$\boldsymbol{b}$为邻边的平行四边形的面积,这就是向量积的模的几何意义.

向量积满足下列运算律:

(1) 反交换律:$\boldsymbol{a}\times\boldsymbol{b}=-(\boldsymbol{a}\times\boldsymbol{b})$.

这是因为,按右手法则,右手的四指由$\boldsymbol{a}$转向$\boldsymbol{b}$时拇指的指向与由$\boldsymbol{b}$转向$\boldsymbol{a}$时的指向恰好相反.这说明向量积不满足交换律.

(2) 数乘结合律:$(\lambda\boldsymbol{a})\times\boldsymbol{b}=\boldsymbol{a}\times(\lambda\boldsymbol{b})=\lambda(\boldsymbol{a}\times\boldsymbol{b})$,$\lambda$为实数.

(3) 分配律:$(\boldsymbol{a}+\boldsymbol{b})\times\boldsymbol{c}=\boldsymbol{a}\times\boldsymbol{c}+\boldsymbol{b}\times\boldsymbol{c}$.

例 7.13 已知$|\boldsymbol{a}|=2$,$|\boldsymbol{b}|=3$,$\theta=(\boldsymbol{a}\hat{}\boldsymbol{b})=\dfrac{\pi}{3}$,且$u=\boldsymbol{a}+2\boldsymbol{b}$,$v=3\boldsymbol{a}+\boldsymbol{b}$,求以$u$,$v$为邻边的平行四边形的面积.

解 以u,v为邻边的平行四边形的面积,就是向量$u\times v$的模,而

$$\begin{aligned}u\times v&=(\boldsymbol{a}+2\boldsymbol{b})\times(3\boldsymbol{a}+\boldsymbol{b})\\&=\boldsymbol{a}\times3\boldsymbol{a}+\boldsymbol{a}\times\boldsymbol{b}+2\boldsymbol{b}\times3\boldsymbol{a}+2\boldsymbol{b}\times\boldsymbol{a}=-5\boldsymbol{a}\times\boldsymbol{b}.\end{aligned}$$

$$\begin{aligned}|u\times v|&=|-5\boldsymbol{a}\times\boldsymbol{b}|=5|\boldsymbol{a}\times\boldsymbol{b}|=5|\boldsymbol{a}||\boldsymbol{b}|\sin\theta\\&=5\times2\times3\times\sin\left(\frac{\pi}{3}\right)=15.\end{aligned}$$

即所求平行四边形的面积是15.

下面考虑向量积的坐标表示式.

设$\boldsymbol{a}=a_x\boldsymbol{i}+a_y\boldsymbol{j}+a_z\boldsymbol{k}$,$\boldsymbol{b}=b_x\boldsymbol{i}+b_y\boldsymbol{j}+b_z\boldsymbol{k}$,由向量积的运算律,有

$$\boldsymbol{a}\times\boldsymbol{b}=(a_x\boldsymbol{i}+a_y\boldsymbol{j}+a_z\boldsymbol{k})\times(b_x\boldsymbol{i}+b_y\boldsymbol{j}+b_z\boldsymbol{k})$$

$$= a_x b_x (\boldsymbol{i}\times\boldsymbol{i}) + a_x b_y (\boldsymbol{i}\times\boldsymbol{j}) + a_x b_z (\boldsymbol{i}\times\boldsymbol{k}) + a_y b_x (\boldsymbol{j}\times\boldsymbol{i}) + a_y b_y (\boldsymbol{j}\times\boldsymbol{j})$$
$$+ a_y b_z (\boldsymbol{j}\times\boldsymbol{k}) + a_z b_x (\boldsymbol{k}\times\boldsymbol{i}) + a_z b_y (\boldsymbol{k}\times\boldsymbol{j}) + a_z b_z (\boldsymbol{k}\times\boldsymbol{k}).$$

因为 $\boldsymbol{i},\boldsymbol{j},\boldsymbol{k}$ 是相互垂直的单位向量，由向量积的定义得

$$\boldsymbol{i}\times\boldsymbol{i}=0,\boldsymbol{j}\times\boldsymbol{j}=0,\boldsymbol{k}\times\boldsymbol{k}=0,\boldsymbol{i}\times\boldsymbol{j}=\boldsymbol{k},\boldsymbol{j}\times\boldsymbol{k}=\boldsymbol{i},\boldsymbol{k}\times\boldsymbol{i}=\boldsymbol{j},$$
$$\boldsymbol{j}\times\boldsymbol{i}=-\boldsymbol{k},\boldsymbol{k}\times\boldsymbol{j}=-\boldsymbol{i},\boldsymbol{i}\times\boldsymbol{j}=-\boldsymbol{k}.$$

故

$$\boldsymbol{a}\times\boldsymbol{b}=(a_y b_z - a_z b_y)\boldsymbol{i}-(a_x b_z - a_z b_x)\boldsymbol{j}+(a_x b_y - a_y b_x)\boldsymbol{k}.$$

为便于记忆与计算，将上式改写为行列式的形式

$$\boldsymbol{a}\times\boldsymbol{b}=\begin{vmatrix}\boldsymbol{i} & \boldsymbol{j} & \boldsymbol{k}\\ a_x & a_y & a_z\\ b_x & b_y & b_z\end{vmatrix}. \tag{7-8}$$

这样，借用行列式的展开式，可将式(7-8)中的三阶行列式按第一行展开. 利用上式求向量积时，应注意将 $\boldsymbol{a}$ 的坐标写在行列式的第二行，$\boldsymbol{b}$ 的坐标写在第三行.

例 7.14　设 $\boldsymbol{a}=(1,2,-2),\boldsymbol{b}=(-2,1,0)$，求 $\boldsymbol{a}\times\boldsymbol{b}$ 及与 $\boldsymbol{a},\boldsymbol{b}$ 都垂直的单位向量.

解　$\boldsymbol{a}\times\boldsymbol{b}=\begin{vmatrix}\boldsymbol{i} & \boldsymbol{j} & \boldsymbol{k}\\ 1 & 2 & -2\\ -2 & 1 & 0\end{vmatrix}$

$$=\begin{vmatrix}2 & -2\\ 1 & 0\end{vmatrix}\boldsymbol{i}-\begin{vmatrix}1 & -2\\ -2 & 0\end{vmatrix}\boldsymbol{j}+\begin{vmatrix}1 & 2\\ -2 & 1\end{vmatrix}\boldsymbol{k}$$
$$=2\boldsymbol{i}+4\boldsymbol{j}+5\boldsymbol{k}.$$

由向量积的定义可知，若 $\boldsymbol{c}=\boldsymbol{a}\times\boldsymbol{b}$，则同时有 $\boldsymbol{c}\perp\boldsymbol{a}$ 及 $\boldsymbol{c}\perp\boldsymbol{b}$（$-\boldsymbol{c}$ 也是如此），因此所求的单位向量为

$$\pm\frac{1}{|\boldsymbol{c}|}\cdot\boldsymbol{c}=\pm\frac{1}{\sqrt{2^2+4^2+5^2}}\cdot(2\boldsymbol{i}+4\boldsymbol{j}+5\boldsymbol{k})=\pm\frac{\sqrt{5}}{15}(2\boldsymbol{i}+4\boldsymbol{j}+5\boldsymbol{k}).$$

例 7.15　求以 $A(1,2,-1),B(-2,3,1),C(1,1,2)$ 为顶点的三角形的面积.

解　$AB=(-3,1,2),AC=(0,-1,3)$，所求的三角形的面积 S 是以 AB,AC 为邻边的平行四边形的面积的一半，因此

$$AB\times AC=\begin{vmatrix}\boldsymbol{i} & \boldsymbol{j} & \boldsymbol{k}\\ -3 & 1 & 2\\ 0 & -1 & 3\end{vmatrix}=(5,9,3),$$

$$S=\frac{1}{2}|AB\times AC|=\frac{1}{2}\sqrt{25+81+9}=\frac{1}{2}\sqrt{115}.$$

习题 7-3

1. 判断下列命题是否正确.

(1) 若 $\boldsymbol{a}\cdot\boldsymbol{b}=0$, 则 $\boldsymbol{a}=0$ 或 $\boldsymbol{b}=0$;

(2) 若 $\boldsymbol{a}\neq 0$, 且 $\boldsymbol{a}\times\boldsymbol{b}=\boldsymbol{a}\times\boldsymbol{c}$, 则 $\boldsymbol{b}=\boldsymbol{c}$;

(3) 若 $\boldsymbol{a}\neq 0$, 则 $\boldsymbol{a}$ 与 $\boldsymbol{b}-\dfrac{\boldsymbol{a}\cdot\boldsymbol{b}}{|\boldsymbol{a}|^2}\boldsymbol{a}$ 垂直;

(4) $\boldsymbol{a}\times\boldsymbol{b}=|\boldsymbol{a}||\boldsymbol{b}|\sin\theta$　(θ 是 $\boldsymbol{a},\boldsymbol{b}$ 间的夹角);

(5) $|\boldsymbol{a}\times\boldsymbol{b}|^2+(\boldsymbol{a}\cdot\boldsymbol{b})^2=|\boldsymbol{a}|^2|\boldsymbol{b}|^2$.

2. 设 $\boldsymbol{a},\boldsymbol{b},\boldsymbol{c}$ 是单位向量,且满足 $\boldsymbol{a}+\boldsymbol{b}+\boldsymbol{c}=0$, 求 $\boldsymbol{a}\cdot\boldsymbol{b}+\boldsymbol{b}\cdot\boldsymbol{c}+\boldsymbol{c}\cdot\boldsymbol{a}$.

3. 设 $\boldsymbol{a}=(3,-1,-2)$, $\boldsymbol{b}=(1,2,-1)$, $\boldsymbol{a}=(2,1,-2)$, 求:

(1) $\boldsymbol{a}\cdot\boldsymbol{b}$ 和 $\boldsymbol{a}\times\boldsymbol{b}$;

(2) $\boldsymbol{a}+2\boldsymbol{b}$ 在 $\boldsymbol{c}$ 上的投影;

(3) 与 $\boldsymbol{a},\boldsymbol{b}$ 同时垂直,且与 $\boldsymbol{c}$ 的夹角是锐角的单位向量.

4. 设 $\boldsymbol{a}=(3,5,-2)$, $\boldsymbol{b}=(2,1,4)$, 问 λ 与 μ 满足何种关系,才能使 $\lambda\boldsymbol{a}+\mu\boldsymbol{b}$ 与 z 轴垂直?

5. 试用向量证明不等式

$$\sqrt{a_1^2+a_2^2+a_3^2}\cdot\sqrt{b_1^2+b_2^2+b_3^2}\geqslant|a_1b_1+a_2b_2+a_3b_3|.$$

§7.4　平面及其方程

空间曲面与曲线可以看作满足一定条件的点集,或者满足一定条件的动点的轨迹. 建立空间直角坐标系后,空间曲面与曲线就可以用它上面任意一点的坐标满足的方程或方程组来表示. 称一个方程为曲面方程,是指该曲面上的任意一点的坐标都满足该方程,不在曲面上的点的坐标都不满足该方程. 空间中最简单的曲面就是平面. 本节以向量为工具来建立平面方程,并研究与平面有关的问题.

7.4.1　平面的点法式方程

确定一个平面的条件有很多,但在解析几何中,最基本的条件是,平面过一定点且与定向量垂直. 如果一个非零向量与一个平面垂直,就称该向量为平面的一个法向量. 显然,一个平面的法向量有无穷多个,它们都是相互平行的.

设平面Π的一个法向量为 $\boldsymbol{n}=(A,B,C)$, 且平面过点 $M_0(x_0,y_0,z_0)$.

下面建立平面Π的方程.

设 $M(x,y,z)$ 是平面Π上的任意一点，如图 7-22 所示，则向量 $\boldsymbol{M_0M}$ 必在平面Π上.

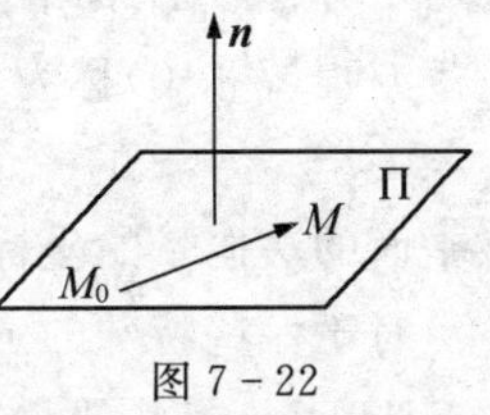

图 7-22

因为 $\boldsymbol{n}$ 垂直于平面Π，故其一定垂直于平面Π上的任何向量，当然也垂直 $\boldsymbol{M_0M}$，即 $\boldsymbol{n}$ 与 $\boldsymbol{M_0M}$ 的数量积等于零，也就是 $\boldsymbol{n}\cdot\boldsymbol{M_0M}=0$. 代入 $\boldsymbol{n}=(A,B,C)$，$\boldsymbol{M_0M}=(x-x_0,y-y_0,z-z_0)$，得

$$A(x-x_0)+B(y-y_0)+C(z-z_0)=0. \tag{7-9}$$

式(7-9)就是平面Π的方程，由于式(7-9)是平面上的一点及平面的一个法向量确定的，故称之为平面的点法式方程.

例 7.16 设平面过点 $M_0(1,0,-2)$，其法向量为 $\boldsymbol{n}=(1,2,3)$，求此平面方程.

解 根据平面的点法式方程，有

$$(x-1)+2(y-0)+3(z+2)=0,$$

整理得

$$x+2y+3z+5=0.$$

例 7.17 求过三点 $M_1(2,-1,4)$，$M_2(-1,3,-2)$ 和 $M_3(0,2,3)$ 的平面方程.

解 先找出这个平面的法向量 $\boldsymbol{n}$，由于向量 $\boldsymbol{n}$ 与向量 $\boldsymbol{M_1M_2}$，$\boldsymbol{M_1M_3}$ 都垂直，而

$$\boldsymbol{M_1M_2}=(-3,4,-6),\boldsymbol{M_1M_3}=(-2,3,-1),$$

可取它们的向量积为 $\boldsymbol{n}$，即

$$\boldsymbol{n}=\boldsymbol{M_1M_2}\times\boldsymbol{M_1M_3}=\begin{vmatrix}\boldsymbol{i} & \boldsymbol{j} & \boldsymbol{k}\\ -3 & 4 & -6\\ -2 & 3 & -1\end{vmatrix}=14\boldsymbol{i}+9\boldsymbol{j}-\boldsymbol{k}.$$

由平面的点法式方程(7-9)，得所求平面方程为

$$14(x-2)+9(y+1)-(z-4)=0.$$

7.4.2 平面的一般式方程

平面的点法式方程可以写成

$$Ax+By+Cz+D=0, \tag{7-10}$$

其中 $D=-Ax_0-By_0-Cz_0$，故平面是三元一次方程. 反过来，三元一次方程(7-9)一定表示一个平面. 这是因为任取满足该方程的一组数 x_0,y_0,z_0，则 $Ax_0+By_0+Cz_0+D=0$，用式(7-10)减该式得

$$A(x-x_0)+B(y-y_0)+C(z-z_0)=0,$$

此即为过点 $M_0(x_0,y_0,z_0)$，法向量为 $\boldsymbol{n}=(A,B,C)$ 的平面的点法式方程. 这就

说明了方程(7-10)表示一个平面.

方程(7-10)称为平面的一般式方程,由以上讨论可以得到一个重要结论:

关于 x,y,z 的一个三元一次方程的图形是一个平面,而 x,y,z 的系数就是该平面的法向量的坐标,即 $\boldsymbol{n}=(A,B,C)$.

对于一些特殊的三元一次方程,应该熟悉它们的图形的特点.

当 $D=0$ 时,平面方程变为 $Ax+By+Cz=0$,由于点(0,0,0)的坐标满足该方程,所以平面过原点,如图 7-23 所示.

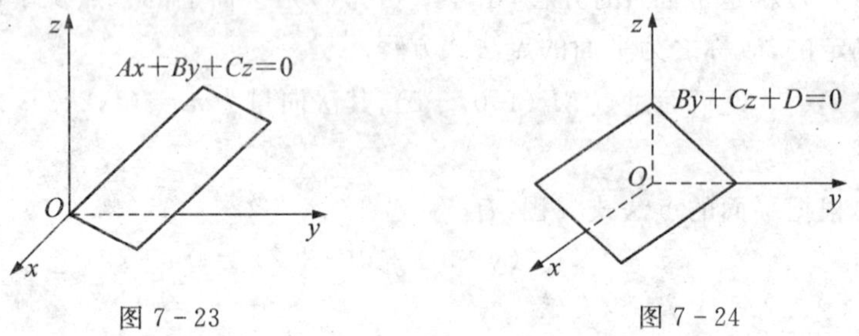

图 7-23　　图 7-24

当 $A=0$ 时,平面方程变为 $By+Cz+D=0$,其法向量 $\boldsymbol{n}=(0,B,C)$,此时 $\boldsymbol{n}$ 与 x 轴垂直,所以平面与 x 轴平行,如图 7-24 所示.

当 $A=0,B=0$ 时,平面方程变为 $Cz+D=0$,此时 $\boldsymbol{n}=(0,0,C)$ 与 z 轴垂直,所以平面与 xOy 面平行,如图 7-25 所示.特别地,方程 $z=0$ 表示 xOy 面.

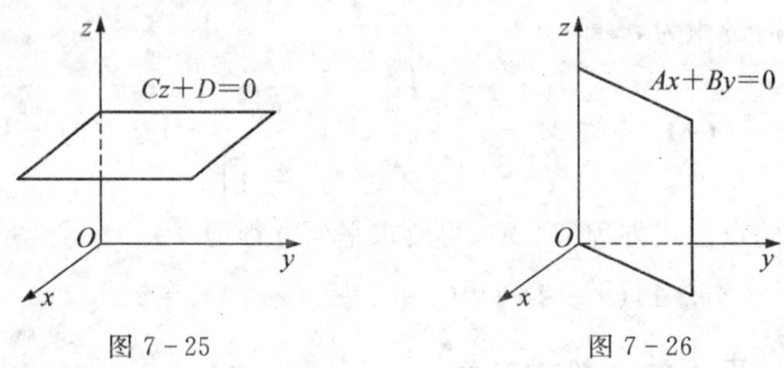

图 7-25　　图 7-26

当 $C=0,D=0$ 时,方程变为 $Ax+By=0$,由以上讨论知,该平面既平行于 z 轴,又通过原点,所以平面过 z 轴,如图 7-26 所示.

例 7.18　一平面Π过两个点 $M_1(1,-5,1)$ 及 $M_2(3,2,-2)$,且平行于 y 轴,求其方程.

解　由于所求平面Π与 y 轴平行,故其一般式方程的形式为 $Ax+Cz+D=0$,因为点 M_1 和 M_2 都在Π上,其坐标应当满足Π的方程,将这两个点的坐标带入到这个方程,得

$$\begin{cases} A+C+D=0 \\ 3A-2C+D=0 \end{cases}.$$

将 A 和 C 看成未知数，解这个方程组，得

$$A=-\frac{3}{5}D,\ C=-\frac{2}{5}D.$$

代入到平面方程中，得

$$-\frac{3}{5}Dx-\frac{2}{5}Dz+D=0.$$

消去 D 并整理，得Π的方程为 $3x+2z-5=0$.

例 7.19　求通过 x 轴和点$(4,-3,-1)$的平面方程.

解　由于所求平面通过 x 轴，从而它的法向量垂直 x 轴，于是法线向量在 x 轴上的投影为零，即 $A=0$；又由平面通过 x 轴，它必过原点，于是 $D=0$. 因此，可设平面方程为 $By+Cz=0$.

又因为平面通过点$(4,-3,-1)$，所以有 $-3B-C=0$ 或 $C=-3B$. 代入平面方程并除以 $B(B\neq 0)$，即得所求的平面方程为 $y-3z=0$.

7.4.3　平面的截距式方程

在平面的一般式方程中，如果 A,B,C,D 都不为零，可以将其方程变形为 $Ax+By+Cz=-D$，然后方程两端同时除以 $-D$，得

$$\frac{x}{\boldsymbol{a}}+\frac{y}{\boldsymbol{b}}+\frac{z}{\boldsymbol{c}}=1.$$

该式称为平面的截距式方程，其中

$$\boldsymbol{a}=-\frac{D}{A},\boldsymbol{b}=-\frac{D}{B},\boldsymbol{c}=-\frac{D}{C},$$

显然，x 轴上的点$(\boldsymbol{a},0,0)$满足该方程，即点$(\boldsymbol{a},0,0)$在这个平面上，也就是平面与 x 轴的交点为$(\boldsymbol{a},0,0)$，称 $\boldsymbol{a}$ 为平面在 x 轴上的截距. 同样 $\boldsymbol{b}$ 和 $\boldsymbol{c}$ 是平面在 y 轴和 z 轴上的截距，如图 7－27 所示.

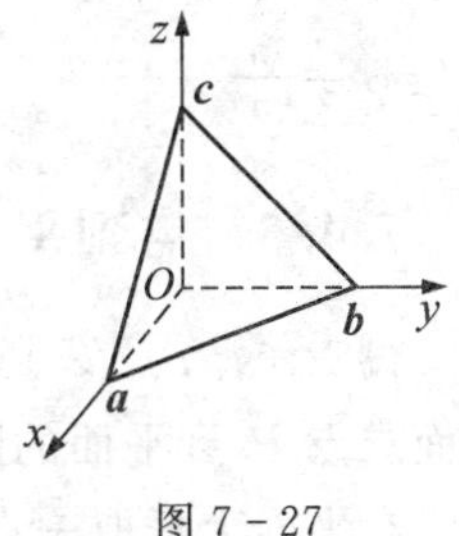

图 7－27

*7.4.4　两平面间的夹角

设给定两个平面方程

Π_1：$A_1x+B_1y+C_1z+D_1=0$，

Π_2：$A_2x+B_2y+C_2z+D_2=0$，

这两个平面的法向量 $\boldsymbol{n}_1$ 与 $\boldsymbol{n}_2$ 间的夹角 φ(一般指锐角)称为两平面间的夹角，如图 7－28 所示.

由

$$\boldsymbol{n}_1=(A_1,B_1,C_1),$$
$$\boldsymbol{n}_2=(A_2,B_2,C_2),$$

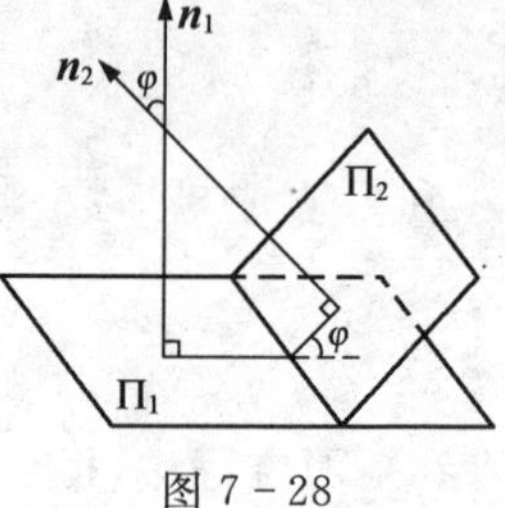

图 7-28

有

$$\cos\varphi=\frac{|\boldsymbol{n}_1\cdot\boldsymbol{n}_2|}{|\boldsymbol{n}_1|\cdot|\boldsymbol{n}_2|}=\frac{|A_1A_2+B_1B_2+C_1C_2|}{\sqrt{A_1^2+B_1^2+C_1^2}\cdot\sqrt{A_2^2+B_2^2+C_2^2}}. \qquad (7-11)$$

式(7-11)中的分子带有绝对值符号,这是因为取 φ 为锐角.由向量垂直与平行的条件知,两平面垂直的充分必要条件是

$$A_1A_2+B_1B_2+C_1C_2=0,$$

两平面平行的充分必要条件是

$$\frac{A_1}{A_2}=\frac{B_1}{B_2}=\frac{C_1}{C_2}.$$

例 7.20 求两平面 $x-4y+z-2=0$ 与 $2x-2y-z-5=0$ 的夹角.

解 由 $\boldsymbol{n}_1=(1,-4,1)$,$\boldsymbol{n}_2=(2,-2,-1)$,$\boldsymbol{n}_2\cdot\boldsymbol{n}_2=9$,$|\boldsymbol{n}_1|=\sqrt{18}$,$|\boldsymbol{n}_2|=3$,得

$$\cos\varphi=\frac{|\boldsymbol{n}_1\cdot\boldsymbol{n}_2|}{|\boldsymbol{n}_1||\boldsymbol{n}_2|}=\frac{9}{3\sqrt{18}}=\frac{\sqrt{2}}{2},$$

于是 $\varphi=\frac{\pi}{4}$.

7.4.5 点到平面的距离

设 $P_0(x_0,y_0,z_0)$ 是平面 $Ax+By+Cz+D=0$ 外的一点,如图 7-29 所示,下面求点 P_0 到平面的距离.

在平面上任取一点 $P_1(x_1,y_1,z_1)$,设 $\boldsymbol{p}=P_1P_0=(x_0-x_1,y_0-y_1,z_0-z_1)$,$\boldsymbol{p}$ 与平面的法向量 $\boldsymbol{n}=(A,B,C)$ 的夹角为 θ.由图 7-29 可知,P_0 点到平面的距离 $\boldsymbol{d}$ 就是 $\boldsymbol{p}$ 在 $\boldsymbol{n}$ 上的投影的绝对值,

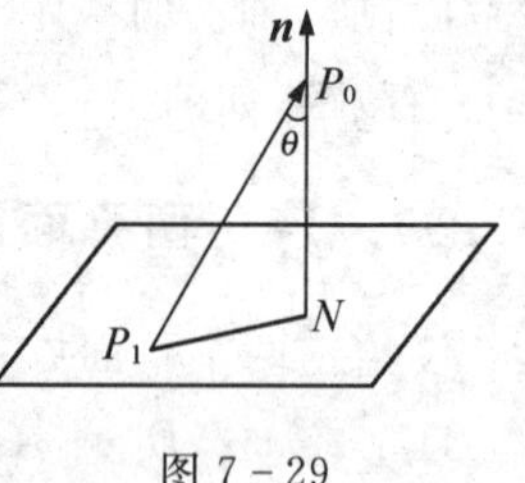

图 7-29

$$\boldsymbol{d}=|\mathrm{Prj}_{\boldsymbol{n}}\boldsymbol{p}|=|\boldsymbol{p}||\cos\theta|=|\boldsymbol{p}|\cdot\frac{|\boldsymbol{p}\cdot\boldsymbol{n}|}{|\boldsymbol{p}||\boldsymbol{n}|}=\frac{|\boldsymbol{p}\cdot\boldsymbol{n}|}{|\boldsymbol{n}|}.$$

由于 $P_1(x_1,y_1,z_1)$ 在平面上,故 $Ax_1+By_1+Cz_1+D=0$,
即 $D=-(Ax_1+By_1+Cz_1)$,故

$$\begin{aligned}\boldsymbol{p}\cdot\boldsymbol{n}&=A(x_1-x_0)+B(y_1-y_0)+C(z_1-z_0)\\&=-Ax_0-By_0-Cz_0+Ax_1+By_1+Cz_1\\&=-(Ax_0+By_0+Cz_0+D),\end{aligned}$$

则点到平面的距离为

$$\boldsymbol{d}=\frac{|Ax_0+By_0+Cz_0+D|}{\sqrt{A^2+B^2+C^2}}.\qquad(7-12)$$

例 7.21　求点 $P_0(-1,2,3)$ 到平面 $x+2y-2z-6=0$ 的距离.

解　由式(7-12),得

$$\boldsymbol{d}=\frac{|1\times(-1)+2\times2-2\times3-6|}{\sqrt{1^2+2^2+(-2)^2}}=3.$$

习题 7-4

1. 求过点 $(1,1,2)$ 且与平面 $2x+3y+z+12=0$ 平行的平面方程.

2. 求过点 $A(1,1,-1)$,$B(-2,-2,2)$,$C(1,-1,2)$ 的平面方程.

3. 一平面过点 $A(1,-1,1)$,且与两平面 $x-y+z-1=0$ 和 $2x+y+z+1=0$ 都垂直,求该平面的方程.

4. 求点 $A(1,2,-1)$ 到平面 $2x-2y+z-9=0$ 的距离.

5. 求平面 $x-y+2z-2=0$ 与 $x-y+2z+4=0$ 的距离.

6. 求平行于平面 $6x+y+6z+5=0$ 且与三坐标平面围成的四面体体积为 1 的平面方程.

§7.5　空间直线及其方程

7.5.1　空间直线的一般方程

空间直线可以看作两个平面的交线,如图 7-30 所示.

设两个相交的平面Π_1与Π_2,其方程为

$$\Pi_1:A_1x+B_1y+C_1z+D_1=0,$$

$$\Pi_2:A_2x+B_2y+C_2z+D_2=0,$$

则其交线 L 上的任意一点的坐标应同时满足这两个平面的方程,即应满足方程组

$$\begin{cases}A_1x+B_1y+C_1z+D_1=0\\A_2x+B_2y+C_2z+D_2=0\end{cases}.\qquad(7-13)$$

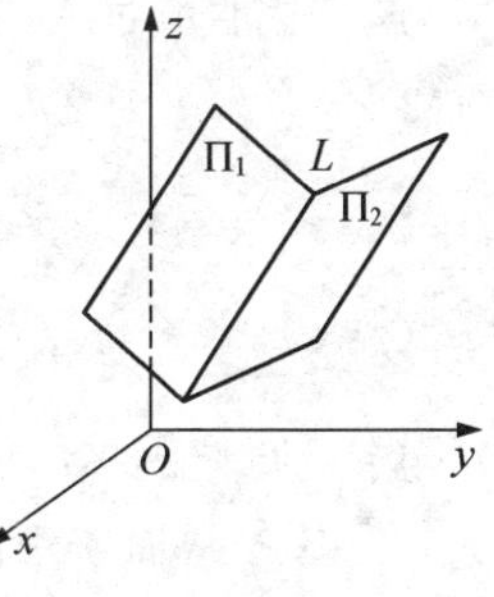

图 7-30

反之,一个点如果不在直线 L 上,就不会同时在Π_1和Π_2上,它的坐标就不会满足方程组(7-13). 故

方程组(7-13)就是空间中的直线方程,称为空间直线方程的一般式方程.

7.5.2 空间直线的对称式方程与参数方程

设空间中的直线 L 过点 $M_0(x_0,y_0,z_0)$,又与一非零向量 $\boldsymbol{s}=(m,\boldsymbol{n},p)$ 平行.这样,直线的位置就完全确定了,如图 7-31 所示.

在直线 L 上任取一点 $M(x,y,z)$,则向量 $M_0M=(x-x_0,y-y_0,z-z_0)$ 总是与向量 $\boldsymbol{s}$ 平行,所以两个向量对应的坐标成比例,即

$$\frac{x-x_0}{m}=\frac{y-y_0}{\boldsymbol{n}}=\frac{z-z_0}{p}. \tag{7-14}$$

显然,直线上的任意一点的坐标都满足这个方程,不在直线上的点的坐标都不满足这个方程.故该方程是直线 L 的方程,称为直线的对称式方程.称 $\boldsymbol{s}$ 为直线 L 的方向向量.如果 $\boldsymbol{s}$ 是直线 L 的方向向量,则当 $\lambda\neq 0$ 时,$\lambda\boldsymbol{s}$ 也是它的方向向量.直线的任意一个方向向量 $\boldsymbol{s}$ 的坐标 $m,\boldsymbol{n},p$ 称为该直线的一组方向数,而向量 $\boldsymbol{s}$ 的方向余弦称为该直线的方向余弦.

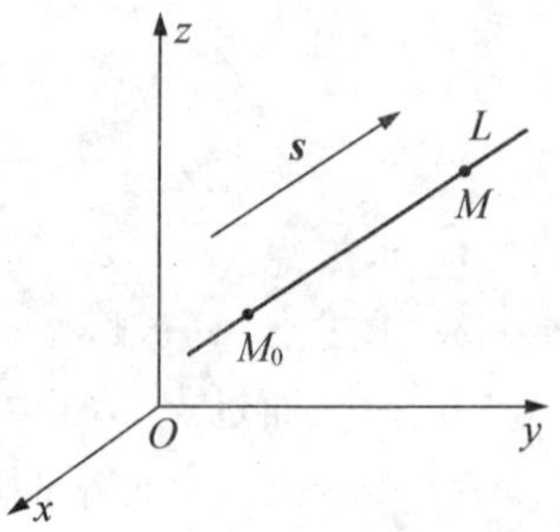

图 7-31

在直线方程(7-14)中,令比值为 t,即令

$$\frac{x-x_0}{m}=\frac{y-y_0}{\boldsymbol{n}}=\frac{z-z_0}{p}=t,$$

则得

$$\left.\begin{aligned}x&=x_0+mt,\\ y&=y_0+\boldsymbol{n}t,\\ z&=z_0+pt.\end{aligned}\right\} \tag{7-15}$$

公式(7-15)就是直线 L 的参数式方程,t 称为参数.

例 7.22 一直线 L 过点 $M_1(1,0,-2)$ 及 $M_2(3,-1,0)$,求其方程.

解 因直线过 M_1,M_2 两个点,故可取直线的方向向量为 $\boldsymbol{s}=(3-1,-1-0,0+2)=(2,-1,2)$,利用点 M_1 及 $\boldsymbol{s}$ 由式(7-14)得所求方程为

$$\frac{x-1}{2}=\frac{y}{-1}=\frac{z+2}{2}.$$

例 7.23 求过点(2,1,4)且垂直于平面 $y-z+2=0$ 的直线方程.

解 所求直线 L 平行于已知平面的法向量,即可取直线的方向向量为 $\boldsymbol{s}=(0,1,-3)$,从而所求的直线方程可以写成

$$\frac{x-2}{0}=\frac{y-1}{1}=\frac{z-4}{-3}.$$

此时 $\frac{x-2}{0}$ 并不表示除式，这里的 0 只表示该直线的方向向量在 x 轴上的投影为 0，即直线垂直于 x 轴，上述方程应理解为

$$\begin{cases}\frac{y-1}{1}=\frac{z-4}{-3}\\ x=2\end{cases}.$$

例 7.24　把直线 L 的一般方程 $\begin{cases}x-2y+z-5=0\\ 2x+y-2z+4=0\end{cases}$ 化为直线的标准式方程和参数式方程.

解　需要找到直线上的一个点及直线的方向向量. 求点时，可在三个变量中适当地给定其中一个值，然后解出另外两个值，如取 $x=0$，得

$$\begin{cases}-2y+z-5=0\\ y-2z+4=0\end{cases},$$

解得 $y=-2,z=1$，即得直线上的一个点为$(0,-2,1)$.

因为直线 L 在两个平面上，故它的方向向量同时垂直于两个平面的法向量，从而可取

$$\boldsymbol{s}=\begin{vmatrix}\boldsymbol{i} & \boldsymbol{j} & \boldsymbol{k}\\ 1 & -2 & 1\\ 2 & 1 & -2\end{vmatrix}=3\boldsymbol{i}+4\boldsymbol{j}+5\boldsymbol{k}.$$

故 L 的标准式方程为

$$\frac{x}{3}=\frac{y+2}{4}=\frac{z-1}{5};$$

参数式方程为

$$\begin{cases}x=3t\\ y=-2+4t\\ z=1+5t\end{cases}.$$

例 7.25　求直线 $\frac{x-1}{2}=\frac{y+2}{-1}=\frac{z}{3}$ 与平面 $x-y+2z+6=0$ 的交点.

解　交点的坐标应同时满足直线方程和平面方程. 将直线用参数方程来表示，有

$$x=1+2t,y=-2-t,z=3t,$$

代入到平面方程中，有

$$(1+2t)-(-2-t)+6t+6=0,$$

即 $9t+9=0$，得 $t=-1$.

所以 $x=-1,y=-1,z=-3$，即交点为$(-1,-1,-3)$.

例 7.26　求点 $P_0(1,1,1)$ 到直线 $\frac{x-7}{1}=\frac{y-2}{2}=\frac{z-3}{3}$ 的距离.

解 过点 P_0 做一垂直于已知直线的平面，该平面为

$$(x-1)+2(y-1)+3(z-1)=0,\text{即 } x+2y+3z-6=0.$$

再求直线 L 与平面的交点，用例 7.25 的方法求得交点 $P(6,0,0)$，由两点间的距离公式，得 P,P_0 两点间的距离为 $\boldsymbol{d}=\sqrt{25+1+1}=3\sqrt{3}$，即所求的点线距离是 $3\sqrt{3}$.

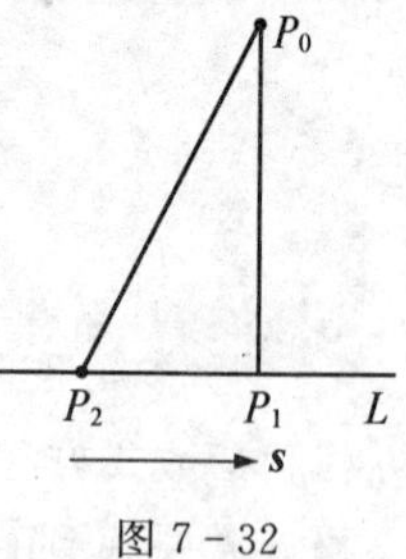

图 7-32

也可以按下面的方法来求空间中的点线距离. 在直线上任取一点 P_1，做向量 P_1P_0，如图 7-32 所示. 设直线的方向向量为 $\boldsymbol{s}$，则点到直线的距离 $\boldsymbol{d}$ 为

$$\boldsymbol{d}=|P_1P_0|\sin\theta=|P_1P_0|\cdot\frac{|\boldsymbol{s}\times P_1P_0|}{|\boldsymbol{s}|\cdot|P_1P_0|},$$

即

$$\boldsymbol{d}=\frac{|\boldsymbol{s}\times P_1P_0|}{|\boldsymbol{s}|}. \tag{7-16}$$

在例 7.26 中，取直线上的点为 $P_0(7,2,3)$，则

$$P_1P_0=(6,1,2),\boldsymbol{s}=(1,2,3),\boldsymbol{s}\times P_1P_0=(1,16,-11),$$

$$\boldsymbol{d}=\frac{|\boldsymbol{s}\times P_1P_0|}{|\boldsymbol{s}|}=\frac{\sqrt{1+256+121}}{\sqrt{14}}=3\sqrt{3}.$$

*7.5.3 两直线的夹角

设有两条直线

$$L_1:\frac{x-x_1}{m_1}=\frac{y-y_1}{n_1}=\frac{z-z_1}{p_1},$$

$$L_2:\frac{x-x_2}{m_2}=\frac{y-y_2}{n_2}=\frac{z-z_2}{p_2},$$

如果两条直线平行，规定两直线之间的夹角为零；当它们不平行时，过 L_2 上一点作与 L_1 平行的直线 L'_1，规定 L_2 与 L'_1 间的夹角（不大于 $\frac{\pi}{2}$）为 L_1 与 L_2 间的夹角. 这样，两条直线的夹角就是两条直线的方向向量的夹角（取锐角）.

设 L_1 与 L_2 间的夹角为 θ，方向向量分别为 $\boldsymbol{s}_1=(m_1,n_1,p_1)$ 及 $\boldsymbol{s}_2=(m_2,n_2,p_2)$，则

$$\cos\theta=\frac{|\boldsymbol{s}_1\cdot\boldsymbol{s}_2|}{|\boldsymbol{s}_1|\cdot|\boldsymbol{s}_2|}=\frac{|m_1m_2+n_1n_2+p_1p_2|}{\sqrt{m_1^2+n_1^2+p_1^2}\cdot\sqrt{m_2^2+n_2^2+p_2^2}}. \tag{7-17}$$

两条直线平行的充分必要条件是 $\frac{m_1}{m_2}=\frac{n_1}{n_2}=\frac{p_1}{p_2}$.

两条直线垂直的充分必要条件是 $m_1m_2+n_1n_2+p_1p_2=0$.

例 7.27 求两直线 $\frac{x-1}{1}=\frac{y}{-4}=\frac{z+3}{1}$ 与 $\frac{x}{-2}=\frac{y-3}{2}=\frac{z+1}{1}$ 的

夹角.

解 $s_1=(1,-4,1),s_2=(-2,2,1)$，由式(7-17)有，

$$\cos\theta=\frac{|s_1\cdot s_2|}{|s_1|\cdot|s_2|}=\frac{|-9|}{\sqrt{18}\cdot\sqrt{9}}=\frac{\sqrt{2}}{2},$$

得 $\theta=\frac{\pi}{4}$，即两条直线间的夹角为 $\frac{\pi}{4}$.

*7.5.4 直线与平面的夹角

当直线 L 与平面Π平行时，规定 L 与Π的夹角为零；如果 L 与Π不平行，规定 L 与它在Π上的投影直线(过 L 做一平面，使该平面与Π垂直，称这两个平面的交线为 L 在Π上的投影)的夹角(不大于$\frac{\pi}{2}$)为直线 L 与平面Π的夹角，如图 7-33 所示.

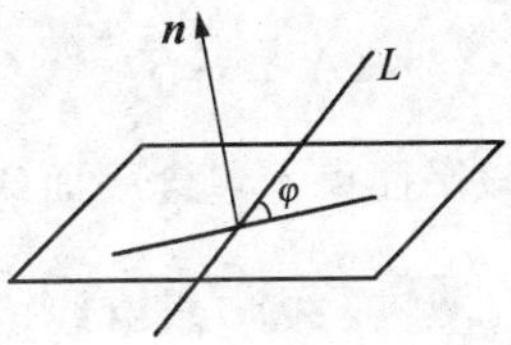

图 7-33

设平面Π的法向量为 $n=(A,B,C)$，直线 L 的方向向量为 $s=(m,n,p)$，由图 7-33 可见，Π与 L 的夹角 φ 的正弦为

$$\sin\varphi=\frac{|n\cdot s|}{|n|\cdot|s|}=\frac{|Am+Bn+Cp|}{\sqrt{A^2+B^2+C^2}\cdot\sqrt{m^2+n^2+p^2}}. \tag{7-18}$$

直线与平面垂直的充分必要条件是 $\frac{A}{m}=\frac{B}{n}=\frac{C}{p}$.

直线与平面平行的充分必要条件是 $Am+Bn+Cp=0$.

例 7.28 求平面 $2x+y-z+3=0$ 与直线 $\begin{cases}x+y-5=0\\2x-z+5=0\end{cases}$ 间的夹角.

解 平面的法向量为 $s=(2,1,-1)$，用向量积求得直线的方向向量为 $s=(-1,1,-2)$，由式(7-18)得

$$\sin\varphi=\frac{|n\cdot s|}{|n|\cdot|s|}=\frac{|-3|}{6}=\frac{1}{2},$$

即所求直线与平面的夹角为 $\varphi=\frac{\pi}{6}$.

*7.5.5 平面束

通过空间直线 L 可以做无穷多个平面，所有这些平面的集合称为过直线 L 的平面束.

设平面Π_1与平面Π_2不平行，则两个平面的交线 L 为

$$\begin{cases}A_1x+B_1y+C_1z+D_1=0\\A_2x+B_2y+C_2z+D_2=0\end{cases}.$$

构造一个新的三元一次方程

$$\mu(A_1x+B_1y+C_1z+D_1)+\lambda(A_2x+B_2y+C_2z+D_2)=0,$$

其中,μ 和 λ 是任意实数.上式也可写成

$$(\mu A_1+\lambda A_2)x+(\mu B_1+\lambda B_2)y+(\mu C_1+\lambda C_2)z+(\mu D_1+\lambda D_2)=0.$$

由于Π_1与Π_2不平行,所以 A_1,B_1,C_1 与 A_2,B_2,C_2 不成比例,故对任意的 μ, λ,上式中的一次项系数不全为零,因此知其是平面方程,且直线 L 在平面上.当 μ 和 λ 取遍全体实数时,该式就给出了过直线 L 的平面束方程.

在利用平面束时,常取 $\mu=1$,这时,平面束方程成为

$$(A_1x+B_1y+C_1z+D_1)+\lambda(A_2x+B_2y+C_2z+D_2)=0,$$

但该平面束不包含平面Π_2.

例 7.29 求直线 $\begin{cases}x+y-z-1=0\\x-y+z+1=0\end{cases}$ 在平面 $x+y+z=0$ 上的投影直线的方程.

解 过已知直线的平面束为 $(x+y-z-1)+\lambda(x-y+z+1)=0$,即 $(1+\lambda)x+(1-\lambda)y+(-1+\lambda)z+(-1+\lambda)=0$,其中 λ 为待定常数.该平面与 $x+y+z=0$ 垂直的条件是 $(1+\lambda)\cdot1+(1-\lambda)\cdot1+(-1+\lambda)\cdot1=0$.

由此得
$$\lambda=-1,$$
故平面方程为
$$y-z-1=0.$$
该平面过直线 L 且与平面 $x+y+z=0$ 垂直,两者的交线就是所求的投影直线,即

$$\begin{cases}y+z-1=0\\x+y+z=0\end{cases}.$$

*7.5.6 两异面直线间的距离

设 L_1,L_2 为两异面直线,其方向向量分别为 $\boldsymbol{s}_1$ 和 $\boldsymbol{s}_2$,A,B 分别为 L_1,L_2 上两点,则 L_1 与 L_2 间的距离为 $d=\dfrac{|(\boldsymbol{s}_1\times\boldsymbol{s}_2)\cdot AB|}{|\boldsymbol{s}_1\times\boldsymbol{s}_2|}$.

习题 7-5

1. 求过点 $(4,-1,3)$ 且平行于直线 $\dfrac{x-3}{2}=\dfrac{y}{1}=\dfrac{z-1}{5}$ 的直线方程.

2. 用对称式方程及参数式方程表示直线 $\begin{cases}x-y+z=1\\2x+y+z=4\end{cases}$.

3. 试确定下列位置关系：

(1) 直线 $\dfrac{x-3}{2}=\dfrac{y}{1}=\dfrac{z-1}{5}$ 和平面 $4x-2y-7z=3$.

(2) 直线 $\dfrac{x-2}{3}=\dfrac{y+2}{1}=\dfrac{z-2}{-4}$ 和平面 $x+y+z=3$.

§7.6　曲面与曲线

7.6.1　曲面及其方程

1. 曲面方程的概念

由第 7.4 节可知，一个关于 x,y,z 的三元一次方程的图形是空间中的一个平面. 一般来说，一个关于 x,y,z 的三元方程

$$F(x,y,z)=0 \tag{7-19}$$

在空间中的图形是一个曲面.

如果在曲面 S 与方程(7-19)之间有下面的关系：在曲面 S 上的点的坐标都满足这个方程，而不在曲面 S 上的点的坐标都不满足这个方程，则称方程(7-19)为曲面 S 的方程，称曲面 S 为方程(7-19)的图形，如图 7-34 所示.

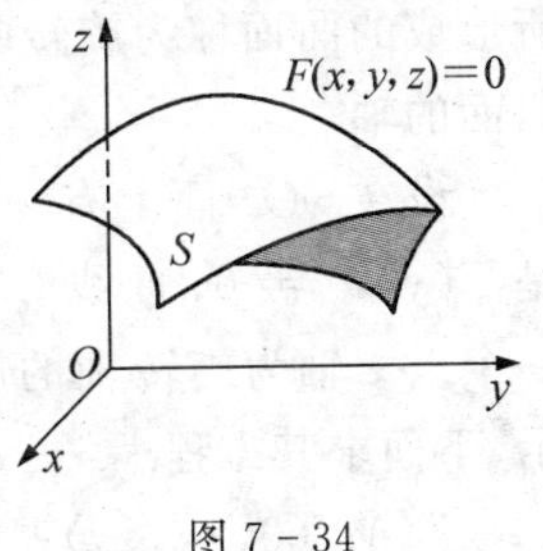

图 7-34

研究曲面时，有时根据曲面上的点所满足的条件去建立方程，有时先给出曲面 S 的方程，再去讨论它的图形.

例 7.30　求半径为 R，球心在点 $M_0(x_0,y_0,z_0)$ 的**球面**方程.

解　设 $M(x,y,z)$ 是球面上的任意一点，则点 M 到点 M_0 的距离总为常数 R，由两点间的距离公式有

$$\sqrt{(x-x_0)^2+(y-y_0)^2+(z-z_0)^2}=R,$$

两边平方后，得

$$(x-x_0)^2+(y-y_0)^2+(z-z_0)^2=R^2. \tag{7-20}$$

显然，球面上的点的坐标都满足该方程，不在球面上的点的坐标都不满足该方程，所以，式(7-20) 就是球心在点 $M(x_0,y_0,z_0)$，半径为 R 的球面方程.

当球心在原点时，球面方程为 $x^2+y^2+z^2=R^2$，其图形如图 7-35 所示.

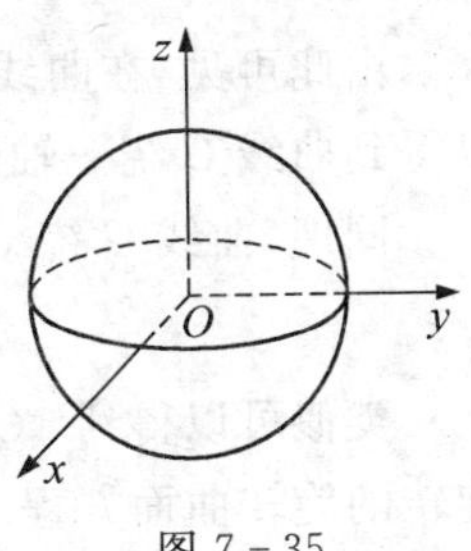

图 7-35

例 7.31 一曲面上的点到 z 轴的距离为常数 R，求曲面方程.

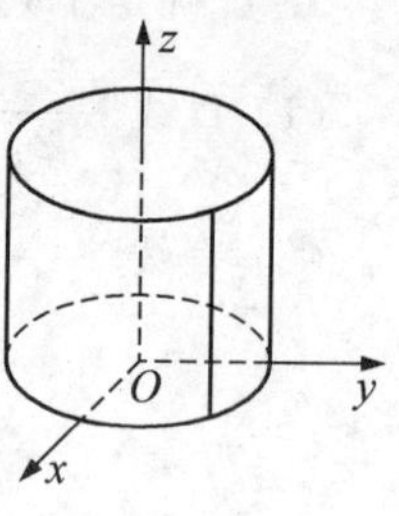

图 7-36

解 设 $M(x,y,z)$ 是曲面上的任意一点，则点 M 到 $M_0(0,0,z_0)$ 的距离就是点 M 到 z 轴的距离，由已知条件，有

$$\sqrt{(x-0)^2+(y-0)^2+(z-z_0)^2}=R,$$

即 $x^2+y^2=R^2$，由题意知，这是以 z 轴为中心轴，R 为半径的圆柱面，如图 7-36 所示.

例 7.32 方程 $x^2+y^2+z^2+6x-2y=0$ 表示怎样的曲面？

解 将方程变形为 $(x+3)^2+(y-1)^2+z^2=10$，与式(7-20) 比较可知，这是一个球心在点$(-3,1,0)$，半径为 $\sqrt{10}$ 的球面方程.

***2. 旋转曲面**

设有一条平面曲线 C 绕着同一平面内的一条定直线 L 旋转一周，由其旋转所形成的曲面称为旋转曲面，称曲线 C 为旋转曲面的母线，定直线 L 称为旋转曲面的轴.

设在 yOz 面上有一条已知直线 C，它的方程是 $F(y,z)=0$，曲线 C 绕 z 轴旋转一周，就得到一个以 z 轴为旋转轴的旋转曲面，如图 7-37 所示，下面求其方程.

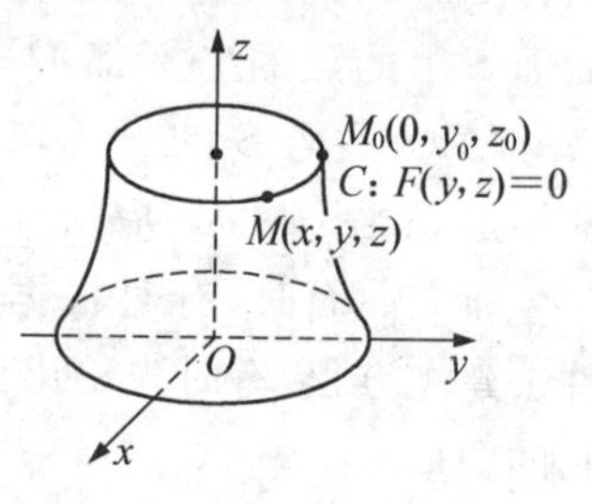

图 7-37

设 $M_0(0,y_0,z_0)$ 是曲线 C 上任一点，则有 $F(y_0,z_0)=0$. 当曲线 C 绕 z 轴旋转时，点 M_0 旋转到另一点 $M(x,y,z)$，这时，点 M 与 z 轴的距离为 $d=\sqrt{x^2+y^2}$，并且 $z=z_0$. 另一方面，$d=|y_0|$，故 $|y_0|=\sqrt{x^2+y^2}$ 或 $y_0=\pm\sqrt{x^2+y^2}$. 将 $z=z_0$，$y_0=\pm\sqrt{x^2+y^2}$ 代入 $F(y_0,z_0)=0$ 中，得点 M 的坐标应满足的方程为

$$F(\pm\sqrt{x^2+y^2},z)=0, \tag{7-21}$$

这就是所求的旋转曲面方程.

由此可见，在曲线 C 的方程 $F(y,z)=0$，只要将 y 换为 $\pm\sqrt{x^2+y^2}$ 就可以得到曲线 C 绕 z 轴的旋转曲面方程.

同理，曲线 C 绕 y 轴旋转的旋转曲面方程为

$$F(y,\pm\sqrt{x^2+z^2})=0. \tag{7-22}$$

类似可以得到 xOy 面上的曲线绕 x，y 轴旋转，zOx 面上的曲线绕 z，x 轴旋转的旋转曲面方程.

例 7.33　将 yOz 平面上的椭圆 $\frac{y^2}{b^2}+\frac{z^2}{c^2}=1$ 分别绕 y 轴和 z 轴旋转一周，求所得旋转曲面的方程.

解　绕 z 轴旋转时,由式(7－21)得旋转曲面的方程为

$$\frac{(\pm\sqrt{x^2+y^2})^2}{b^2}+\frac{z^2}{c^2}=1,$$

即

$$\frac{x^2+y^2}{b^2}+\frac{z^2}{c^2}=1.$$

绕 y 轴旋转时,由式(7－22)得旋转曲面的方程为 $\frac{y^2}{b^2}+\frac{x^2+z^2}{c^2}=1.$

上面的两个曲面,均称为**旋转椭球面**.

例 7.34　求 xOy 面上的曲线 $y=x^2$ 绕 y 轴旋转所得到的旋转曲面的方程.

解　用 $\pm\sqrt{x^2+y^2}$ 代替曲线方程中的 x 即可得到旋转曲面的方程,所以

$$y=(\pm\sqrt{x^2+z^2})^2,\text{即 } y=x^2+z^2.$$

该曲面称为**旋转抛物面**,如图 7－38 所示.

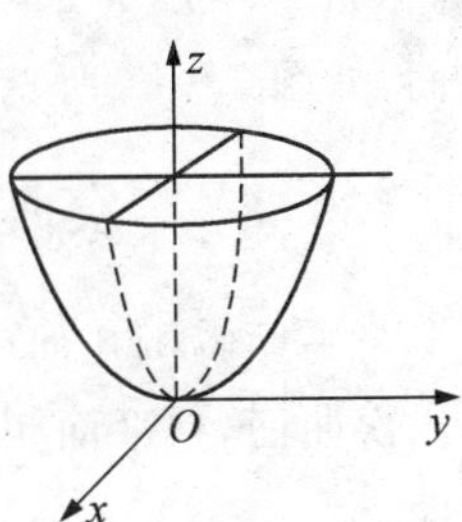

图 7－38

***3. 柱面**

一条直线沿一已知曲线 C 平行移动所成的面称为柱面,如图 7－39 所示,沿 C 移动的直线称为柱面的母线,曲线 C 称为柱面的准线. 这里只讨论母线平行于坐标轴的柱面. 由第 7.4 节可知,$x+y=1$ 是与 z 轴平行的平面,该平面可以看作一条平行于 z 轴的直线沿 xOy 面上的直线 $x+y=1$ 平行移动而成的柱面,如图 7－40 所示. 一个点 $M(x,y,z)$,无论 z 取何值,只要它的前两个坐标 x,y 满足方程 $x+y=1$,该点就一定在这个平面上.

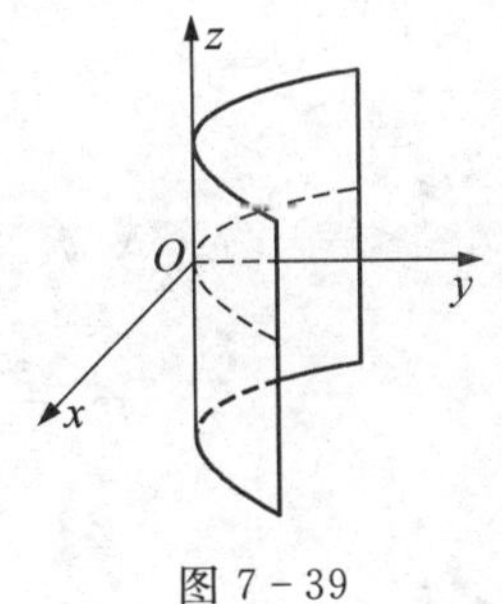

图 7－39

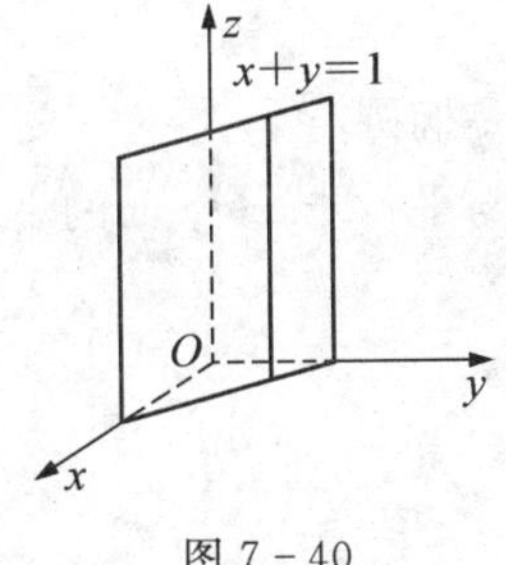

图 7－40

一般地,一个仅含 x 和 y 而不含 z 的方程,

$$F(x,y)=0 \tag{7-23}$$

在空间中的图形是一个母线平行于 z 轴的柱面.

柱面与 xOy 平面的交线 C 为

$$\begin{cases} F(x,y)=0 \\ z=0 \end{cases}.$$

如 $x^2+y^2=R^2$ 在空间中的图形是一个母线平行于 z 轴的圆柱面. 该圆柱面与 xOy 面的交线 C 为

$$\begin{cases} x^2+y^2=R^2 \\ z=0 \end{cases}.$$

同理,在空间中方程 $F(x,z)=0$ 及 $F(y,z)=0$ 分别表示母线平行于 y 轴及母线平行于 x 轴的柱面. 如 $z=x^2$ 表示一个母线平行于 y 轴的抛物柱面,如图 7-41 所示.

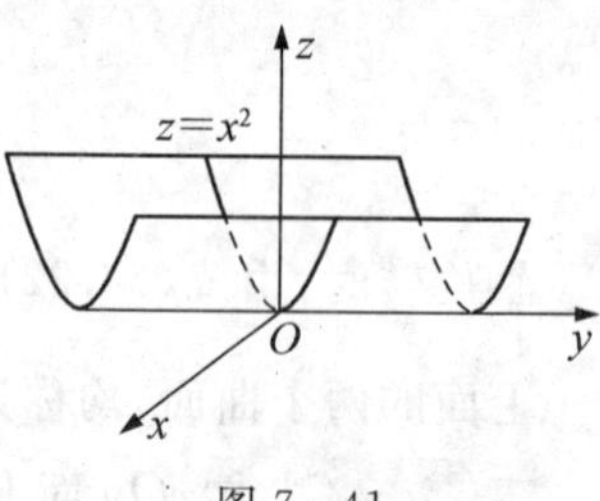

图 7-41

7.6.2 二次曲面

与平面解析几何中规定的二次曲线类似,把三元二次方程所表示的曲面叫做二次曲面,把平面叫做一次曲面. 下面用平行截面法来研究几种常见的二次曲面.

1. 椭球面

方程 $\frac{x^2}{a^2}+\frac{y^2}{b^2}+\frac{z^2}{c^2}=1$ 所表示的曲面称为椭球面,如图 7-42 所示.

由该方程可知 $|x|\leqslant a$, $|y|\leqslant b$, $|z|\leqslant c$, 因此,这个曲面完全包含在一个以原点为中心的长方体中,长方体六个面的方程是 $x=\pm a, y=\pm b, z=\pm c$, 称 a,b,c 为椭球的半轴.

为了了解这一曲面的形状,先求出它与三个坐标面的交线.

$$\begin{cases} \frac{x^2}{a^2}+\frac{y^2}{b^2}=1 \\ z=0 \end{cases};\quad \begin{cases} \frac{y^2}{b^2}+\frac{z^2}{c^2}=1 \\ x=0 \end{cases};\quad \begin{cases} \frac{x^2}{a^2}+\frac{z^2}{c^2}=1 \\ y=0 \end{cases}.$$

这些交线都是椭圆.

该曲面与平行于 xOy 面的平面 $z=z_1(|z_1|<c)$ 的交线为

$$\begin{cases} \frac{x^2}{a^2}+\frac{y^2}{b^2}+\frac{z^2}{c^2}=1, \\ z=z_1 \end{cases}$$

即

$$\begin{cases} \frac{x^2}{\frac{a^2}{c^2}(c^2-z_1^2)}+\frac{y^2}{\frac{b^2}{c^2}(c^2-z_1^2)}=1 \\ z=z_1 \end{cases}.$$

这是在平面 $z=z_1$ 上的椭圆，它的两个半轴分别是

$$\frac{a}{c}\sqrt{c^2-z_1^2} \text{ 与 } \frac{b}{c}\sqrt{c^2-z_1^2}.$$

当 z_1 变动时，这种椭圆的中心都在 z 轴上. 当 $|z_1|$ 由零逐渐增大到 c 时，椭圆截面由大到小，最后缩成一点. 当 $|z_1|>c$，平面 $z=z_1$ 不再与椭球面相截.

以平面 $y=y_1(|y_1|<b)$ 或 $x=x_1(|x_1|<a)$ 去截椭球面时，结论与此类似.

综合上面的讨论，可知椭球面的形状，如图 7-42所示.

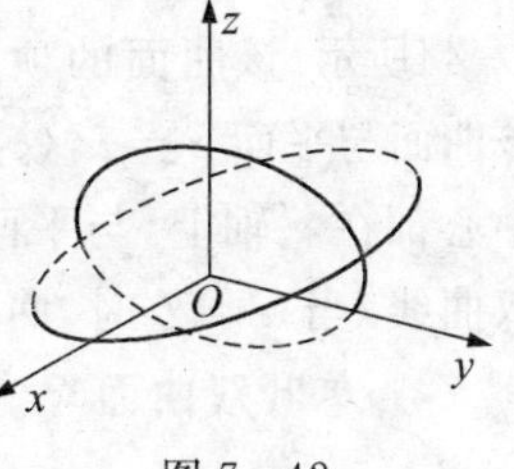

图 7-42

在椭球面方程中，当 a,b,c 中有两个相等时，可以看成旋转椭球面；当这三个数都相等时，该方程表示一个球面.

2. 椭圆抛物面

方程 $z=\frac{x^2}{a^2}+\frac{y^2}{b^2}$ 所表示的曲面称为椭圆抛物面，如图 7-45 所示. 显然 $z\geqslant 0$，即该曲面在 xOy 面的上方且与 xOy 面交于原点.

该曲面与平面 $z=z_1(z_1>0)$ 的交线为

$$\begin{cases}\dfrac{x^2}{z_1a^2}+\dfrac{y^2}{z_1b^2}=1\\ z=z_1\end{cases}.$$

这是平面 $z=z_1$ 上的椭圆，这种椭圆的中心都在 z 轴上，椭圆的两个半轴分别是 $a\sqrt{z_1}$ 和 $b\sqrt{z_1}$.

当 z_1 增大时，椭圆的截面也增大；当 $z_1=0$ 时，截痕是一个点，即原点；当 $z_1<0$ 时，平面与曲面不相交.

用 zOx 坐标面去截这曲面，所得交线是抛物线

$$\begin{cases}z=\dfrac{x^2}{a^2}\\ y=0\end{cases}.$$

用平面 $y=y_1$ 去截该曲面，所的交线也是抛物线

$$\begin{cases}z=\dfrac{x^2}{a^2}+\dfrac{y_1^2}{b^2}\\ y=y_1\end{cases}.$$

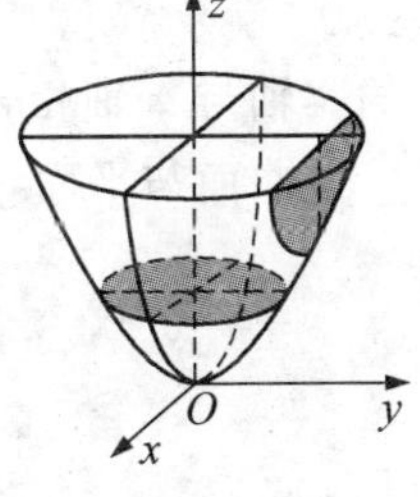

图 7-43

抛物线的轴与 z 轴平行，顶点为 $\left(0,y_1,\frac{y_1^2}{b^2}\right)$.

同样，用 yOz 坐标面及平面 $x=x_1$ 去截该平面时，交线也是抛物线.

综上所述，知椭圆抛物面的形状，如图 7-43 所示.

3. 锥面

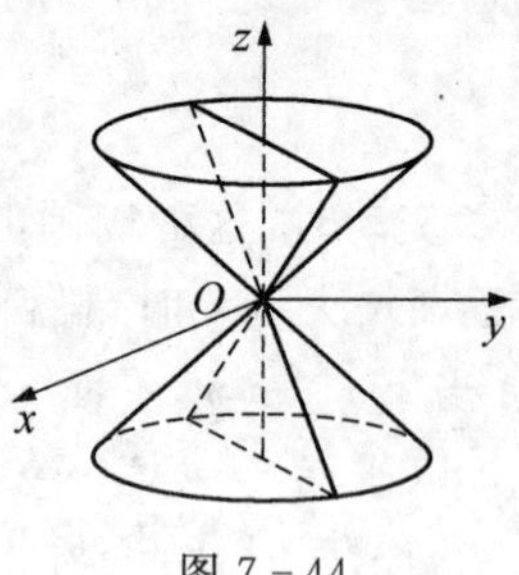

图 7-44

方程 $z^2=\frac{x^2}{a^2}+\frac{y^2}{b^2}$ 所表示的曲面称为锥面，如图 7-44所示. 该曲面的顶点在原点，分为上、下两部分. 该曲面与平面 $z=z_1(z_1\neq 0)$ 的交线为椭圆，椭圆的中心都在 z 轴上，与平面 $x=x_1$ 及 $y=y_1$ 的交线为双曲线. 当 $a=b$ 时，曲面就是圆锥面.

4. 单叶双曲面

方程 $\frac{x^2}{a^2}+\frac{y^2}{b^2}-\frac{z^2}{c^2}=1$ 所表示的曲面称为单叶双曲面，如图 7-45 所示.

这个曲面与 xOy 面的交线是椭圆

$$\begin{cases}\frac{x^2}{a^2}+\frac{y^2}{b^2}=1\\ z=0\end{cases}.$$

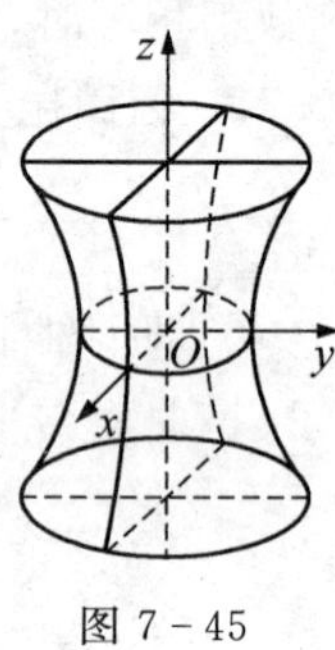

图 7-45

与平面 $z=z_1$ 的交线是椭圆

$$\begin{cases}\dfrac{x^2}{\frac{a^2}{c^2}(c^2+z_1^2)}+\dfrac{y^2}{\frac{b^2}{c^2}(c^2+z_1^2)}=1\\ z=z_1\end{cases}.$$

椭圆的中心在 z 轴上，当 $|z_1|$ 增大时，椭圆也随之增大，单叶双曲面在 z 轴的正、负两个方向可以无限地伸展出去. 曲面与 zOx 面的交线为双曲线

$$\begin{cases}\frac{x^2}{a^2}-\frac{z^2}{c^2}=1\\ y=0\end{cases}.$$

它的实轴与 x 轴相合，虚轴与 z 轴相合.

该曲面与平面 $y=y_1$ 的交线是双曲线

$$\begin{cases}\frac{x^2}{a^2}-\frac{z^2}{c^2}=1-\frac{{y_1}^2}{b^2}\\ y=y_1\end{cases}.$$

当 ${y_1}^2<b^2$ 时，双曲线的实轴平行于 x 轴，虚轴平行于 z 轴；当 ${y_1}^2>b^2$ 时，双曲线的实轴平行于 z 轴，虚轴平行于 x 轴.

当用 yOz 面及平面 $x=x_1$ 去截单叶双曲面时，交线也是双曲线.

综上所述，可知单叶双曲面的形状，如图 7-45 所示.

5. 双叶双曲面

方程 $\dfrac{x^2}{a^2}+\dfrac{y^2}{b^2}-\dfrac{z^2}{c^2}=-1$ 所表示的曲面称为双叶双曲面，如图 7-46 所示.

当 $|z_1|>c$ 时，平面 $z=z_1$ 与该曲面的交线是椭圆；当 $|z_1|<c$ 时，平面 $z=z_1$ 与该曲面没有交线. 当用平面 $x=x_1$ 和 $y=y_1$ 去截该曲面时，交线都是双曲线.

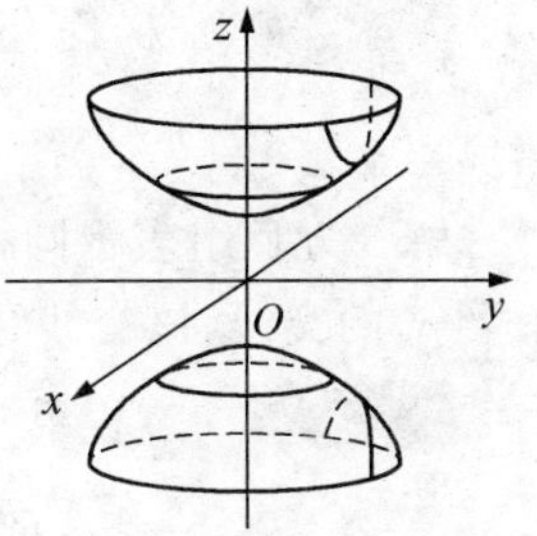

图 7-46

6. 双曲抛物面(马鞍面)

方程 $z=\dfrac{y^2}{b^2}-\dfrac{x^2}{a^2}$ 所表示的曲面称为双曲抛物面，如图 7-47 所示.

该曲面与 xOy 面的交线为在原点相交的两条直线，与平面 $z=z_1$ 的交线为双曲线，与平面 $y=y_1$ 及平面 $x=x_1$ 的交线均为抛物线.

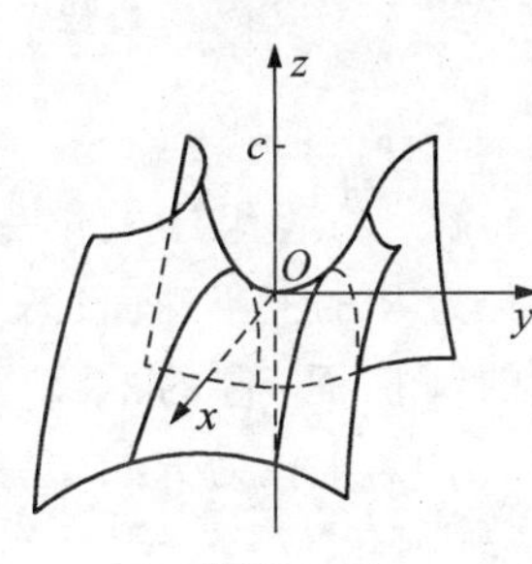

图 7-47

7.6.3　空间曲线及其方程

1. 空间曲线的一般方程

由第 7.5 节知道，直线也可以看作两个平面的交线. 同样，空间曲线也可以看作两个曲面的交线. 设两个曲面 $F(x,y,z)$，$G(x,y,z)$ 的交线为 C，如图7-48 所示，则曲线 C 上任意一点 $M(x,y,z)$ 必同时在两个曲面上，故 M 点的坐标同时满足这两个曲面方程，即满足方程组

$$\begin{cases}F(x,y,z)=0\\G(x,y,z)=0\end{cases}.\tag{7-24}$$

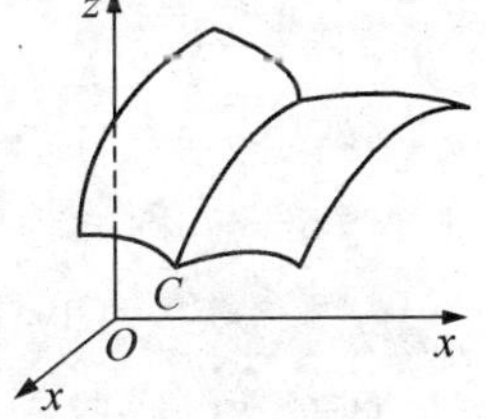

图 7-48

反之，如果点 M 不在曲线 C 上，则它不可能同时在两个曲面上，故点 M 的坐标不满足上面的方程组.

因此，曲线 C 可以用方程组(7-24)来表示，称为曲线的一般式方程.

例 7.35　方程组 $\begin{cases}x^2+y^2+z^2=25\\z=3\end{cases}$ 表示怎样的曲线？

解　方程组中的第一个方程表示球心在原点，半径为 5 的球面；第二个方程表示平行于 xOy 面的平面. 方程组则表示球面与平面的交线，该交线是以点 $(0,0,3)$ 为圆心，4 为半径，在平面 $z=3$ 上的圆，如图 7-49 所示.

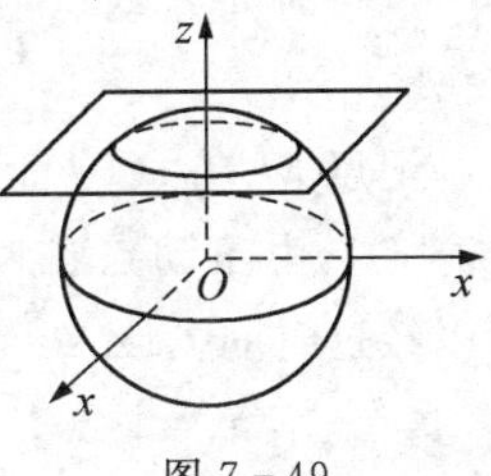

图 7-49

例 7.36 方程组 $\begin{cases} x^2+y^2=1 \\ 2x+3z=6 \end{cases}$ 表示怎样的曲线？

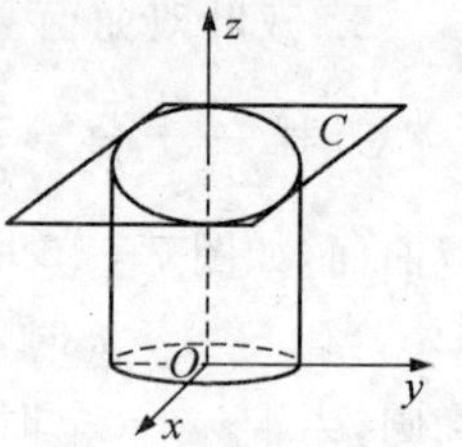

解 方程组表示圆柱面 $x^2+y^2=1$ 与平面 $2x+3z=6$ 的交线，该交线是一椭圆，如图 7-50 所示.

图 7-50

例 7.37 方程组

$$\begin{cases} z=\sqrt{R^2-x^2-y^2} \\ \left(x-\dfrac{R}{2}\right)^2+y^2=\left(\dfrac{R}{2}\right)^2 \end{cases}$$

表示怎样的曲线？

解 方程组中的第一个方程表示球心在原点，半径为 R 的上半球面；第二个方程表示母线平行于 z 轴的圆柱面，它的准线是 xOy 面上的圆，圆心为 $(R/2,0)$，半径为 $R/2$. 方程组表示两者的交线，如图 7-51 所示.

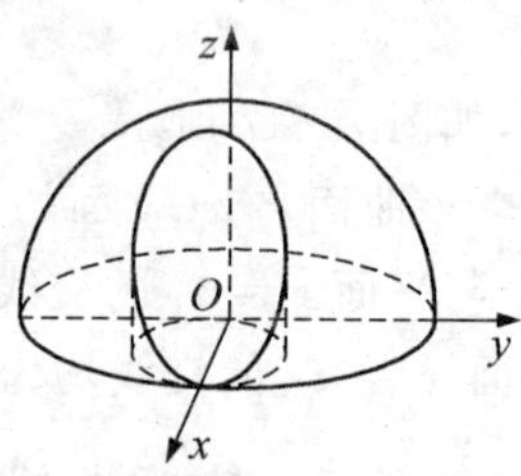

图 7-51

2. 空间曲线的参数式方程

空间曲线也可以用参数形式来表示. 将曲线 C 上的动点的坐标 x,y,z 表示为参数 t 的函数

$$\begin{cases} x=x(t) \\ y=y(t)\ (\alpha\leqslant t\leqslant\beta). \\ z=z(t) \end{cases} \tag{7-25}$$

当给定 $t=t_1$ 时，就得到 C 上的一个点 (x_1,y_1,z_1)，随着 t 的变动便可得到 C 上的全部点. 称方程组(7-25)为空间曲线 C 的参数式方程.

例 7.38 如果空间一点 M 在圆柱面 $x^2+y^2=R^2$ 上以角速度 w 绕 z 轴旋转，同时又以线速度 v 沿平行于 z 轴的正方向上升(其中 w,v 都是常数)，则点 M 的轨迹称为螺旋线，试建立其参数方程.

解 取时间 t 为参数，设 $t=0$ 时，动点在 x 轴上的点 $A(0,0,R)$ 处.

经过时间 t，动点由点 A 运动到点 $M(x,y,z)$，如图 7-52 所示.

记点 M 在 xOy 面上的投影为 M'，则 M' 的坐标为 $(x,y,0)$，由于动点在圆柱面上以角速度 w 绕 z 旋转，所以经过时间 t, $\angle AOM'=\omega t=\theta$, 从而

$$x=|OM'|\cos\omega t=R\cos\omega t,$$
$$y=|OM'|\sin\omega t=R\sin\omega t.$$

由于动点同时以线速度 v 沿平行于 x 轴正向方向上升，

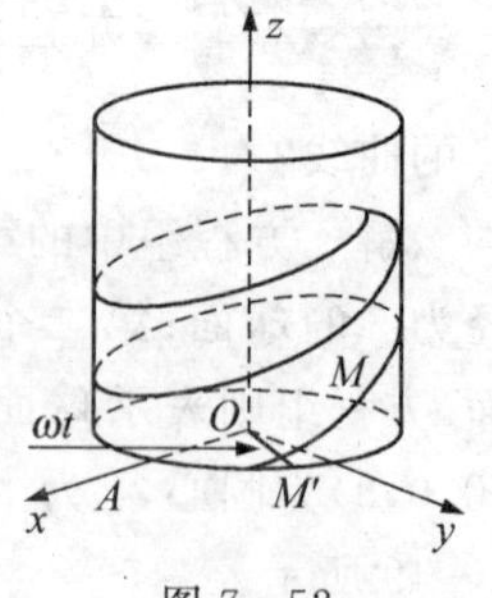

图 7-52

所以

$$z = M'M = vt.$$

因此得螺旋线的参数式方程为

$$\begin{cases} x = R\cos\omega t \\ y = R\sin\omega t. \\ \quad z = vt \end{cases}$$

若以 θ 为参数，则螺旋线方程又可写成

$$\begin{cases} x = R\cos\theta \\ y = R\sin\theta, \text{其中 } b = \dfrac{v}{\omega}, \\ \quad z = b\theta \end{cases}$$

螺旋线是实践中常见的曲线，如螺丝杆的外缘曲线就是螺旋线.

3. 空间中曲线在坐标平面上的投影

设曲线 C 的一般方程为

$$\begin{cases} F(x,y,z) = 0 \\ G(x,y,z) = 0 \end{cases},$$

从这个方程组中消去 z 后得到

$$H(x,y) = 0. \tag{7-26}$$

这是母线平行于 z 轴的柱面方程. 当点 $M(x,y,z)$ 的坐标满足方程组(7－26)时，前两个坐标 x 和 y 一定满足方程(7－26)，这就说明，曲线 C 上所有的点都在柱面$H(x,y)=0$ 上，也就是说，这个柱面是曲线 C 关于 xOy 面的投影柱面，则曲线 C 在 xOy 面上的投影为

$$\begin{cases} H(x,y) = 0 \\ \quad z = 0 \end{cases}.$$

例 7.39　求曲线 $\begin{cases} x^2 + y^2 + z^2 = 25 \\ \quad z = 3 \end{cases}$ 在 xOy 面上的投影.

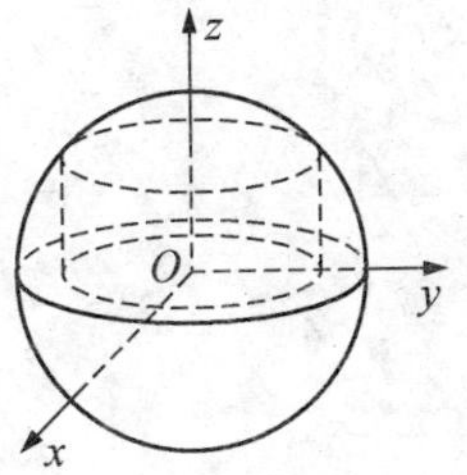

解　从方程组中消去 z 得 $x^2 + y^2 = 16$，这是母线平行于 z 轴的柱面，它与 xOy 面的交线为

$$\begin{cases} x^2 + y^2 = 1 \\ \quad z = 0 \end{cases}.$$

图 7－53

这就是曲线在 xOy 面上的投影，如图 7－53 所示，即投影曲线是 xOy 面上的半径为 4 的圆.

例 7.40　求曲线 $\begin{cases} x^2 + y^2 + z^2 = 2 \\ \quad z = x^2 + y^2 \end{cases}$ 在 xOy 面上的投影.

解　将第二个方程代入到第一个方程中，有

$$x^2+y^2+(x^2+y^2)^2=2,$$

整理得

$$(x^2+y^2+2)(x^2+y^2-1)=0.$$

得投影柱面为

$$x^2+y^2-1=0,$$

故所求的投影曲线是 xOy 面上的半径为 1 的单位圆.

习题 7-6

1. 写出以点 $(1,-3,2)$ 为球心,且通过坐标原点的球面方程.

2. 求与坐标原点 O 及点 $(2,3,4)$ 的距离比为 $1:2$ 的所有点组成的曲面方程.

***3.** 将 xOy 平面上的双曲线 $4x^2-9y^2=36$ 分别绕 x 轴和 y 轴旋转一周,求所形成的旋转曲面的方程.

4. 写出曲线 $\begin{cases} y^2+z^2-2x=0 \\ z=3 \end{cases}$ 在 xOy 平面上的投影曲线的方程.

5. 写出两个曲面 $z=x^2+y^2$ 与 $z=\sqrt{2-x^2-y^2}$ 的交线在 xOy 平面上的投影曲线的方程.

第 8 章　多元函数偏导数

本书前面讨论的函数都只有一个自变量，这种函数称为一元函数. 在日常生活、自然科学和社会科学等领域，经常会遇到多个变量之间的依赖关系问题. 因此，有必要讨论含有多个自变量的函数——多元函数及其相关问题，讨论以二元函数为主，因为从一元函数到二元函数会产生新的问题，而从二元函数到二元以上的函数则可以类推.

§8.1　多元函数

8.1.1　邻域和区域

在一元函数的讨论中，邻域及区间是经常用到的概念，类似地，以后讨论多元函数时，经常用到邻域和区域的概念.

以点 $P_0(x_0,y_0)$ 为中心，某一正数 δ 为半径的圆的内部点 (x,y) 的全体，称为点 P_0 的 δ 邻域，记为 $U(P_0,\delta)$，即

$$U(P_0,\delta)=\{(x,y)\mid \sqrt{(x-x_0)^2+(y-y_0)^2}<\delta\}.$$

如果邻域中不包含 P_0，称之为去心邻域，记为 $\mathring{U}(P_0,\delta)$，即

$$\mathring{U}(P_0,\delta)=\{(x,y)\mid 0<\sqrt{(x-x_0)^2+(y-y_0)^2}<\delta\}.$$

如果不需要强调邻域的半径，则用 $U(P_0)$ 表示 P_0 的某邻域，用 $\mathring{U}(P_0)$ 表示点 P_0 的某去心邻域.

设 E 是平面上的一个点集，P 是平面上的一个点，如果存在 P 的某一邻域 $U(P)$ 使 $U(P)\subset E$，则称 P 为 E 的内点.

如果点集 E 的点都是内点，则称 E 为开集.

如果点 P 的任一邻域既有属于 E 的点，也有不属于 E 的点，则称 P 为 E 的边界点. 如图8-1所示，两个点分别为点集 E 的内点和边界点.

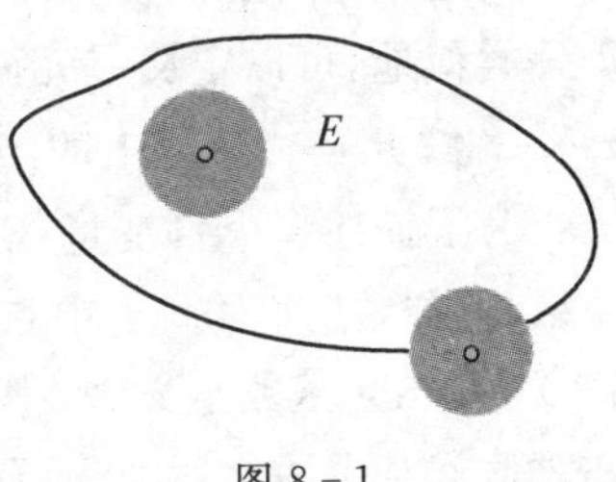

图 8-1

设 D 是开集，如果对于 D 内的任何两点，都可以用折线联结起来，而且该

折线上的点都属于 D，则称开集 D 是连通的.

连通的开集称为区域或开区域，开区域连同它的边界一起，称为闭区域.

8.1.2 多元函数的定义

一元函数研究一个变量对因变量的影响，但在许多实际问题中，经常会遇到多个变量的依赖关系，举例如下.

例 8.1 收益 R 与价格 P 和销售量 Q 之间满足关系

$$R = PQ \quad (P > 0, Q > 0),$$

当 P, Q 在集合 $\{(P,Q) \mid P > 0, Q > 0\}$ 内取一对值时，R 的值也随之确定.

例 8.2 在生产量 y 与投入资金 K 和劳动力 L 之间有如下关系

$$y = AK^{\alpha}L^{\beta},$$

其中 A, α, β 均为正常数. 当 K, L 在集合 $\{(K,L) \mid K > 0, L > 0\}$ 内取一组值时，y 的值也随之确定. 此关系在西方经济学中被称为 Cobb-Douglas 生产函数.

例 8.3 （智商问题） 1905 年，比纳（A. Binet）根据教育部门测量儿童智力的需要，与西蒙（T. Simon）一起制定了第一个测量智力的工具——B－S 量表. 他们从语言、操作、空间等各方面针对不同年龄的儿童给出不同的测量题目，测验儿童相应的年龄称为该儿童的智龄，用 MA 表示. 把该儿童的真实年龄称为实龄，用 CA 表示. 这样便得到一个称作智商的表示式（智商用 IQ 表示）：

$$\text{IQ} = (\text{MA}/\text{CA}) \times 100.$$

抽象出上面三个例子的共性就得到了二元函数的概念.

定义 8.1 如果当两个独立变量 x 和 y 在某一范围内任意取一组值时，变量 z 依某种对应法则有唯一确定的值与 x 和 y 这一组值相对应，那么变量 z 称为变量 x 和 y 的二元函数，记为 $z = f(x,y)$.

其中 x 和 y 都叫做自变量，z 叫做因变量. 自变量 x 和 y 的变化范围称为函数的定义域，记为 $D(f)$.

类似地，可以定义三元函数 $u = f(x,y,z)$ 以及 n 元函数 $u = f(x_1, x_2, \cdots, x_n)$. 称二元及二元以上的函数为多元函数.

为了描述多个自变量，需要将它们按照一定次序加以排列而形成一个有序数组. 例如，在前面例子中自变量形成的数组可以写为 (P,Q)，(K,L)，(MA, CA) 等，二元函数定义中，把自变量排成有序数组 (x,y)，这样自变量 x, y 的每一对值就对应了 xOy 坐标面上的一点 $P(x,y)$，于是二元函数 $z = f(x,y)$ 可以看成平面上点 P 的函数，并记为 $z = f(P)$. 类似地，可用空间内的点 $P(x,y,z)$ 表示有序数组 (x,y,z)，于是三元函数 $u = f(x,y,z)$ 也就可以看作空间内

点 P 的函数，并记为 $u=f(P)$ 等.

在实际问题中出现的函数的定义域由实际意义来确定，如前面的三个例子. 当不考虑函数的解析式的变量所表示的实际意义时，其定义域就是指 xOy 平面上使 $f(x,y)$ 有意义的全部点构成的点集. 如函数 $z=\sqrt{1-x^2-y^2}$，其定义域是 $x^2+y^2\leqslant 1$，函数 $z=\ln(1-x^2-y^2)$ 的定义域是单位圆内的全部点 $x^2+y^2<1$.

例 8.4　求二元函数 $f(x,y)=\dfrac{\arcsin(3-x^2-y^2)}{\sqrt{x-y^2}}$ 的定义域.

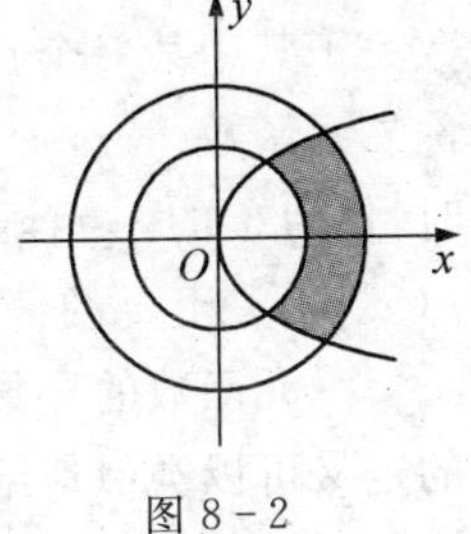

图 8-2

解　$\begin{cases}|3-x^2-y^2|\leqslant 1\\ x-y^2>0\end{cases}$

$\Rightarrow\begin{cases}2\leqslant x^2+y^2\leqslant 4\\ x>y^2\end{cases}.$

所求定义域为 $D=\{(x,y)\mid 2\leqslant x^2+y^2\leqslant 4,\ x>y^2\}$，如图 8-2 所示.

对于二元函数 $z=f(x,y)$，设它的定义域是 D，对于 D 上的每一点 $P(x,y)$，在空间可以作出一点 $M(x,y,f(x,y))$ 与它对应. 当点 $P(x,y)$ 在 D 中变动时，点 M 的轨迹是空间的一个曲面. 这个曲面就是二元函数 $z=f(x,y)$ 的几何图形. 例如，函数 $z=\sqrt{1-x^2-y^2}$ 的几何图形就是位于 xOy 坐标面上方的半球面(如图 8-3 所示).

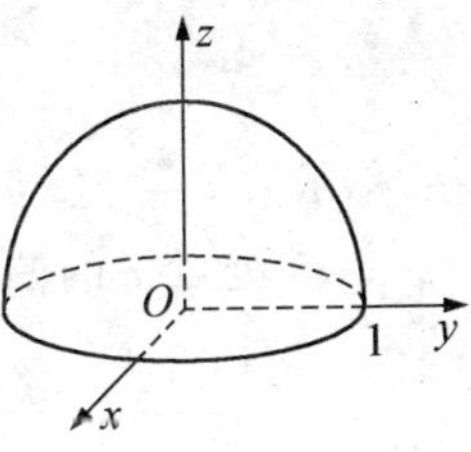

图 8-3

习题 8-1

1. 设 $f\left(x-y,\dfrac{y}{x}\right)=x^2-y^2$，求 $f(x,y)$.

2. 已知函数 $f(x+y,x-y)=\dfrac{x^2-y^2}{x^2+y^2}$，求 $f(x,y)$.

3. 试证函数 $F(x,y)=\ln x\ln y$ 满足关系式

$$F(xy,uv)=F(x,u)+F(x,v)+F(y,u)+F(y,v).$$

4. 求下列函数的定义域并画出定义域的图形.

(1) $z=\ln(y-2x+1)$；　　(2) $z=\dfrac{1}{\sqrt{x-y}}+\dfrac{1}{x+y}$；

(3) $z=\sqrt{x-\sqrt{y}}$；　　(4) $f(x,y)=\dfrac{\sqrt{4x-y^2}}{\ln(1-x^2-y^2)}$.

§8.2 偏导数与全微分

8.2.1 偏导数

与研究一些函数的变化率(导数)类似,对于多元函数,同样需要讨论它的变化率.由于多元函数的自变量较多,此时常用的研究方法是分别讨论多元函数关于其中某一个自变量的变化率(即将其余变量暂时固定不变).例如,在讨论二元函数 $f(x,y)$ 时,将自变量 y 固定不变, $f(x,y)$ 就是 x 的一元函数,这时,作为 x 的一元函数,自然可以考虑它的导数,这样求得对 x 的导数称作 $f(x,y)$ 关于 x 的偏导数.类似地,可以考虑 $f(x,y)$ 对 y 的偏导数.

一元函数的导数是由函数增量与自变量增量之比的极限来定义的,偏导数的定义可以类似地给出.

定义 8.2 设二元函数 $z=f(x,y)$ 在区域 D 内有定义, $P_0(x_0,y_0)\in D$,令 $y=y_0$ 保持不变,因而 z 成了单变量 x 的函数 $z=f(x,y_0)$,如果

$$\lim_{\Delta x\to 0}\frac{f(x_0+\Delta x,y_0)-f(x_0,y_0)}{\Delta x}$$

存在,称函数 $z=f(x,y)$ 在 (x_0,y_0) 处对 x 可导,并称此极限为函数 $z=f(x,y)$ 在 (x_0,y_0) 处对 x 的偏导数.记为

$$z_x\Big|_{\substack{x=x_0\\y=y_0}},\frac{\partial z}{\partial x}\Big|_{\substack{x=x_0\\y=y_0}},\frac{\partial f}{\partial x}\Big|_{\substack{x=x_0\\y=y_0}},f_x(x_0,y_0).$$

类似地,当 x 固定在 x_0 时,若

$$\lim_{\Delta y\to 0}\frac{f(x_0,y_0+\Delta y)-f(x_0,y_0)}{\Delta y}$$

存在,则称函数 $z=f(x,y)$ 在 (x_0,y_0) 处对 y 可导,并称此极限为函数 $z=f(x,y)$ 在 (x_0,y_0) 处对 y 的偏导数,记为

$$z_y\Big|_{\substack{x=x_0\\y=y_0}},\frac{\partial z}{\partial y}\Big|_{\substack{x=x_0\\y=y_0}},\frac{\partial f}{\partial y}\Big|_{\substack{x=x_0\\y=y_0}},f_y(x_0,y_0).$$

如果 $z=f(x,y)$ 在区域 D 内每一点 (x,y) 都具有对 x(或 y) 的偏导数,显然此偏导数是变量的二元函数,称其为函数 $f(x,y)$ 在 D 内对 x(或 y) 的偏导函数,简称为偏导数.记为

$$\frac{\partial z}{\partial x},\frac{\partial f}{\partial x},z_x,f_x(x,y);$$

$$\frac{\partial z}{\partial y},\frac{\partial f}{\partial y},z_y,f_y(x,y).$$

偏导数的概念可以推广到三元以上的函数,比如,三元函数 $u=f(x,y,z)$

对 x 的偏导数定义为

$$\begin{aligned} f_x(x,y,z) &= \lim_{\Delta x \to 0} \frac{\Delta_x u}{\Delta x} \\ &= \lim_{\Delta x \to 0} \frac{f(x+\Delta x,y,z)-f(x,y,z)}{\Delta x}. \end{aligned}$$

实际上,这是把函数 $u=f(x,y,z)$ 中自变量 y 和 z 都暂时看作常数而按 x 的一元函数求导法进行求导,三元函数 $u=f(x,y,z)$ 有三个自变量,所以有三个偏导数

$$f_x(x,y,z), f_y(x,y,z), f_z(x,y,z).$$

由定义可知,求二元函数对某个自变量的偏导数,只需将另外的自变量看成常数,用一元函数求导法即可求得.

例 8.5　求 $z=x^2+2y$ 在 $(1,1)$ 处的偏导数.

解　$\frac{\partial z}{\partial x}=(x^2+2y)'_x=2x$;　$\frac{\partial z}{\partial y}=(x^2+2y)'_y=2$,

于是 $\left.\frac{\partial z}{\partial x}\right|_{\substack{x=1\\y=1}}=2, \left.\frac{\partial z}{\partial y}\right|_{\substack{x=1\\y=1}}=2$.

例 8.6　求 $z=x^{2y}$ 的偏导数 $\frac{\partial z}{\partial x},\frac{\partial z}{\partial y}$.

解　$\frac{\partial z}{\partial x}=2yx^{2y-1},\frac{\partial z}{\partial y}=2x^{2y}\ln x$.

例 8.7　已知理想气体的状态方程为 $PV=RT$(R 是常数),证明:

$$\frac{\partial P}{\partial V}\cdot\frac{\partial V}{\partial T}\cdot\frac{\partial T}{\partial P}=-1.$$

证明　因为

$$P=\frac{RT}{V},\frac{\partial P}{\partial V}=-\frac{RT}{V^2};$$

$$V=\frac{RT}{P},\frac{\partial V}{\partial T}=\frac{R}{P};$$

$$T=\frac{PV}{R},\frac{\partial T}{\partial P}=\frac{V}{R}.$$

所以

$$\frac{\partial P}{\partial V}\cdot\frac{\partial V}{\partial T}\cdot\frac{\partial T}{\partial P}=-\frac{RT}{V^2}\cdot\frac{R}{P}\cdot\frac{V}{R}=-\frac{RT}{PV}=-1.$$

对于一元函数来说,$\frac{\mathrm{d}y}{\mathrm{d}x}$ 可以看成函数的微分 $\mathrm{d}y$ 与自变量的微分 $\mathrm{d}x$ 的商.

而本例表明,偏导数的符号 $\frac{\partial z}{\partial x},\frac{\partial z}{\partial y}$ 是一个整体,不能看成是分子与分母的商.

8.2.2 高阶偏导数

函数 $z=f(x,y)$ 的偏导数 $\frac{\partial z}{\partial x},\frac{\partial z}{\partial y}$，一般来说仍是 x,y 的二元函数. 如果它们对于 x,y 的偏导数存在，可以对 x,y 继续求偏导数，则称这两个偏导数的偏导数为 $z=f(x,y)$ 的二阶偏导数，共有四个

$$\frac{\partial}{\partial x}\left(\frac{\partial z}{\partial x}\right)=\frac{\partial^2 z}{\partial x^2}=f_{xx}(x,y),$$

$$\frac{\partial}{\partial y}\left(\frac{\partial z}{\partial x}\right)=\frac{\partial^2 z}{\partial x\partial y}=f_{xy}(x,y),$$

$$\frac{\partial}{\partial x}\left(\frac{\partial z}{\partial y}\right)=\frac{\partial^2 z}{\partial y\partial x}=f_{yx}(x,y),$$

$$\frac{\partial}{\partial y}\left(\frac{\partial z}{\partial y}\right)=\frac{\partial^2 z}{\partial y^2}=f_{yy}(x,y).$$

其中第二个和第三个称为混合偏导数.

仿此，可定义更高阶的偏导数.

例 8.8 求 $z=x^3+y^3-xy^2$ 的二阶偏导数.

解 $\frac{\partial z}{\partial x}=3x^2-y^2$； $\frac{\partial z}{\partial y}=3y^2-2xy$；

$\frac{\partial^2 z}{\partial x^2}=6x$； $\frac{\partial^2 z}{\partial x\partial y}=-2y$；

$\frac{\partial^2 z}{\partial y^2}=6y-2x$； $\frac{\partial^2 z}{\partial y\partial x}=-2y$.

例 8.9 求 $z=x^2\mathrm{e}^y$ 的二阶偏导数.

解 $\frac{\partial z}{\partial x}=2x\mathrm{e}^y$； $\frac{\partial z}{\partial y}=x^2\mathrm{e}^y$；

$\frac{\partial^2 z}{\partial x^2}=2\mathrm{e}^y$； $\frac{\partial^2 z}{\partial x\partial y}=2x\mathrm{e}^y$；

$\frac{\partial^2 z}{\partial y^2}=x^2\mathrm{e}^y$； $\frac{\partial^2 z}{\partial y\partial x}=2x\mathrm{e}^y$.

上面两例二阶偏导数中都有 $\frac{\partial^2 z}{\partial x\partial y}=\frac{\partial^2 z}{\partial y\partial x}$，可以证明在二阶混合偏导数是 x,y 的连续函数时，这两个混合偏导数一定相等.

8.2.3 全微分

定义 8.3 设有二元函数 $z=f(x,y)$，对于自变量在点 (x,y) 处的改变量 $\Delta x,\Delta y$，函数 $z=f(x,y)$ 有相应的全改变量，

$$\Delta z = f(x+\Delta x, y+\Delta y) - f(x,y),$$

如果它可以表示为

$$\Delta z = A\Delta x + B\Delta y + o(\rho),$$

其中 A,B 只与 x,y 有关，与 Δx 和 Δy 无关，$\rho = \sqrt{\Delta x^2 + \Delta y^2}$，$o(\rho)$ 是当 $\rho \to 0$ 时比 ρ 高阶的无穷小，则称二元函数 $z = f(x,y)$ 在点 (x,y) 处可微，并称 $A\Delta x + B\Delta y$ 是函数 $z = f(x,y)$ 在点 (x,y) 处的全微分. 记作 $\mathrm{d}z = A\Delta x + B\Delta y$.

例如，若边长为 x 和 y 的矩形的边长分别取得改变量 $\Delta x, \Delta y$，则面积 s 相应地有改变量

$$\begin{aligned}\Delta s &= (x+\Delta x)(y+\Delta y) - xy \\ &= y\Delta x + x\Delta y + \Delta x\Delta y.\end{aligned}$$

上式右端的 $y\Delta x + x\Delta y$ 是 $\Delta x, \Delta y$ 的线性函数，$\Delta x\Delta y$ 在 $\Delta x \to 0, \Delta y \to 0$ 时是比 $\rho = \sqrt{\Delta x^2 + \Delta y^2}$ 高阶的无穷小量. 据全微分的定义有

$$\mathrm{d}s = y\Delta x + x\Delta y,$$

即 $s = xy$ 的全微分表达式 $\mathrm{d}s = y\Delta x + x\Delta y$ 中的 $A = y, B = x$. 一般地，若二元函数 $z = f(x,y)$ 在点 (x,y) 处可微，其全微分表达式中的 A 与 B 分别是什么？

若 $z = f(x,y)$ 在点 (x,y) 处可微，则有

$$\begin{aligned}\Delta z &= f(x+\Delta x, y+\Delta y) - f(x,y) \\ &= A\Delta x + B\Delta y + o(\rho).\end{aligned}$$

在上式中，令 $y - 0$，则有偏改变量

$$\Delta_x z = f(x+\Delta x, y) - f(x,y) = A\Delta x + o(|\Delta x|),$$

两端除以 Δx，并令 $\Delta x \to 0$，有

$$\lim_{\Delta x \to 0} \frac{\Delta_x z}{\Delta x} = \lim_{\Delta x \to 0}\left(A + \frac{o(|\Delta x|)}{\Delta x}\right) = A,$$

即 $A = \dfrac{\partial z}{\partial x}$.

同理，可得 $B = \dfrac{\partial z}{\partial y}$.

由此可得结论：若 $z = f(x,y)$ 在点 (x,y) 处可微，则 $\dfrac{\partial z}{\partial x}, \dfrac{\partial z}{\partial y}$ 存在，且

$$\mathrm{d}z = \frac{\partial z}{\partial x}\Delta x + \frac{\partial z}{\partial y}\Delta y.$$

与一元函数类似，当 x,y 是自变量时，我们规定 $\mathrm{d}x = \Delta x, \mathrm{d}y = \Delta y$. 于是，二元函数的全微分有更为对称整齐的形式：$\mathrm{d}z = \dfrac{\partial z}{\partial x}\mathrm{d}x + \dfrac{\partial z}{\partial y}\mathrm{d}y$.

由全微分定义，若 $z = f(x,y)$ 可微，则可先求得 $\dfrac{\partial z}{\partial x}, \dfrac{\partial z}{\partial y}$，然后写出全微分

$\mathrm{d}z=\frac{\partial z}{\partial x}\mathrm{d}x+\frac{\partial z}{\partial y}\mathrm{d}y$ 即可. 当然,也可直接利用一元函数的微分法则来求得二元函数的全微分.

例 8.10 求 $z=x^3y^4$ 的全微分.

解法一 因为 $\frac{\partial z}{\partial x}=3x^2y^4,\frac{\partial z}{\partial y}=4x^3y^3$, 所以

$$\mathrm{d}z=3x^2y^4\mathrm{d}x+4x^3y^3\mathrm{d}y.$$

解法二 $\mathrm{d}z=y^4\mathrm{d}(x^3)+x^3\mathrm{d}(y^4)=3x^2y^4\mathrm{d}x+4x^3y^3\mathrm{d}y$.

例 8.11 求 $z=x^2y^2$ 在点(2,−1)处的全微分.

解 因为 $\frac{\partial z}{\partial x}=2xy^2,\frac{\partial z}{\partial y}=2x^2y$, 所以

$$\left.\frac{\partial z}{\partial x}\right|_{(2,-1)}=2\times2\times(-1)^2=4,$$

$$\left.\frac{\partial z}{\partial y}\right|_{(2,-1)}=2\times2^2\times(-1)=-8.$$

于是函数在点 $(2,-1)$ 的全微分为

$$\mathrm{d}z=4\mathrm{d}x-8\mathrm{d}y.$$

二元以上函数的全微分类似于二元函数的全微分,例如函数 $u=u(x,y,z)$ 的全微分

$$\mathrm{d}u=\frac{\partial u}{\partial x}\mathrm{d}x+\frac{\partial u}{\partial y}\mathrm{d}y+\frac{\partial u}{\partial z}\mathrm{d}z.$$

例 8.12 设 $u=x\mathrm{e}^{xy+2z}$, 求 u 的全微分.

解 $\frac{\partial u}{\partial x}=\mathrm{e}^{xy+2z}+x\mathrm{e}^{xy+2z}\cdot y=(1+xy)\mathrm{e}^{xy+2z}$,

$\frac{\partial u}{\partial y}=x\mathrm{e}^{xy+2z}\cdot x=x^2\mathrm{e}^{xy+2z}$,

$\frac{\partial u}{\partial z}=x\mathrm{e}^{xy+2z}\cdot 2=2x\mathrm{e}^{xy+2z}$,

于是

$$\begin{aligned}\mathrm{d}u&=\frac{\partial u}{\partial x}\mathrm{d}x+\frac{\partial u}{\partial y}\mathrm{d}y+\frac{\partial u}{\partial z}\mathrm{d}z\\&=(1+xy)\mathrm{e}^{xy+2z}\mathrm{d}x+x^2\mathrm{e}^{xy+2z}\mathrm{d}y+2x\mathrm{e}^{xy+2z}\mathrm{d}z\\&=\mathrm{e}^{xy+2z}[(1+xy)\mathrm{d}x+x^2\mathrm{d}y+2x\mathrm{d}z].\end{aligned}$$

8.2.4 在经济上的应用

在一元函数中,若 $y=f(x)$ 为一经济函数,则其导数 $f'(x)$ 的经济意义表示为当自变量在 x 处改变一个单位时,函数 y 的改变量,亦称函数 y 的边际量. 若经济函数是二元函数 $z=f(x,y)$, 结合偏导数的定义及一元函数导数的经

济意义可给出 z 对两个自变量偏导数的经济意义，$f_x(x,y)$ 表示经济函数对自变量 x 的边际量.同样可得 $f_y(x,y)$ 的经济意义.

例 8.13　（边际函数）　某公司生产中使用 A 和 B 两种原料，已知两种原料分别使用 x 单位和 y 单位可生产 u 单位的产品，这里 $u(x,y)=8xy+32x+40y-4x^2-6y^2$，并且原料 A 每单位 10 元，原料 B 每单位 4 元，产品单位售价 40 元，求边际利润.

解　依题意生产 $u(x,y)$ 单位产品的总成本函数为

$$C(x)=10x+4y.$$

总收入函数为

$$R(x,y)=40\cdot u(x,y)=40(8xy+32x+40y-4x^2-6y^2).$$

从而总利润函数为

$$L(x,y)=R(x,y)-C(x,y)=1270x+1596y+320xy-160x^2-240y^2.$$

由边际量的定义知，总利润函数 $L(x,y)$ 对原料 A 使用量 x 的边际利润为

$$L_x(x,y)=1270+320y-320x,$$

对 y 的边际利润为

$$L_y(x,y)=1596+320x-480y.$$

同样还可以给出边际成本和边际收入的概念.

再例如，若两商品的价格分别为 p 和 q，两商品的总需求函数为 $f(p,q)$，那么就可以给出：

对价格 p 的边际需求为 $\dfrac{\partial f(p,q)}{\partial p}$；

对价格 q 的边际需求为 $\dfrac{\partial f(p,q)}{\partial q}$.

习题 8-2

1. 求下列函数的偏导数.

(1) $z=x^3y-xy^3$；　(2) $z=\sin(3x+2y^2)$；

(3) $z=\sqrt{\ln(xy)}$；　(4) $z=(1+xy)^y$；

(5) $z=\arctan\dfrac{y}{x}+\ln\sqrt{x^2+y^2}$；　(6) $s=\dfrac{u^2+v^2}{uv}$；

(7) $u=x^{\frac{y}{z}}$；　(8) $u=\dfrac{x+y}{y+z}$.

2. 设 $u=\ln(1+x^2+y^2+z^2)$，求 $u_x+u_y+u_z$.

3. 设 $z=xy+xe^{\frac{y}{x}}$，验证 $x\dfrac{\partial z}{\partial x}+y\dfrac{\partial z}{\partial y}=xy+z$.

4. 求下列函数的所有二阶偏导数.

(1) $z = x^4 + y^4 - 4x^2y^2$；　　(2) $z = \arctan \dfrac{y}{x}$.

5. 求下列函数的全微分.

(1) $z = xy + \dfrac{x}{y}$；　　(2) $z = \dfrac{x^2 - y^2}{x^2 + y^2}$；

(3) $u = \arctan \dfrac{xy}{z^2}$；　　(4) $u = \left(xy + \dfrac{x}{y}\right)^z$.

6. 求函数 $z = \ln(1 + x^2 + y^2)$ 当 $x = 1, y = 2$ 时的全微分.

7. 甲、乙两种产品的产量分别为 x 和 y 时的成本为 $C(x,y) = x^2 + \dfrac{y^2}{2} + 3xy + 500$，求 $C(x,y)$ 对 x 的边际成本.

§8.3　多元复合函数求导

一元函数求导法中，对复合函数 $y = f(\varphi(x))$，有链式法则

$$y' = f'(\varphi(x)) \cdot \varphi'(x).$$

有了这个法则，可以很容易地求出复合函数的导数. 那么，对多元复合函数，如 $z = f(u,v)$，$u = \varphi(x,y)$，$v = \psi(x,y)$ 复合而成的函数 $z = f(\varphi(x,y), \psi(x,y))$，如何求 z 对 x 和 y 的偏导数呢？下面讨论多元复合函数的求导方法.

8.3.1　复合函数的中间变量均为一元函数的情形

定理 8.1　如果函数 $u = \varphi(t)$ 及 $v = \psi(t)$ 都在点 t 可导，函数 $z = f(u,v)$ 在对应点 (u,v) 具有连续偏导数，则复合函数 $z = f[\varphi(t), \psi(t)]$ 在点 t 可导，且有

$$\frac{\mathrm{d}z}{\mathrm{d}t} = \frac{\partial z}{\partial u} \cdot \frac{\mathrm{d}u}{\mathrm{d}t} + \frac{\partial z}{\partial v} \cdot \frac{\mathrm{d}v}{\mathrm{d}t}.$$

证明一　因为 $z = f(u,v)$ 具有连续的偏导数，所以它是可微的，即有

$$\mathrm{d}z = \frac{\partial z}{\partial u}\mathrm{d}u + \frac{\partial z}{\partial v}\mathrm{d}v.$$

又因为 $u = \varphi(t)$ 及 $v = \psi(t)$ 都可导，因而可微，即有

$$\mathrm{d}u = \frac{\mathrm{d}u}{\mathrm{d}t}\mathrm{d}t,\ \mathrm{d}v = \frac{\mathrm{d}v}{\mathrm{d}t}\mathrm{d}t,$$

代入上式得

$$\mathrm{d}z = \frac{\partial z}{\partial u} \cdot \frac{\mathrm{d}u}{\mathrm{d}t}\mathrm{d}t + \frac{\partial z}{\partial v} \cdot \frac{\mathrm{d}v}{\mathrm{d}t}\mathrm{d}t = \left(\frac{\partial z}{\partial u} \cdot \frac{\mathrm{d}u}{\mathrm{d}t} + \frac{\partial z}{\partial v} \cdot \frac{\mathrm{d}v}{\mathrm{d}t}\right)\mathrm{d}t,$$

从而

$$\frac{\mathrm{d}z}{\mathrm{d}t} = \frac{\partial z}{\partial u} \cdot \frac{\mathrm{d}u}{\mathrm{d}t} + \frac{\partial z}{\partial v} \cdot \frac{\mathrm{d}v}{\mathrm{d}t}.$$

证明二　当 t 取得增量 Δt 时，u,v 及 z 相应地也取得增量 $\Delta u,\Delta v$ 及 Δz. 由 $z=f(u,v)$，$u=\varphi(t)$ 及 $v=\psi(t)$ 的可微性，有

$$\Delta z=\frac{\partial z}{\partial u}\Delta u+\frac{\partial z}{\partial v}\Delta v+o(\rho)=\frac{\partial z}{\partial u}\left[\frac{\mathrm{d}u}{\mathrm{d}t}\Delta t+o(\Delta t)\right]+\frac{\partial z}{\partial v}\left[\frac{\mathrm{d}v}{\mathrm{d}t}\Delta t+o(\Delta t)\right]+o(\rho)$$

$$=\left(\frac{\partial z}{\partial u}\cdot\frac{\mathrm{d}u}{\mathrm{d}t}+\frac{\partial z}{\partial v}\cdot\frac{\mathrm{d}v}{\mathrm{d}t}\right)\Delta t+\left(\frac{\partial z}{\partial u}+\frac{\partial z}{\partial v}\right)o(\Delta t)+o(\rho),$$

$$\frac{\Delta z}{\Delta t}=\frac{\partial z}{\partial u}\cdot\frac{\mathrm{d}u}{\mathrm{d}t}+\frac{\partial z}{\partial v}\cdot\frac{\mathrm{d}v}{\mathrm{d}t}+\left(\frac{\partial z}{\partial u}+\frac{\partial z}{\partial v}\right)\frac{o(\Delta t)}{\Delta t}+\frac{o(\rho)}{\Delta t}.$$

令 $\Delta t\to 0$，上式两边取极限，即得

$$\frac{\mathrm{d}z}{\mathrm{d}t}=\frac{\partial z}{\partial u}\cdot\frac{\mathrm{d}u}{\mathrm{d}t}+\frac{\partial z}{\partial v}\cdot\frac{\mathrm{d}v}{\mathrm{d}t}.$$

注：$\lim\limits_{\Delta t\to 0}\dfrac{o(\rho)}{\Delta t}=\lim\limits_{\Delta t\to 0}\dfrac{o(\rho)}{\rho}\cdot\dfrac{\sqrt{(\Delta u)^2+(\Delta v)^2}}{\Delta t}=0\cdot\sqrt{\left(\dfrac{\mathrm{d}u}{\mathrm{d}t}\right)^2+\left(\dfrac{\mathrm{d}v}{\mathrm{d}t}\right)^2}=0.$

推广　设 $z=f(u,v,w)$，$u=\varphi(t)$，$v=\psi(t)$，$w=\omega(t)$，则 $z=f[\varphi(t),\psi(t),\omega(t)]$ 对 t 的导数为：

$$\frac{\mathrm{d}z}{\mathrm{d}t}=\frac{\partial z}{\partial u}\frac{\mathrm{d}u}{\mathrm{d}t}+\frac{\partial z}{\partial v}\frac{\mathrm{d}v}{\mathrm{d}t}+\frac{\partial z}{\partial w}\frac{\mathrm{d}w}{\mathrm{d}t}.$$

上述 $\dfrac{\mathrm{d}z}{\mathrm{d}t}$ 称为全导数.

例 8.14　设 $u=x\mathrm{e}^{y-z}$，而 $x=t^2$，$y=\sin t$，$z=t^3+2t$，求 $\dfrac{\mathrm{d}u}{\mathrm{d}t}$.

解　$$\frac{\mathrm{d}u}{\mathrm{d}t}=\frac{\partial u}{\partial x}\frac{\mathrm{d}x}{\mathrm{d}t}+\frac{\partial u}{\partial y}\frac{\mathrm{d}y}{\mathrm{d}t}+\frac{\partial u}{\partial z}\frac{\mathrm{d}z}{\mathrm{d}t}$$

$$=2t\mathrm{e}^{y-z}+x\mathrm{e}^{y-z}\cos t-x\mathrm{e}^{y-z}(3t^2+2)$$

$$=\mathrm{e}^{y-z}[2t+x\cos t-x(3t^2+2)]$$

$$=\mathrm{e}^{y-z}(t^2\cos t+2t-2t^2-3t^4).$$

8.3.2　复合函数的中间变量均为多元函数的情形

定理 8.2　如果函数 $u=\varphi(x,y)$，$v=\psi(x,y)$ 都在点 (x,y) 具有对 x 及 y 的偏导数，函数 $z=f(u,v)$ 在对应点 (u,v) 具有连续偏导数，则复合函数 $z=f[\varphi(x,y),\psi(x,y)]$ 在点 (x,y) 的两个偏导数存在，且有

$$\frac{\partial z}{\partial x}=\frac{\partial z}{\partial u}\cdot\frac{\partial u}{\partial x}+\frac{\partial z}{\partial v}\cdot\frac{\partial v}{\partial x},\quad \frac{\partial z}{\partial y}=\frac{\partial z}{\partial u}\cdot\frac{\partial u}{\partial y}+\frac{\partial z}{\partial v}\cdot\frac{\partial v}{\partial y}.$$

推广　设 $z=f(u,v,w)$，$u=\varphi(x,y)$，$v=\psi(x,y)$，$w=\omega(x,y)$，则

$$\frac{\partial z}{\partial x}=\frac{\partial z}{\partial u}\cdot\frac{\partial u}{\partial x}+\frac{\partial z}{\partial v}\cdot\frac{\partial v}{\partial x}+\frac{\partial z}{\partial w}\cdot\frac{\partial w}{\partial x},$$

$$\frac{\partial z}{\partial y}=\frac{\partial z}{\partial u}\cdot\frac{\partial u}{\partial y}+\frac{\partial z}{\partial v}\cdot\frac{\partial v}{\partial y}+\frac{\partial z}{\partial w}\cdot\frac{\partial w}{\partial y}.$$

例 8.15 $z=(x^2+y)^{xy}$，求 $\frac{\partial z}{\partial x},\frac{\partial z}{\partial y}$.

解 设 $z=u^v,u=x^2+y,v=xy$，则

$$\frac{\partial z}{\partial x}=\frac{\partial z}{\partial u}\frac{\partial u}{\partial x}+\frac{\partial z}{\partial v}\frac{\partial v}{\partial x}=vu^{v-1}2x+u^v y\ln u$$

$$=2x^2y\,(x^2+y)^{xy-1}+y\,(x^2+y)^{xy}\ln(x^2+y).$$

$$\frac{\partial z}{\partial y}=\frac{\partial z}{\partial u}\frac{\partial u}{\partial y}+\frac{\partial z}{\partial v}\frac{\partial v}{\partial y}=vu^{v-1}+u^v x\ln u$$

$$=xy\,(x^2+y)^{xy-1}+x\,(x^2+y)^{xy}\ln(x^2+y).$$

例 8.16 设 $f(u,v)$ 有连续偏导数，$z=f(x\sin y,ye^x)$，求 z_x,z_y.

解 设 $u=x\sin y,v=ye^x$，因此有

$$\frac{\partial z}{\partial x}=\frac{\partial f}{\partial u}\cdot\frac{\partial u}{\partial x}+\frac{\partial f}{\partial v}\cdot\frac{\partial v}{\partial x}=\frac{\partial f}{\partial u}\sin y+\frac{\partial f}{\partial v}ye^x.$$

为方便起见，记$\frac{\partial f}{\partial u}=f_1',\frac{\partial f}{\partial v}=f_2'$，则

$$\frac{\partial z}{\partial x}=\sin yf_1'+ye^xf_2'.$$

类似地
$$\frac{\partial z}{\partial y}=x\cos yf_1'+e^xf_2'.$$

8.3.3 复合函数的中间变量既有一元函数，又有多元函数的情形

定理 8.3 如果函数 $u=\varphi(x,y)$ 在点(x,y)具有对 x 及对 y 的偏导数，函数 $v=\psi(y)$ 在点 y 可导，函数 $z=f(u,v)$ 在对应点(u,v)具有连续偏导数，则复合函数 $z=f[\varphi(x,y),\psi(y)]$ 在点(x,y)的两个偏导数存在，且有

$$\frac{\partial z}{\partial x}=\frac{\partial z}{\partial u}\cdot\frac{\partial u}{\partial x},\quad \frac{\partial z}{\partial y}=\frac{\partial z}{\partial u}\cdot\frac{\partial u}{\partial y}+\frac{\partial z}{\partial v}\cdot\frac{dv}{dy}.$$

例 8.17 设 $u=f(x,y,z)=e^{x^2+y^2+z^2}$，而 $z=x^2\sin y$. 求 $\frac{\partial u}{\partial x}$ 和 $\frac{\partial u}{\partial y}$.

解
$$\frac{\partial u}{\partial x}=\frac{\partial f}{\partial x}+\frac{\partial f}{\partial z}\cdot\frac{\partial z}{\partial x}=2xe^{x^2+y^2+z^2}+2ze^{x^2+y^2+z^2}\cdot 2x\sin y$$

$$=2x(1+2x^2\sin y)e^{x^2+y^2+x^4\sin^2y}.$$

$$\frac{\partial u}{\partial y}=\frac{\partial f}{\partial y}+\frac{\partial f}{\partial z}\cdot\frac{\partial z}{\partial y}=2ye^{x^2+y^2+z^2}+2ze^{x^2+y^2+z^2}\cdot x^2\cos y$$

$$=2(y+x^4\sin y\cos y)e^{x^2+y^2+x^4\sin^2y}.$$

8.3.4　全微分形式不变性

设 $z=f(u,v)$ 具有连续偏导数，则有全微分

$$\mathrm{d}z=\frac{\partial z}{\partial u}\mathrm{d}u+\frac{\partial z}{\partial v}\mathrm{d}v.$$

如果 $z=f(u,v)$ 具有连续偏导数，而 $u=\varphi(x,y)$，$v=\psi(x,y)$ 也具有连续偏导数，则

$$\begin{aligned}\mathrm{d}z&=\frac{\partial z}{\partial x}\mathrm{d}x+\frac{\partial z}{\partial y}\mathrm{d}y=\left(\frac{\partial z}{\partial u}\frac{\partial u}{\partial x}+\frac{\partial z}{\partial v}\frac{\partial v}{\partial x}\right)\mathrm{d}x+\left(\frac{\partial z}{\partial u}\frac{\partial u}{\partial y}+\frac{\partial z}{\partial v}\frac{\partial v}{\partial y}\right)\mathrm{d}y\\&=\frac{\partial z}{\partial u}\left(\frac{\partial u}{\partial x}\mathrm{d}x+\frac{\partial u}{\partial y}\mathrm{d}y\right)+\frac{\partial z}{\partial v}\left(\frac{\partial v}{\partial x}\mathrm{d}x+\frac{\partial v}{\partial y}\mathrm{d}y\right)\\&=\frac{\partial z}{\partial u}\mathrm{d}u+\frac{\partial z}{\partial v}\mathrm{d}v.\end{aligned}$$

由此可见，无论 z 是自变量 u,v 的函数，或中间变量 u,v 的函数，它的全微分形式是一样的. 这个性质叫做**全微分形式不变性**. 利用全微分的形式不变性，可以较为容易地求出复合函数的偏导数. 这种方法的优点是：在逐步求微分运算的过程中，无论变量之间的关系如何错综复杂，都不必对它们进行辨认和区分，而一律作为自变量来处理，从而为解题带来很大方便，且不容易出错.

例 8.18　设 $z=\mathrm{e}^u\sin v$，$u=xy$，$v=x+y$，利用全微分形式不变性求全微分.

解

$$\begin{aligned}\mathrm{d}z&=\frac{\partial z}{\partial u}\mathrm{d}u+\frac{\partial z}{\partial v}\mathrm{d}v=\mathrm{e}^u\sin v\mathrm{d}u+\mathrm{e}^u\cos v\mathrm{d}v\\&=\mathrm{e}^u\sin v(y\mathrm{d}x+x\mathrm{d}y)+\mathrm{e}^u\cos v(\mathrm{d}x+\mathrm{d}y)\\&=(y\mathrm{e}^u\sin v+\mathrm{e}^u\cos v)\mathrm{d}x+(x\mathrm{e}^u\sin v+\mathrm{e}^u\cos v)\mathrm{d}y\\&=\mathrm{e}^{xy}[y\sin(x+y)+\cos(x+y)]\mathrm{d}x+\mathrm{e}^{xy}[x\sin(x+y)+\cos(x+y)]\mathrm{d}y.\end{aligned}$$

习题 8-3

1. 设 $z=u^2+v^2$，而 $u=x+y$，$v=x-y$，求 $\dfrac{\partial z}{\partial x},\dfrac{\partial z}{\partial y}$.

2. 设 $z=\arctan\dfrac{y}{x}$，而 $x=u+v$，$y=uv$，求 $\dfrac{\partial z}{\partial u},\dfrac{\partial z}{\partial v}$.

3. 设 $z=\arcsin(x-y)$，而 $x=3t$，$y=4t^3$，求 $\dfrac{\mathrm{d}z}{\mathrm{d}t}$.

4. 设 f 有一阶连续偏导数，求下列函数的一阶偏导数.

(1) $z=f(x^2-y^2,\mathrm{e}^{xy})$；　　(2) $z=f\left(\dfrac{x}{y},\dfrac{y}{x}\right)$；

(3) $u = f(x, xy, xyz)$； (4) $z = f(xy, x^2 + y^2, \mathrm{e}^x)$.

5. 设 $z = f(x,y)$，$y = h(x)$，其中 f 有连续偏导数，$h(x)$ 为可导函数，求 $\frac{\mathrm{d}z}{\mathrm{d}x}$.

§8.4 偏导数的应用

8.4.1 多元函数的极值

定义 8.4 设函数 $z = f(x,y)$ 在点 $P_0(x_0, y_0)$ 的某邻域内有定义，且在该邻域内恒有 $f(x,y) \leqslant f(x_0,y_0)$（或 $f(x,y) \geqslant f(x_0,y_0)$），则称 $f(x_0,y_0)$ 为函数 $f(x,y)$ 的极大(小)值. 极大值与极小值统称为极值，使函数取得极值的点 (x_0,y_0) 称为极值点.

例如，$f(x,y) = x^2 + y^2 + 1$，对任意 $(x,y) \neq (0,0)$ 有 $f(x,y) > 1 = f(0,0)$，所以函数 $z = f(x,y) = x^2 + y^2 + 1$ 在 $(0,0)$ 处取得极小值 $f(0,0) = 1$.

又如，$f(x,y) = \sqrt{1 - x^2 - y^2}$，对任意 $(x,y) \neq (0,0)$ 有 $f(x,y) < 1 = f(0,0)$，所以函数 $z = f(x,y) = \sqrt{1 - x^2 - y^2}$ 在 $(0,0)$ 处取得极大值 $f(0,0) = 1$.

那么，一般情况下，如何求二元函数的极值呢？仿照一元函数的极值的讨论，我们有如下结论.

定理 8.4 （极值存在的必要条件） 若函数 $f(x,y)$ 在 (x_0,y_0) 处有极值，且函数在该点的一阶偏导数都存在，则有 $f_x(x_0,y_0) = f_y(x_0,y_0) = 0$.

证明 因为点 (x_0,y_0) 是函数 $f(x,y)$ 的极值点，若固定 $f(x,y)$ 中的变量 $y = y_0$，则 $z = f(x,y_0)$ 是一个一元函数且在 $x = x_0$ 处取得极值，由一元函数极值的必要条件知 $f_x(x_0,y_0) = 0$，同理有 $f_y(x_0,y_0) = 0$.

使 $f_x(x,y) = 0$，$f_y(x,y) = 0$ 同时成立的点 (x,y) 称为函数 $z = f(x,y)$ 的驻点. 由定理 8.4 知，偏导数存在的函数的极值点必为驻点，但驻点不一定是极值点.

例如，函数 $z = x^2 - y^2$，在点 $(0,0)$ 处的两个偏导数为 0，即 $(0,0)$ 是驻点，但在 $(0,0)$ 的任一邻域内函数既有正值也有负值，所以 $(0,0)$ 不是函数极值点.

另外，极值点也可能是偏导数不存在的点. 例如，上半锥面 $z = \sqrt{x^2 + y^2}$ 在点 $(0,0)$ 的偏导数不存在，但 $(0,0)$ 是函数的极小值点，函数极小值为 0.

定理 8.5 （极值存在的充分条件） 设函数 $z = f(x,y)$ 在点 $P_0(x_0,y_0)$ 的某邻域内具有二阶连续偏导数，且点 $P_0(x_0,y_0)$ 是函数的驻点，即 $f_x(x_0,y_0)$

$=f_y(x_0,y_0)=0$，若记 $A=f_{xx}(x_0,y_0)$，$B=f_{xy}(x_0,y_0)$，$C=f_{yy}(x_0,y_0)$，则：

(1) 当 $B^2-AC<0$ 时，点 $P_0(x_0,y_0)$ 是极值点，且当 $A<0$（或 $C<0$）时，$P_0(x_0,y_0)$ 是极大值点；当 $A>0$（或 $C>0$）时，$P_0(x_0,y_0)$ 是极小值点.

(2) 当 $B^2-AC>0$ 时，点 $P_0(x_0,y_0)$ 非极值点.

(3) 当 $B^2-AC=0$ 时，点 $P_0(x_0,y_0)$ 可能是极值点也可能不是极值点.

由定理 8.4 与定理 8.5 可得，求二元函数 $f(x,y)$ 极值点的一般步骤如下.

第一步：由方程组 $\begin{cases} f_x(x,y)=0 \\ f_y(x,y)=0 \end{cases}$ 解出驻点坐标；

第二步：求二阶偏导数；

第三步：由 B^2-AC 的符号，确定极值的情况.

例 8.19　求函数 $z=x^2-xy+y^2-2x+y$ 的极值.

解　由方程组 $\begin{cases} z_x=2x-y-2=0 \\ z_y=-x+2y+1=0 \end{cases}$ 解得驻点 $(1,0)$.

又 $z_{xx}=2$，$z_{xy}=-1$，$z_{yy}=2$，故在点 $(1,0)$ 处，$A=2$，$B=-1$，$C=2$，从而 $B^2-AC=-3<0$，$A=2>0$，所以函数在点 $(1,0)$ 处取得极小值 $z(1,0)=-1$.

8.4.2　多元函数的最大值与最小值

与一元函数类似，若 $z=f(x,y)$ 在有界闭区域 D 上连续，则 $z=f(x,y)$ 在 D 上必有最大值和最小值. 具体求法是：求出 D 内的一切可能极值，以及边界上的最大值和最小值，然后进行比较，以确定最大值和最小值. 但在解决实际问题时，若 $z=f(x,y)$ 在 D 内驻点唯一，由问题性质，即可确定唯一驻点就是所求最值点，不必比较.

例 8.20　某工厂生产 A、B 两种产品，其销售单价分别为 $p_A=12$ 元，$p_B=18$ 元. 总成本 C（单位：万元）是两种产品产量 x 和 y（单位：万件）的函数，

$$C(x,y)=2x^2+xy+2y^2,$$

问两种产品产量为多少时，可获利润最大？最大利润是多少？

解　收益函数

$$R(x,y)=p_A\cdot x+p_B\cdot y=12x+18y,$$

从而利润函数

$$\begin{aligned} L(x,y)&=R(x,y)-C(x,y) \\ &=(12x+18y)-2x^2-xy-2y^2. \end{aligned}$$

由

$$\begin{cases} L_x(x,y)=12-4x-y=0 \\ L_y(x,y)=18-x-4y=0 \end{cases},$$

解得驻点 (2,4)，而 $L(2,4)=48$. 由题意知，最大利润存在，而驻点唯一，故生产 2 万件 A 产品、4 万件 B 产品时，利润最大，最大利润为 48 万元.

例 8.21 某厂要用钢板做成一个体积为 $2\mathrm{m}^3$ 的有盖长方体水箱，问长、宽、高各取怎样的尺寸时，才能使用料最省？

解 假设水箱的长为 x m，宽为 y m，高为 z m，则水箱的表面积为 $2(xy+xz+yz)$. 但因为 $xyz=2$，故 $z=\dfrac{2}{xy}$，所以水箱所用材料的面积为

$$A=2\left(xy+y\frac{2}{xy}+x\frac{2}{xy}\right)=2\left(xy+\frac{2}{x}+\frac{2}{y}\right)\quad(x>0,y>0),$$

可见材料面积 A 是 x 和 y 的二元函数. 解方程组

$$\begin{cases}A_x=2\left(y-\dfrac{2}{x^2}\right)=0\\ A_y=2\left(x-\dfrac{2}{y^2}\right)=0\end{cases},$$

得到 $x=\sqrt[3]{2}, y=\sqrt[3]{2}$. 由题意可知，水箱所用材料面积的最小值一定存在，并在开区域 $D=\{(x,y)\mid x>0,y>0\}$ 内取得，而函数在 D 内只有唯一的驻点$(\sqrt[3]{2},\sqrt[3]{2})$，因此可断定当 $x=\sqrt[3]{2}, y=\sqrt[3]{2}$ 时，A 取得最小值. 即当水箱的长为$\sqrt[3]{2}$m，宽为$\sqrt[3]{2}$m，高为$\dfrac{2}{\sqrt[3]{2}\cdot\sqrt[3]{2}}=\sqrt[3]{2}$m 时，水箱所用的材料最少.

8.4.3 条件极值

以上讨论的极值问题，自变量在定义域内可以任意取值，未受任何条件约束，通常称为无条件极值. 在实际问题中，对自变量的取值往往要附加一定的条件限制，这种附有约束条件的极值问题，称为条件极值.

下面介绍求条件极值的方法——**拉格朗日乘数法**.

求函数 $z=f(x,y)$ 在条件 $\Phi(x,y)=0$ 限制下的极值，其方法是：先构造辅助函数

$$L=L(x,y,\lambda)=f(x,y)+\lambda\Phi(x,y),$$

它称为拉格朗日函数，其中 λ 称为拉格朗日乘数.

然后按无条件极值问题的必要条件，求 $L(x,y,\lambda)$ 的可能极值点，即由方程组

$$\begin{cases}\dfrac{\partial L}{\partial x}=f_x+\lambda\Phi_x=0\\ \dfrac{\partial L}{\partial y}=f_y+\lambda\Phi_y=0,\\ \dfrac{\partial L}{\partial \lambda}=\Phi(x,y)=0\end{cases}$$

解出 x,y 及 λ，则 (x,y) 是可能极值点.

至于这个点是否为极值点,往往由实际问题本身所具有的特性来确定.若某一问题确有极值,而且求出的又只有一个可能极值点,则这一点就是要求的极值点.

例 8.22　某工厂生产两种商品的日产量分别为 x 和 y（件），总成本函数 $C(x,y)=6x^2-xy+19y^2$（元），商品的限额为 $x+y=56$，求最小成本.

解　约束条件为 $\Phi(x,y)=x+y-56=0$，设拉格朗日函数

$$L(x,y,\lambda)=6x^2-xy+19y^2+\lambda(x+y-56),$$

解方程组

$$\begin{cases}\dfrac{\partial L}{\partial x}=12x-y+\lambda=0\\\dfrac{\partial L}{\partial y}=-x+38y+\lambda=0,\\\dfrac{\partial L}{\partial \lambda}=x+y-56=0\end{cases}$$

得唯一驻点 $(42,14)$，由问题本身性质知最小成本为 $L(42,14)=13720$(元).

例 8.23　某工厂生产 A、B 两种产品,其销售单价分别为 $p_A=12$ 元，$p_B=18$ 元.总成本 C(单位：万元)是两种产品产量 x 和 y（单位：万件）的函数，

$$C(x,y)=2x^2+xy+2y^2,$$

若产量限额为 $x+2y=18$，则如何分配两种产品的产量,可获得最大利润?

解　收益函数 $R(x,y)=p_A\cdot x+p_B\cdot y=12x+18y$，从而利润函数

$$\begin{aligned}L(x,y)&=R(x,y)-C(x,y)\\&=(12x+18y)-2x^2-xy-2y^2,\end{aligned}$$

约束条件为 $\Phi(x,y)=x+2y-18=0$.

设拉格朗日函数

$$F(x,y,\lambda)=12x+18y-2x^2-xy-2y^2+\lambda(x+2y-18),$$

由

$$\begin{cases}F_x=12-4x-y+\lambda=0\\F_y=18-x-4y+2\lambda=0,\\F_\lambda=x+2y-18=0\end{cases}$$

解得 $x=3,y=\dfrac{15}{2}$，故 $\left(3,\dfrac{15}{2}\right)$ 是唯一驻点,也是最大值点,从而当产品 A 生产 3 万件,产品 B 生产 7.5 万件时,利润最大为 $L\left(3,\dfrac{15}{2}\right)=18$(万元).

习题 8－4

1. 求二元函数 $z=f(x,y)=x^2-y^2$ 在闭区域 $x^2+4y^2\leqslant 4$ 上的最值.

2. 求表面积为 a^2 而体积最大的长方体的体积.

3. 从斜边长为 l 的所有直角三角形中,求有最大周长的直角三角形.

4. 某工厂生产的产品同时在两个市场销售,售价分别为 p_1 和 p_2,销售量分别为 q_1 和 q_2,需求函数分别为 $q_1=24-0.2p_1$,$q_2=10-0.5p_2$,总成本函数为 $C=34+40(q_1+q_2)$. 试问:厂家应如何确定产品在两个市场的售价,才能使其获得的总利润最大? 最大的总利润是多少?

5. 为销售产品做两种形式广告宣传,当宣传费用分别为 x,y 时,销售量为 $u=\dfrac{200x}{5+x}+\dfrac{100y}{10+y}$,若销售产品所得到的利润是销售额的 1/5 减去广告费,现要使用广告费 25 万元,应该如何分配,使广告产生的利润最大?

6. 某公司可通过电台及报纸两种方式做销售某商品的广告,根据统计资料,销售收入 R(万元)与电台广告费用 x_1(万元)及报纸广告费用 x_2(万元)之间的关系有如下的经验公式:$R=15+14x_1+32x_2-8x_1x_2-2x_1^2-10x_2^2$.

(1) 在广告费用不限制的情况下,求最优广告策略;

(2) 若提供的广告费用为 1.5 万元,求相应的最优广告策略.

第9章　重积分

我们知道定积分是计算与一元函数有关的总量的数学模型，但在实践中，经常会遇到与多元函数有关的数学问题. 这就需要我们在一元函数定积分的基础上建立多元函数的定积分，即重积分. 本章将介绍重积分的概念、计算方法以及它们的一些应用.

§9.1　二重积分的概念和性质

9.1.1　二重积分的定义

观察如图 9-1 所示三个柱体，我们讨论它们的体积.

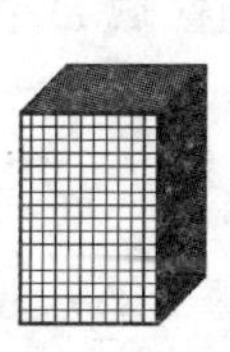
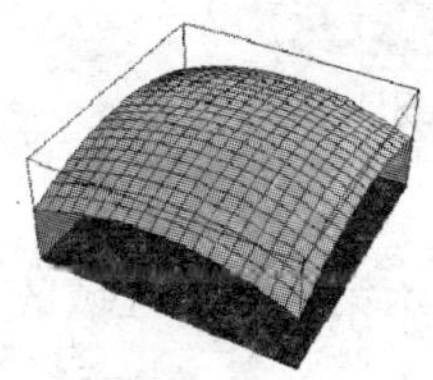

图 9-1

我们看到第一个是圆柱体，第二个是立方体. 它们有共同的特点：顶是平的，即立体的高是不变的. 我们将这一类立体称为平顶柱体. 它们的体积可以用公式

$$体积 = 高 \times 底面积$$

来定义和计算. 关于第三个立体，它是以曲面 $z = f(x,y)$ 为顶，以区域 D 为底，母线平行于 z 轴的柱体，假设函数 $z = f(x,y)$ 在有界闭区域 D 上连续，且 $f(x,y) \geqslant 0, (x,y) \in D$. 我们称此类立体为曲顶柱体. 当 (x,y) 在区域 D 上变动时，高度 $f(x,y)$ 是个变量，因此，我们不能直接用平顶柱体的体积公式来定义和计算它的体积. 我们可以仿照定义曲边梯形面积的方法来定义曲顶柱体的体积.

(1) 用一组曲线网将区域 D 任意分成 n 个小区域，$\Delta\sigma_1, \Delta\sigma_2, \cdots, \Delta\sigma_n$，且以 $\Delta\sigma_i$ 表示第 i 个小区域的面积，如图 9-2 所示. 这样就把曲顶柱体分成 n 个小曲

顶柱体. 当这些小闭区域的直径很小时,由于 $f(x,y)$ 是连续函数,我们可以将这些小曲顶柱体近似地看成是平顶柱体.

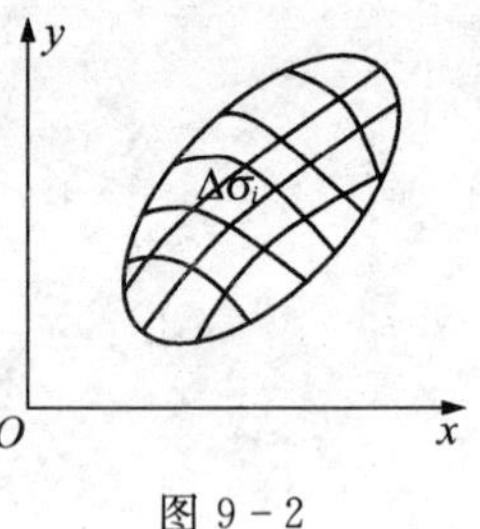

图 9－2

(2) 在每个小区域 $\Delta\sigma_i(i=1,2,\cdots,n)$ 内,任取一点 (ξ_i,η_i),以 $f(\xi_i,\eta_i)$ 为高,$\Delta\sigma_i$ 为底的平顶柱体的体积为 $f(\xi_i,\eta_i)\Delta\sigma_i(i=1,2,\cdots,n)$. 这些平顶柱体体积之和为

$$V_n=\sum_{i=1}^{n}f(\xi_i,\eta_i)\Delta\sigma_i,$$

则 V_n 是曲顶柱体的体积 V 的一个近似值.

(3) 当分割越来越细时,小区域 $\Delta\sigma_i$ 越来越小,而逐渐收缩接近于一个点时,总和 V_n 就趋于 V. 我们用 λ_i 表示 $\Delta\sigma_i$ 内任意两点间距离的最大值,称为该区域的直径,设 $\lambda=\max\{\lambda_1,\lambda_2,\cdots,\lambda_n\}$. 如果当 $\lambda\to 0(n\to\infty)$ 时,V_n 的极限存在,我们将这个极限定义为曲顶柱体的体积 V. 即

$$V=\lim_{\lambda\to 0}\sum_{i=1}^{n}f(\xi_i,\eta_i)\Delta\sigma_i.$$

下面我们将一般地给出二重积分的定义.

定义 9.1 设 $f(x,y)$ 是有界闭区域 D 上的有界函数,将闭区域 D 任意分成 n 个小闭区域,

$$\Delta\sigma_1,\Delta\sigma_2,\cdots,\Delta\sigma_n.$$

其中 $\Delta\sigma_i$ 表示第 i 个小区域的面积,在每个 $\Delta\sigma_i$ 上任取一点 (ξ_i,η_i),作和

$$\sum_{i=1}^{n}f(\xi_i,\eta_i)\Delta\sigma_i.$$

如果当各小闭区域的直径中的最大值 λ 趋于零时,这和的极限总存在,则称此极限为函数 $f(x,y)$ 在闭区域 D 上的二重积分,称 $f(x,y)$ 在 D 上是可积的,记作 $\iint\limits_D f(x,y)\mathrm{d}\sigma$,即

$$\iint\limits_D f(x,y)\mathrm{d}\sigma=\lim_{\lambda\to 0}\sum_{i=1}^{n}f(\xi_i,\eta_i)\Delta\sigma_i.$$

其中,$f(x,y)$ 称为被积函数,$f(x,y)\mathrm{d}\sigma$ 为被积表达式,$\mathrm{d}\sigma$ 称为面积元素,x,y 称为积分变量,D 称为积分区域,$\sum\limits_{i=1}^{n}f(\xi_i,\eta_i)\Delta\sigma_i$ 称为积分和.

对上述定义作说明以下:

(1) **二重积分的存在性**:当函数 $f(x,y)$ 在有界闭区域 D 上连续,则 $f(x,y)$ 在 D 上一定是可积的.

(2) **二重积分的几何意义**：当 $f(x,y)\geqslant 0$ 时，$\iint\limits_D f(x,y)\mathrm{d}\sigma$ 的值等于以曲面 $z=f(x,y)$ 为顶，以 D 为底，母线平行于 z 轴的曲顶柱体的体积.

9.1.2 二重积分的性质

二重积分与定积分有类似的性质. 以下论及的函数均假定它在 D 上可积.

性质 9.1 设 α,β 为常数，则

$$\iint\limits_D[\alpha f(x,y)+\beta g(x,y)]\mathrm{d}\sigma=\alpha\iint\limits_D f(x,y)\mathrm{d}\sigma+\beta\iint\limits_D g(x,y)\mathrm{d}\sigma.$$

性质 9.2 积分区域的可加性：如果积分区域 D 可以分解成 D_1 和 D_2 两个部分，则

$$\iint\limits_D f(x,y)\mathrm{d}\sigma=\iint\limits_{D_1} f(x,y)\mathrm{d}\sigma+\iint\limits_{D_2} f(x,y)\mathrm{d}\sigma.$$

性质 9.3 当被积函数 $f(x,y)=1$ 时，二重积分的值等于区域的面积. 即区域 D 的面积 $A=\iint\limits_D \mathrm{d}\sigma$.

性质 9.4 如果在 D 上 $f(x,y)\leqslant g(x,y)$，则有

$$\iint\limits_D f(x,y)\mathrm{d}\sigma\leqslant\iint\limits_D g(x,y)\mathrm{d}\sigma.$$

性质 9.5 如果 $f(x,y)$ 在闭区域 D 上的最大值和最小值分别为 M 和 m，记区域 D 的面积为 A，则

$$mA\leqslant\iint\limits_D f(x,y)\mathrm{d}\sigma\leqslant MA.$$

性质 9.6（中值定理） 设 $f(x,y)$ 在闭区域 D 上连续，记区域 D 的面积为 A，则在 D 上至少存在一点 (ξ,η)，使 $\iint\limits_D f(x,y)\mathrm{d}\sigma=f(\xi,\eta)\cdot A$.

习题 9-1

1. 利用二重积分的几何意义说明：

(1) 当积分区域 D 关于 y 轴对称，$f(x,y)$ 为 x 的奇函数时，有

$$\iint\limits_D f(x,y)\mathrm{d}\sigma=0;$$

(2) 当积分区域 D 关于 y 轴对称，$f(x,y)$ 为 x 的偶函数时，有

$$\iint\limits_D f(x,y)\mathrm{d}\sigma=2\iint\limits_{D_1} f(x,y)\mathrm{d}\sigma,$$

其中 D_1 为 D 在 $x \geqslant 0$ 的部分.

2. 计算下列积分的值,其中 $D = \{(x,y) \mid x^2 + y^2 \leqslant R^2\}$.

(1) $\iint\limits_D x^3 y^2 \mathrm{d}\sigma$;　　(2) $\iint\limits_D y^3 \sqrt{R^2 - x^2 - y^2} \mathrm{d}\sigma$;

(3) $\iint\limits_D \frac{y\cos x}{1 + x^2 + y^2} \mathrm{d}\sigma$;　　(4) $\iint\limits_D (4 - x^2 \sin x) \mathrm{d}\sigma$.

§9.2 二重积分的计算

根据二重积分的定义来计算二重积分,对于一些特别简单的被积函数和积分区域来说是可行的,但对一般的函数和区域来说,常常是很困难的.因此,需要我们探求新的简便可行的计算方法.本节我们将介绍把重积分化为累次积分的方法.

9.2.1 利用直角坐标系计算二重积分

下面我们将利用二重积分的几何意义讨论 $\iint\limits_D f(x,y)\mathrm{d}\sigma$ 的计算问题.以下假定 $f(x,y) \geqslant 0$. 在直角坐标系中,二重积分的面积元素 $\mathrm{d}\sigma$ 可表示为 $\mathrm{d}x\mathrm{d}y$, 即

$$\iint\limits_D f(x,y)\mathrm{d}\sigma = \iint\limits_D f(x,y)\mathrm{d}x\mathrm{d}y.$$

设积分区域 D 可表示为不等式

$$a \leqslant x \leqslant b, \varphi_1(x) \leqslant y \leqslant \varphi_2(x).$$

如图 9-3 所示,其中 $\varphi_1(x)$,$\varphi_2(x)$ 在区间 $[a,b]$ 上连续.这种区域的特点是:若穿过 D 内部的一点作与 y 轴平行的直线,则该直线与区域的边界相交不超过两点,我们称之为 X 型区域.

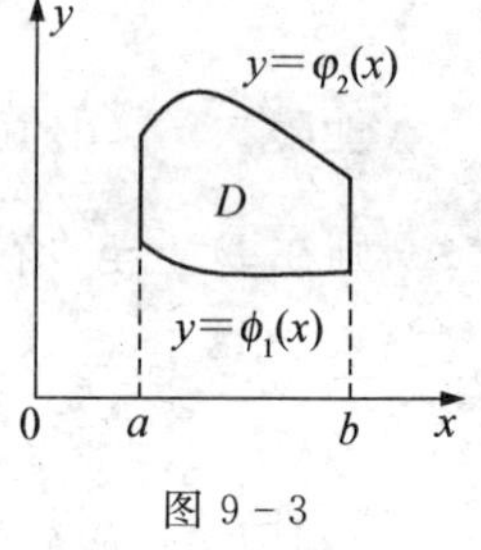

图 9-3

按照二重积分的几何意义,$\iint\limits_D f(x,y)\mathrm{d}\sigma$ 的值等于以 D 为底,以曲面 $z = f(x,y)$ 为顶的曲顶柱体的体积.我们可以应用"平行截面面积已知的立体的体积"的方法计算这个曲顶柱体的体积,也可以应用微元法,得曲顶柱体的体积为 $\int_b^a \left[\int_{\varphi_1(x)}^{\varphi_2(x)} f(x,y)\mathrm{d}y\right]\mathrm{d}x$. 这个积分就是所求的二重积分的值,所以有等式

$$\iint\limits_D f(x,y)\mathrm{d}\sigma = \int_b^a \left[\int_{\varphi_1(x)}^{\varphi_2(x)} f(x,y)\mathrm{d}y\right]\mathrm{d}x. \tag{9-1}$$

式(9-1)右端的积分叫做先对 y 后对 x 的二次积分,即先把 x 看作常数,

$f(x,y)$ 只看作是 y 的函数，对 y 从 $\varphi_1(x)$ 到 $\varphi_2(x)$ 作定积分；然后把计算结果（是关于 x 的函数）对 x 计算在区间 $[a,b]$ 上的定积分. 这个二次积分也可以记成

$$\int_a^b \mathrm{d}x \int_{\varphi_1(x)}^{\varphi_2(x)} f(x,y)\mathrm{d}y.$$

等式(9-1)可以写出

$$\iint_D f(x,y)\mathrm{d}\sigma = \int_a^b \mathrm{d}x \int_{\varphi_1(x)}^{\varphi_2(x)} f(x,y)\mathrm{d}y, \tag{9-2}$$

式(9-2)不受条件 $f(x,y) \geqslant 0$ 的限制.

类似地，如果积分区域 D 可表示为不等式

$$c \leqslant y \leqslant d, \varphi_1(y) \leqslant x \leqslant \varphi_2(y).$$

如图 9-4 所示，其中 $\varphi_1(y), \varphi_2(y)$ 在区间 $[c,d]$ 上连续，那么就有

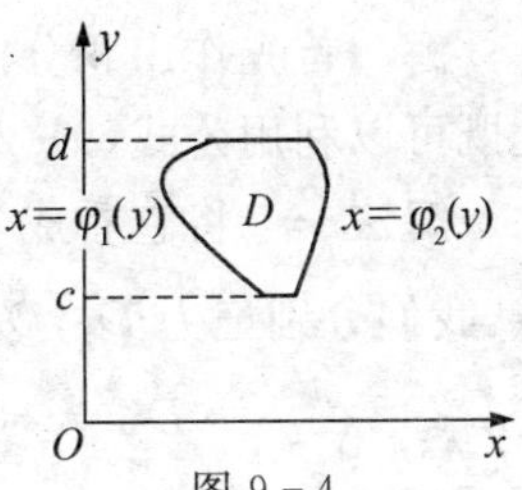

图 9-4

$$\iint_D f(x,y)\mathrm{d}\sigma = \int_c^d \mathrm{d}y \int_{\varphi_1(y)}^{\varphi_2(y)} f(x,y)\mathrm{d}x. \tag{9-3}$$

式(9-3)右端的积分叫做先对 x 再对 y 的二次积分. 该积分区域的特点是穿过 D 内部的一点作与 x 轴平行的直线，则该直线与区域的边界相交不超过两点，我们称之为 Y 型区域.

一般地，根据积分区域的特点，若既是 X 型又是 Y 型，则公式(9-2)、(9-3)均可用；若既不是 X 型又不是 Y 型，则我们要利用分割把区域分成几部分，使每个部分或是 X 型或是 Y 型. 以下我们通过例子来说明.

例 9.1 计算 $\iint_D xy\,\mathrm{d}\sigma$，其中 D 是由直线 $y=1, x=2$ 及 $y=x$ 所围成的闭区域.

解 首先作出积分区域 D（如图 9-5 所示），D 既是 X 型又是 Y 型的，因此既可以利用公式(9-2)也可以利用公式(9-3)，即有两种解法，如下：

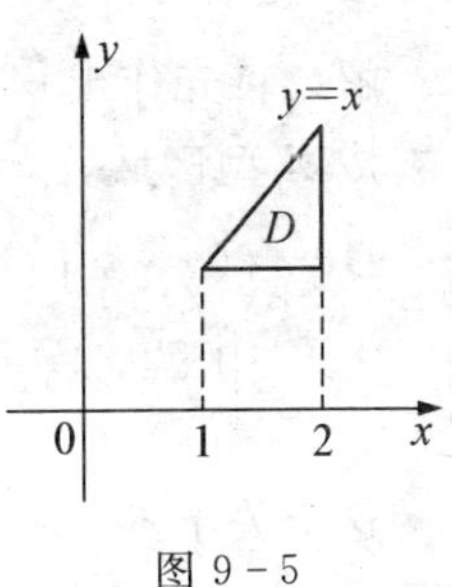

图 9-5

解法一
$$\iint_D xy\,\mathrm{d}\sigma = \int_1^2 \mathrm{d}x \int_1^x xy\,\mathrm{d}y$$
$$= \int_1^2 \left(\frac{1}{2}xy^2\right)\Big|_1^x \mathrm{d}x$$
$$= \frac{1}{2}\int_1^2 (x^3 - x)\mathrm{d}x$$
$$= \frac{1}{2}\left(\frac{x^4}{4} - \frac{x^2}{2}\right)\Big|_1^2 = \frac{9}{8}.$$

解法二 $\iint\limits_D xy\,\mathrm{d}\sigma = \int_1^2 \mathrm{d}y \int_y^2 xy\,\mathrm{d}x = \int_1^2 \left(\frac{1}{2}x^2 y\right)\Big|_y^2 \mathrm{d}y$

$$= \frac{1}{2}\int_1^2 (4y - y^3)\mathrm{d}y$$

$$= \frac{1}{2}\left(2y^2 - \frac{y^4}{4}\right)\Big|_1^2 = \frac{9}{8}.$$

例 9.2 计算 $\iint\limits_D xy\,\mathrm{d}\sigma$，其中 D 是由抛物线 $y^2 = x$ 及直线 $y = x - 2$ 所组成的区域.

解 首先作出积分区域 D（如图 9-6 所示），D 既是 X 型又是 Y 型的，因此既可以利用公式(9-2)也可以利用公式(9-3)，即有两种解法，如下：

解法一 将它看成 X 型区域，则根据积分下限的不同需要分成两个小区域，我们分别记为 D_1, D_2，其中 $D_1 = \{(x,y) \mid 0 \leqslant x \leqslant 1, -\sqrt{x} \leqslant y \leqslant \sqrt{x}\}$,

$$D_2 = \{(x,y) \mid 1 \leqslant x \leqslant 4, x-2 \leqslant y \leqslant \sqrt{x}\},$$

有 $\iint\limits_D xy\,\mathrm{d}\sigma = \iint\limits_{D_1} xy\,\mathrm{d}\sigma + \iint\limits_{D_2} xy\,\mathrm{d}\sigma = \int_0^1 \mathrm{d}x \int_{-\sqrt{x}}^{\sqrt{x}} xy\,\mathrm{d}y + \int_1^4 \mathrm{d}x \int_{x-2}^{\sqrt{x}} xy\,\mathrm{d}y$

$$= \int_0^1 x\left(\frac{1}{2}y^2\right)\Big|_{-\sqrt{x}}^{\sqrt{x}} \mathrm{d}x + \int_1^4 x\left(\frac{1}{2}y^2\right)\Big|_{x-2}^{\sqrt{x}} \mathrm{d}x$$

$$= \frac{45}{8}.$$

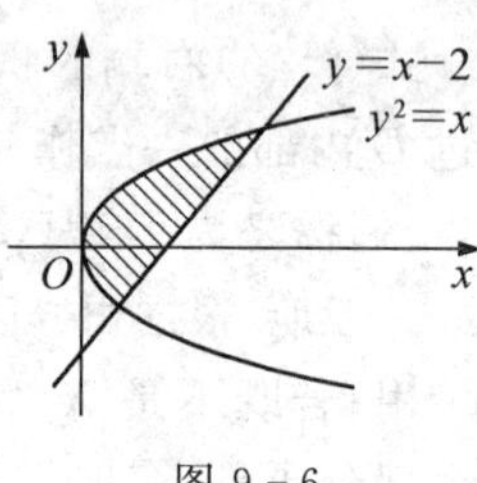

图 9-6

解法二 将它看成 Y 型区域，

$$D = \{(x,y) \mid -1 \leqslant y \leqslant 2, y^2 \leqslant x \leqslant y+2\},$$

有 $\iint\limits_D xy\,\mathrm{d}\sigma = \int_{-1}^2 \mathrm{d}y \int_{y^2}^{y+2} xy\,\mathrm{d}x = \frac{45}{8}.$

例 9.3 计算 $\iint\limits_D \frac{\sin y}{y}\mathrm{d}x\mathrm{d}y$，其中 D 是由抛物线 $y^2 = x$ 及直线 $y = x$ 所组成的区域.

解 首先作出积分区域 D（如图 9-7 所示），D 既是 X 型又是 Y 型的. 将 D 看成 X 型区域，

$$D = \{(x,y) \mid 0 \leqslant x \leqslant 1, x \leqslant y \leqslant \sqrt{x}\},$$

则
$$\iint\limits_D \frac{\sin y}{y}\mathrm{d}x\mathrm{d}y = \int_0^1 \mathrm{d}x \int_x^{\sqrt{x}} \frac{\sin y}{y}\mathrm{d}y.$$

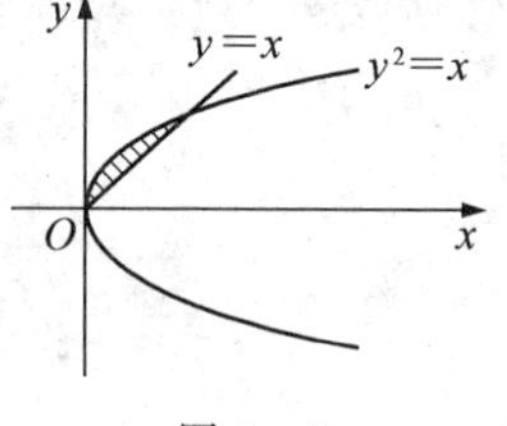

图 9-7

这个关于 y 的积分不易求出原函数，计算无法继续下去.

如果将它看成 Y 型区域，$D = \{(x,y) \mid 0 \leqslant y \leqslant 1, y^2 \leqslant x \leqslant y\}$，则

$$\iint_D \frac{\sin y}{y} dxdy = \int_0^1 dy \int_{y^2}^{y} \frac{\sin y}{y} dx = \int_0^1 \frac{\sin y}{y}(y - y^2) dy$$
$$= -\cos y \Big|_0^1 - \int_0^1 y\sin y dy$$
$$= 1 - \cos 1 + \int_0^1 y d\cos y$$
$$= 1 - \cos 1 + (y\cos y) \Big|_0^1 - \int_0^1 \cos y dy$$
$$= 1 - \sin 1.$$

由此可见，在化二重积分为二次积分时，不仅需要考虑积分区域的特点，还要考虑被积函数的特性.

例 9.4 试证：$\int_0^a dy \int_0^y e^{b(x-a)} f(x) dx = \int_0^a (a-x) e^{b(x-a)} f(x) dx$，其中 a,b 均为常数，且 $a > 0$.

证明 分析：等式左边是个先对 x 再对 y 的二次积分，等式右边是个关于 x 的定积分，而被积函数是关于 x 的函数，所以不妨交换积分次序，即换成先对 y 再对 x 的二次积分，如图 9-8 所示.

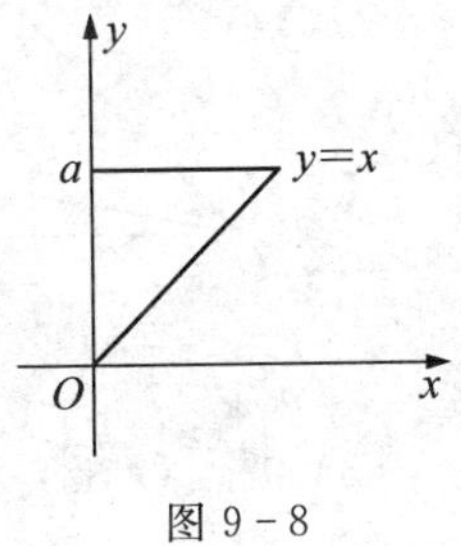

图 9-8

$$等式左边 = \int_0^a dx \int_x^a e^{b(x-a)} f(x) dy$$
$$= \int_0^a (a-x) e^{b(x-a)} f(x) dx.$$

9.2.2 利用极坐标计算二重积分

有些二重积分，积分区域 D 的边界曲线用极坐标方程表示比较方便，而且被积函数用极坐标变量 r,θ 表示比较简单. 这时，我们可以考虑利用极坐标来计算二重积分 $\iint_D f(x,y) d\sigma$.

我们知道平面上任意一点的极坐标 (r,θ) 与它的直角坐标 (x,y) 之间的变换公式是

$$x = r\cos\theta, y = r\sin\theta.$$

极坐标下的面积元素为 $d\sigma = r dr d\theta$，于是得到极坐标下的二重积分的计算公式为

$$\iint_D f(x,y) d\sigma = \iint_D f(r\cos\theta, r\sin\theta) r dr d\theta.$$

同样，在极坐标系下计算二重积分也要将它化为二次积分. 我们根据极点与积分区域的关系分三种情况介绍.

(1) 极点 O 在区域 D 之外，如图 9-9 所示，这时区域 D 在 $\theta = \alpha$ 与 $\theta = \beta$ 两

条射线之间,这两条射线与区域 D 的边界的交点把区域边界分为两部分: $r=r_1(\theta), r=r_2(\theta)$.

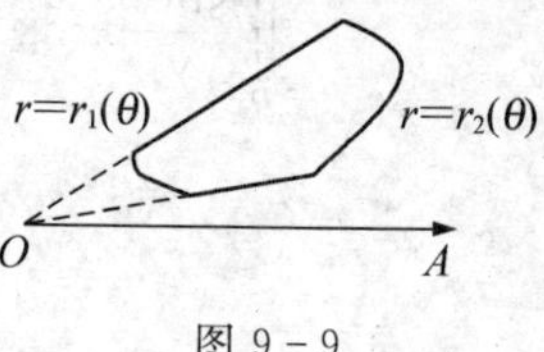

图 9-9

这时区域 D 可以表示为

$D=\{(r,\theta)\mid \alpha\leqslant\theta\leqslant\beta, r_1(\theta)\leqslant r\leqslant r_2(\theta)\}$,

于是

$$\iint_D f(r\cos\theta, r\sin\theta)r\mathrm{d}r\mathrm{d}\theta = \int_\alpha^\beta \mathrm{d}\theta\int_{r_1(\theta)}^{r_2(\theta)} f(r\cos\theta, r\sin\theta)r\mathrm{d}r.$$

(2) 极点 O 在区域 D 的边界上,如图 9-10 所示,这时 $r_1(\theta)=0$, 区域 D 可以表示为 $D=\{(r,\theta)\mid \alpha\leqslant\theta\leqslant\beta, 0\leqslant r\leqslant r(\theta)\}$,

于是 $$\iint_D f(r\cos\theta, r\sin\theta)r\mathrm{d}r\mathrm{d}\theta = \int_\alpha^\beta \mathrm{d}\theta\int_0^{r(\theta)} f(r\cos\theta, r\sin\theta)r\mathrm{d}r.$$

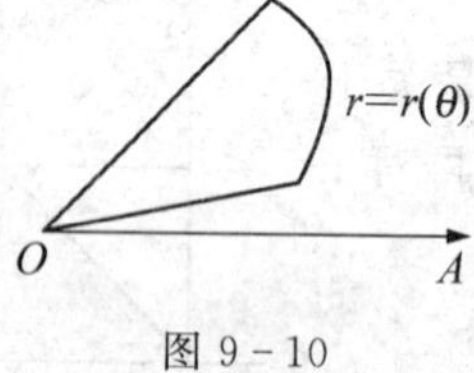

图 9-10

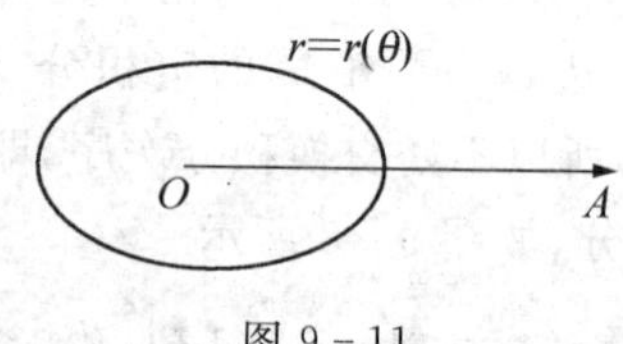

图 9-11

(3) 极点 O 在区域 D 的内部,如图 9-11 所示,这时区域 D 可以表示为 $D=\{(r,\theta)\mid 0\leqslant\theta\leqslant 2\pi, 0\leqslant r\leqslant r(\theta)\}$,

于是

$$\iint_D f(r\cos\theta, r\sin\theta)r\mathrm{d}r\mathrm{d}\theta = \int_0^{2\pi} \mathrm{d}\theta\int_0^{r(\theta)} f(r\cos\theta, r\sin\theta)r\mathrm{d}r.$$

例 9.5 计算二重积分 $\iint_D \frac{\mathrm{d}x\mathrm{d}y}{1+x^2+y^2}$,其中 D 是由 $x^2+y^2\leqslant 1$ 所确定的圆域.

解 作出区域 D, 如图 9-12 所示. 它可以表示为

$$D=\{(r,\theta)\mid 0\leqslant\theta\leqslant 2\pi, 0\leqslant r\leqslant 1\},$$

$$\iint_D \frac{\mathrm{d}x\mathrm{d}y}{1+x^2+y^2} = \iint_D \frac{r\mathrm{d}r\mathrm{d}\theta}{1+r^2} = \int_0^{2\pi}\mathrm{d}\theta\int_0^1 \frac{r}{1+r^2}\mathrm{d}r$$
$$= \frac{1}{2}\int_0^{2\pi} \ln(1+r^2)\Big|_0^1 \mathrm{d}\theta$$
$$= \pi\ln 2.$$

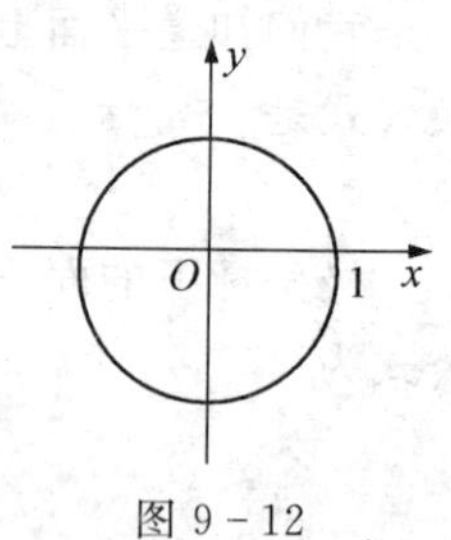

图 9-12

例 9.6 计算二重积分 $\iint_D \sqrt{x^2+y^2}\mathrm{d}\sigma$, 其中 D 是圆 $x^2+y^2=2y$ 围成的区域.

解 圆 $x^2+y^2=2y$ 的极坐标方程是 $r=2\sin\theta$（如图 9-13 所示），积分区域 D 可以表示为

$$D=\{(r,\theta)\mid 0\leqslant\theta\leqslant\pi,0\leqslant r\leqslant 2\sin\theta\},$$

所以

$$\begin{aligned}\iint\limits_D\sqrt{x^2+y^2}\,\mathrm{d}\sigma&=\iint\limits_D r^2\,\mathrm{d}r\mathrm{d}\theta=\int_0^{\pi}\mathrm{d}\theta\int_0^{2\sin\theta}r^2\,\mathrm{d}r\\&=\frac{8}{3}\int_0^{\pi}\sin^3\theta\mathrm{d}\theta=-\frac{8}{3}\int_0^{\pi}(1-\cos^2\theta)\mathrm{d}\cos\theta\\&=-\frac{8}{3}\left(\cos\theta-\frac{1}{3}\cos^3\theta\right)\Big|_0^{\pi}=\frac{32}{9}.\end{aligned}$$

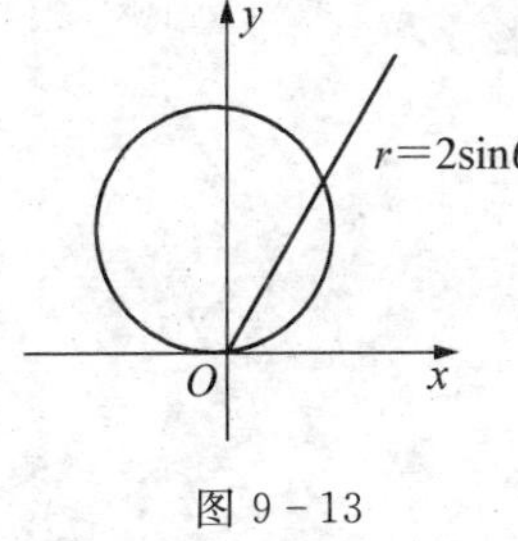

图 9-13

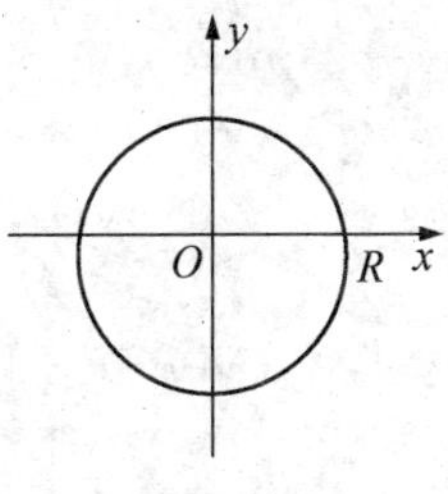

图 9-14

例 9.7 计算二重积分 $\iint\limits_D\mathrm{e}^{-(x^2+y^2)}\,\mathrm{d}x\mathrm{d}y$，其中 $D=\{(x,y)\mid x^2+y^2\leqslant R^2\}$.

解 作出积分区域，如图 9-14 所示，它可以表示为

$$D=\{(r,\theta)\mid 0\leqslant\theta\leqslant 2\pi,0\leqslant r\leqslant R\},$$

所以

$$\iint\limits_D\mathrm{e}^{-(x^2+y^2)}\,\mathrm{d}x\mathrm{d}y=\int_0^{2\pi}\mathrm{d}\theta\int_0^R\mathrm{e}^{-r^2}\,r\mathrm{d}r=2\pi\cdot\left(-\frac{1}{2}\mathrm{e}^{-r^2}\right)\Big|_0^R=\pi(1-\mathrm{e}^{-R^2}).$$

*9.2.3 广义二重积分

若二元函数的积分区域是无界的，则类似于一元函数，我们可以先在有界区域内积分，然后通过取极限求解. 这类积分在概率统计中得到广泛应用.

例 9.8 计算定积分 $I=\int_{-\infty}^{+\infty}\mathrm{e}^{-x^2}\,\mathrm{d}x$.

解 本题如果用定积分计算，由于 e^{-x^2} 的原函数不能用初等函数表示，所以算不出来. 我们采用的技巧是先计算二重积分 $\iint\limits_D\mathrm{e}^{-(x^2+y^2)}\,\mathrm{d}x\mathrm{d}y$，其中区域 D 是整个平面.

一方面，我们利用直角坐标系计算，可将积分区域 D 表示为

$$D=\{(x,y)\mid-\infty<x<+\infty,-\infty<y<+\infty\},$$

$$\iint\limits_D e^{-(x^2+y^2)}\,dx dy = \int_{-\infty}^{+\infty} dx \int_{-\infty}^{+\infty} e^{-(x^2+y^2)}\,dy = \int_{-\infty}^{+\infty} e^{-x^2}\,dx \int_{-\infty}^{+\infty} e^{-y^2}\,dy = I^2.$$

另一方面,我们利用极坐标系进行计算,可将积分区域 D 表示为

$$D = \{(r,\theta) \mid 0 \leqslant \theta \leqslant 2\pi, 0 \leqslant r \leqslant +\infty\},$$

$$\iint\limits_D e^{-(x^2+y^2)}\,dx dy = \int_0^{2\pi} d\theta \int_0^{+\infty} e^{-r^2} r dr = -\pi e^{-r^2}\Big|_0^{+\infty} = \lim_{r\to+\infty} \pi(1 - e^{-R^2}) = \pi.$$

综上,我们有 $I^2 = \pi$, 所以 $I = \sqrt{\pi}$.

习题 9-2

1. 计算下列二重积分.

(1) $\iint\limits_D (y-2x)\,dx dy, D = [3,5]\times[1,2]$;

(2) $\iint\limits_D \cos(x+y)\,dx dy, D = \left[0,\frac{\pi}{2}\right]\times[0,\pi]$;

(3) $\iint\limits_D xy e^{x^2+y^2}\,dx dy, D = [a,b]\times[c,d]$;

(4) $\iint\limits_D \frac{x}{1+xy}\,dx dy, D = [0,1]\times[0,1]$.

2. 交换二次积分的顺序.

(1) $\int_0^2 dy \int_{y^2}^{3y} f(x,y)\,dx$;

(2) $\int_1^2 dx \int_{\sqrt{x}}^2 f(x,y)\,dy$;

(3) $\int_0^1 dx \int_0^{x^2} f(x,y)\,dy + \int_1^3 dx \int_0^{\frac{1}{2}(3-x)} f(x,y)\,dy$.

3. 计算下列二重积分.

(1) $\iint\limits_D (x+6y)\,d\sigma$, 其中 D 是由 $y=x, y=5x, x=1$ 所围成的区域;

(2) $\iint\limits_D xy^2\,d\sigma$, 其中 D 是由 $y^2 = 2px\,(p>0), x = \frac{p}{2}$ 所围成的区域;

(3) $\iint\limits_D (x^2+y^2)\,d\sigma$, 其中 D 是由 $y=x, y=x+a, y=a, y=3a\,(a>0)$ 所围成的区域;

(4) $\iint\limits_D \frac{x}{y}\,d\sigma$, 其中 D 是由 $y=x, y=2x, x=1, x=2$ 所围成的区域.

4. 计算下列二重积分.

(1) $\iint\limits_D \ln(1+x^2+y^2)\,d\sigma$, 其中 D 是由圆周 $x^2+y^2=1$ 及坐标轴所围成的

在第一象限的区域；

(2) $\iint\limits_D (4-x-y)\mathrm{d}\sigma$，其中 D 是圆域 $x^2+y^2\leqslant 2y$；

(3) $\iint\limits_D \arctan\dfrac{y}{x}\mathrm{d}\sigma$，其中 D 是由圆周 $x^2+y^2=1$，$x^2+y^2=4$ 及直线 $y=0$，$y=x$ 所围成的在第一象限内的闭区域；

(4) $\iint\limits_D \sin\sqrt{x^2+y^2}\mathrm{d}\sigma$，其中 D 是圆形环形区域 $\pi^2\leqslant x^2+y^2\leqslant 4\pi^2$.

§9.3 三重积分简介

9.3.1 三重积分的定义

定积分和二重积分作为和的极限的概念，可以很自然地推广到三重积分.

定义 9.2 设函数 $f(x,y,z)$ 是在有界闭区域 V 上的有界函数，将 V 任意分成 n 个小闭区域，

$$V_1, V_2, \cdots, V_n,$$

第 i 个小闭区域的体积记为 $\Delta V_i(i=1,2,\cdots,n)$. 在每个 V_i 任取一点 (ξ_i,η_i,ζ_i)，作乘积

$$f(\xi_i,\eta_i,\zeta_i)\Delta V_i,(i=1,2,\cdots,n),$$

再作和

$$\sum_{i=1}^{n} f(\xi_i,\eta_i,\zeta_i)\Delta V_i,$$

令 $\lambda=\max\limits_i\{\mathrm{d}(V_1),\mathrm{d}(V_2),\cdots,\mathrm{d}(V_n)\}$，当 $\lambda\to 0$ 时，$\sum\limits_{i=1}^{n} f(\xi_i,\eta_i,\zeta_i)\Delta V_i$ 存在极限 J（数 J 与分法无关，与点 (ξ_i,η_i,ζ_i) 的取法也无关），即

$$\lim_{\lambda\to 0}\sum_{i=1}^{n} f(\xi_i,\eta_i,\zeta_i)\Delta V_i=J,$$

则称函数 $f(x,y,z)$ 在有界闭区域 V 上可积，J 是函数 $f(x,y,z)$ 在闭区域 V 上的三重积分，记作 $\iiint\limits_V f(x,y,z)\mathrm{d}V$，即

$$\iiint\limits_V f(x,y,z)\mathrm{d}V=\lim_{\lambda\to 0}\sum_{i=1}^{n} f(\xi_i,\eta_i,\zeta_i)\Delta V_i=J, \tag{9-4}$$

其中 $\mathrm{d}V$ 称作体积元素.

在直角坐标系中，体积元素 $\mathrm{d}V$ 可以表示为 $\mathrm{d}x\mathrm{d}y\mathrm{d}z$，而把三重积分记作

$$\iiint_V f(x,y,z)\mathrm{d}x\mathrm{d}y\mathrm{d}z.$$

当函数 $f(x,y,z)$ 在上连续时,(9-4)式的极限必存在,即函数 $f(x,y,z)$ 在闭区域 V 上的三重积分必存在.以后我们约定函数 $f(x,y,z)$ 在闭区域 V 上连续.关于二重积分的一些术语,例如被积函数、积分区域、积分和等,同样可以应用到三重积分上.因为三重积分的定义与二重积分具有相似的结构,所以可以由二重积分的性质推出三重积分的性质.这里都不再赘述.

9.3.2 三重积分的计算

计算三重积分的方法与二重积分类似,将它化为三次积分来计算,也可以把三重积分化为一次定积分一次二重积分计算.这里我们只限于叙述方法.

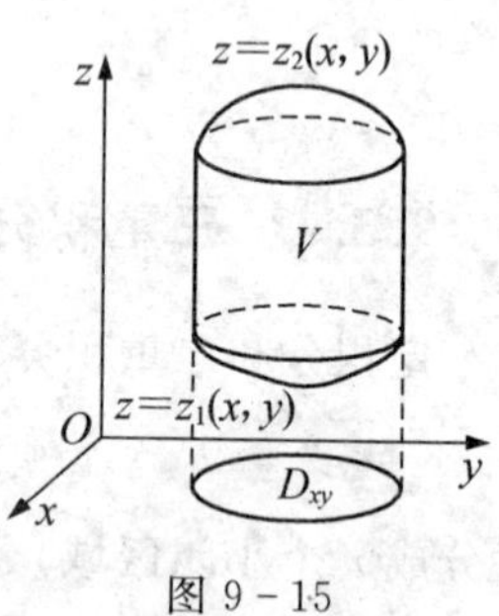

图 9-15

设闭区域 V 是由上下平面及母线平行 z 轴的柱面所围成,如图 9-15 所示,V 在 xOy 平面的投影是区域 D_{xy}. 如果上下两面分别是 D_{xy} 上的连续函数:

$$z=z_1(x,y),\quad z=z_2(x,y),\quad (x,y)\in D_{xy}$$

且 $z_1(x,y)\leqslant z_2(x,y)$.

在这种情形下,积分区域 V 可以表示为

$$V=\{(x,y,z)\mid z_1(x,y)\leqslant z\leqslant z_2(x,y),(x,y)\in D_{xy}\}.$$

先将 x,y 看作定值,将 $f(x,y,z)$ 看作 z 的函数,在区间 $[z_1(x,y),z_2(x,y)]$ 上对 z 积分,则积分的结果是 x,y 的函数,记为 $F(x,y)=\int_{z_1(x,y)}^{z_2(x,y)}f(x,y,z)\mathrm{d}z$.

然后计算 $F(x,y)$ 在 D_{xy} 上的二重积分,假如闭区域

$$D_{xy}=\{(x,y)\mid a\leqslant x\leqslant b,y_1(x)\leqslant y\leqslant y_2(x)\},$$

则二重积分 $\iint\limits_{D_{xy}}F(x,y)\mathrm{d}x\mathrm{d}y=\int_a^b\mathrm{d}x\int_{y_1(x)}^{y_2(x)}F(x,y)\mathrm{d}y$,

于是有 $\iiint\limits_V f(x,y,z)\mathrm{d}x\mathrm{d}y\mathrm{d}z=\int_a^b\mathrm{d}x\int_{y_1(x)}^{y_2(x)}\left[\int_{z_1(x,y)}^{z_2(x,y)}f(x,y,z)\mathrm{d}z\right]\mathrm{d}y$,

即得到三重积分的计算公式为

$$\iiint_V f(x,y,z)\mathrm{d}x\mathrm{d}y\mathrm{d}z=\int_a^b\mathrm{d}x\int_{y_1(x)}^{y_2(x)}\mathrm{d}y\int_{z_1(x,y)}^{z_2(x,y)}f(x,y,z)\mathrm{d}z.\qquad(9-5)$$

公式(9-5)把三重积分化为先对 z,再对 y,最后对 x 的三次积分.同样的方法,可以把三重积分化为按其他顺序的三次积分.

例 9.9 计算三重积分 $\iiint\limits_V x\mathrm{d}x\mathrm{d}y\mathrm{d}z$,其中 V 为三个坐标平面及平面 $x+$

$2y + z = 1$ 所围成的闭区域.

解　作闭区域 V,如图 9-16 所示.

将 V 投影到 xOy 平面上,得投影区域 D_{xy} 为三角形闭区域 OAB. 直线 OA,OB 及 AB 的方程依次是 $y = 0, x = 0$ 及 $x + 2y = 1$,所以

$$D_{xy} = \left\{(x, y) \middle| 0 \leqslant x \leqslant 1, 0 \leqslant y \leqslant \frac{1-x}{2}\right\}.$$

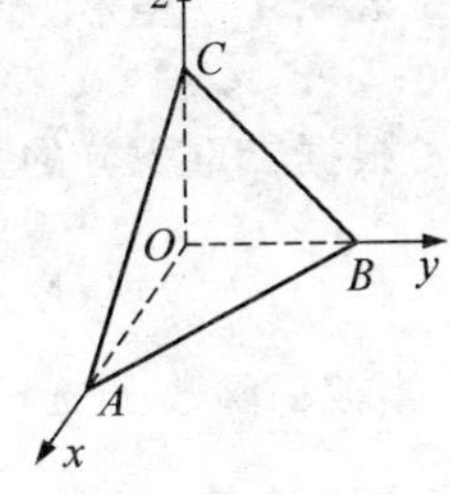

图 9-16

在 D_{xy} 内任取一点 (x, y),过此点作平行于 z 轴的直线,该直线通过平面 $z = 0$ 穿入 V 内,然后通过平面 $z = 1 - x - 2y$ 穿出 V 外.

于是由公式(9-3)得

$$\begin{aligned}\iiint_V x\,\mathrm{d}x\mathrm{d}y\mathrm{d}z &= \int_0^1 \mathrm{d}x \int_0^{\frac{1-x}{2}} \mathrm{d}y \int_0^{1-x-2y} x\,\mathrm{d}z \\ &= \int_0^1 x\,\mathrm{d}x \int_0^{\frac{1-x}{2}} (1 - x - 2y)\,\mathrm{d}y \\ &= \frac{1}{4}\int_0^1 (x - 2x^2 + x^3)\,\mathrm{d}x \\ &= \frac{1}{48}.\end{aligned}$$

习题 9-3

1. 如果三重积分 $\iiint_V f(x, y, z)\,\mathrm{d}x\mathrm{d}y\mathrm{d}z$ 的被积函数 $f(x, y, z)$ 是三个函数 $f_1(x), f_2(y), f_3(z)$ 的乘积,即 $f(x, y, z) = f_1(x) \cdot f_2(y) \cdot f_3(z)$,积分区域

$$V = \{(x, y, z) \mid a \leqslant x \leqslant b, c \leqslant y \leqslant \mathrm{d}, l \leqslant z \leqslant m\},$$

证明这个三重积分等于三个单积分的乘积,即

$$\iiint_V f_1(x) f_2(y) f_3(z)\,\mathrm{d}x\mathrm{d}y\mathrm{d}z = \int_a^b f_1(x)\,\mathrm{d}x \int_c^d f_2(y)\,\mathrm{d}y \int_l^m f_3(z)\,\mathrm{d}z.$$

2. 计算 $\iiint_V xy^2 z^3\,\mathrm{d}x\mathrm{d}y\mathrm{d}z$,其中 V 是由曲面 $z = xy$ 与平面 $y = x, x = 1$ 和 $z = 0$ 所围成的闭区域.

3. 计算 $\iiint_V xy^2 z^3\,\mathrm{d}x\mathrm{d}y\mathrm{d}z$,其中 $V = \{(x, y, z) \mid 1 \leqslant x \leqslant 2, 0 \leqslant y \leqslant 1, 0 \leqslant z \leqslant 1\}$.

9.4 重积分的应用

9.4.1 重积分在几何上的应用

根据二重积分的几何意义，当 $f(x,y)\geqslant 0$ 时，$\iint\limits_D f(x,y)\mathrm{d}\sigma$ 的值等于以曲面 $z=f(x,y)$ 为顶，以 D 为底，四侧的母线平行于 z 轴的曲顶柱体的体积. 特别地，当被积函数 $f(x,y)=1$ 时，二重积分的值是平面区域的面积，即 $S_D=\iint\limits_D \mathrm{d}\sigma$.

例 9.10 已知 xOy 平面第一象限内的区域 D 是由直线 $x=0, y=2$ 和抛物线 $y=\dfrac{x^2}{2}$ 所围成的. (1) 求区域 D 的面积 S_D；(2) 求以曲面 $z=f(x,y)=xy$ 为顶，以 D 为底的曲顶柱体的体积 V.

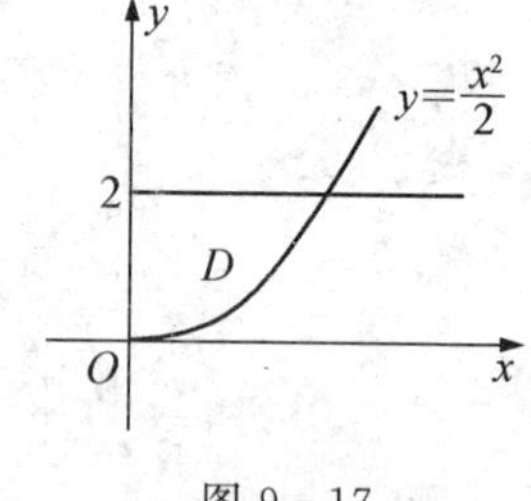

图 9－17

解 (1) 画出区域 D 的图形，如图 9－17 所示，可以表示为

$$D=\left\{(x,y)\,\middle|\,0\leqslant x\leqslant 2,\frac{x^2}{2}\leqslant y\leqslant 2\right\},$$

$$S_D=\iint\limits_D \mathrm{d}\sigma=\iint\limits_D \mathrm{d}x\mathrm{d}y=\int_0^2\mathrm{d}x\int_{\frac{x^2}{2}}^2\mathrm{d}y=\int_0^2\left(2-\frac{x^2}{2}\right)\mathrm{d}x=\frac{8}{3}.$$

(2) 根据二重积分的几何意义可得

$$\begin{aligned}V&=\iint\limits_D xy\,\mathrm{d}x\mathrm{d}y=\int_0^2\mathrm{d}x\int_{\frac{x^2}{2}}^2 xy\,\mathrm{d}y\\&=\frac{1}{2}\int_0^2 (xy^2)\Big|_{\frac{x^2}{2}}^2\mathrm{d}x\\&=\frac{1}{2}\int_0^2 x\left(4-\frac{x^4}{4}\right)\mathrm{d}x\\&=\frac{8}{3}.\end{aligned}$$

9.4.2 重积分在经济上的应用

例 9.11 某城市受地理限制呈三角形分布，斜边临一条河. 由于交通关系，城市发展不太均衡，这一点可从税收状况反映出来. 若以两直角边为坐标轴建立直角坐标系，则位于 x 轴和 y 轴的城市长度各为 16km 和 12km，且税收情况与地理位置的关系大体为

$$R(x,y)=20x+10y\ (\text{万元/km}^2),$$

试计算该市总的税收收入.

解 总的税收收入可用二重积分 $\iint\limits_D R(x,y)\mathrm{d}x\mathrm{d}y$ 来表示,其中积分区域 D 由 x 轴、y 轴及直线 $\frac{x}{16}+\frac{y}{12}=1$ 围成,可以表示为 $D=\{(x,y)\mid 0\leqslant x\leqslant 16,0\leqslant y\leqslant 12-\frac{3}{4}x\}$,于是所求总税收收入为

$$\begin{aligned}\iint\limits_D R(x,y)\mathrm{d}x\mathrm{d}y &= \int_0^{16}\mathrm{d}x\int_0^{12-\frac{3}{4}x}(20x+10y)\mathrm{d}y \\ &= \int_0^{16}\left(720+150x-\frac{195}{16}x^2\right)\mathrm{d}x \\ &= 14080.\end{aligned}$$

故该市总税收收入为 14080 万元.

例 9.12 (平均利润)设公司销售商品 Ⅰ x 个单位,商品 Ⅱ y 个单位的利润是由下式确定的,

$$P(x,y)=-(x-200)^2-(y-100)^2+5000.$$

现已知一周销售商品Ⅰ在 150 至 200 之间变化,一周销售商品Ⅱ在 80 至 100 之间变化,试求销售这两种商品一周的平均利润.

分析 题中的利润函数是二元函数,类似于定积分求平均值的方法,先求出二元函数在相应的平面区域上的二重积分,再除以积分区域的面积即可得到二元函数在平面区域上的平均值.

解 因为 x,y 的变化范围是 $D:150\leqslant x\leqslant 200,80\leqslant y\leqslant 100$,这个区域 D 的面积是 $S_D=50\times 20=1000$.

于是这家公司销售这两种商品一周的平均利润为

$$\begin{aligned}\frac{1}{S_D}\iint\limits_D P(x,y)\mathrm{d}\sigma &= \frac{1}{1000}\iint\limits_D[-(x-200)^2-(y-100)^2+5000]\mathrm{d}\sigma \\ &= \frac{1}{1000}\int_{150}^{200}\mathrm{d}x\int_{80}^{100}[-(x-200)^2-(y-100)^2+5000]\mathrm{d}y \\ &= \frac{1}{1000}\int_{150}^{200}\left[-20(x-200)^2+\frac{292000}{3}\right]\mathrm{d}x \\ &= \frac{1}{3000}\left[-20(x-200)^3+292000x\right]\Big|_{150}^{200} \\ &= \frac{12100}{3}.\end{aligned}$$

习题 9-4

1. 求在 xOy 平面上由 $y=x^2$ 与 $y=4x-x^2$ 所围成的闭区域的面积.

2. 计算下列曲线所围成的闭区域的面积：$y = x^2, y = x + 2$.

3. 计算下列曲面所围成的立体的体积：

(1) $z = 1 + x + y, z = 0, x + y = 1, x = 0, y = 0$;

(2) $z = x^2 + y^2, y = 1, z = 0, y = x^2$.

4. 为修建高速公路，要在一山坡上劈出一条长 500m，宽 20m 的通道，据测量，以出发点一侧为原点，往另一侧方向为 x 轴 $(0 \leqslant x \leqslant 500)$，且山坡的高度为

$$z = 10\left(\sin \frac{\pi}{20}x + \sin \frac{\pi}{500}y\right),$$

试计算所需挖掉的土方量.

第10章 无穷级数

无穷级数是表示函数、研究函数性质以及进行数值计算的有力工具.

§10.1 常数项级数的概念和性质

10.1.1 常数项级数的概念

定义 10.1 给定一个数列 $u_1, u_2, u_3, \cdots, u_n, \cdots$，则称 $u_1 + u_2 + \cdots + u_n + \cdots$ 为常数项级数，简称为级数，记作 $\sum_{n=1}^{\infty} u_n$，其中第 n 项 u_n 称为该级数的一般项或通项.

如何理解无穷多个数相加呢？我们可以通过有限个数相加来认识无穷多个数相加. 记级数 $\sum_{n=1}^{\infty} u_n$ 的前 n 项和为 s_n，即

$$s_n = \sum_{i=1}^{n} u_i = u_1 + u_2 + u_3 + \cdots + u_n,$$

并称 s_n 为级数 $\sum_{n=1}^{\infty} u_n$ 的部分和. 显然 $s_1 = u_1, s_2 = u_1 + u_2, \cdots, s_n = u_1 + u_2 + \cdots + u_n, \cdots$，即它们可构成一个新的数列 $\{s_n\}$，称为级数 $\sum_{n=1}^{\infty} u_n$ 的部分和数列. 我们可以通过数列 $\{s_n\}$ 的收敛性给出级数敛散性的定义.

定义 10.2 若级数 $\sum_{n=1}^{\infty} u_n$ 的部分和数列 $\{s_n\}$ 极限存在，且 $\lim_{n \to \infty} s_n = s$，则称级数 $\sum_{n=1}^{\infty} u_n$ 收敛，并称 s 为级数的和，记为 $\sum_{n=1}^{\infty} u_n = s$. 若 $\lim_{n \to \infty} s_n$ 不存在，则称级数 $\sum_{n=1}^{\infty} u_n$ 发散.

显然，级数 $\sum_{n=1}^{\infty} u_n$ 的敛散性等价于部分和数列 $\{s_n\}$ 的敛散性.

当级数收敛时，其和与部分和的差

$$r_n = s - s_n = u_{n+1} + u_{n+2} + \cdots$$

称为级数的余项.用 s_n 近似代替 s 所产生的误差就是余项的绝对值 $|r_n|$.

例 10.1 判定级数 $\sum_{n=1}^{\infty} \frac{1}{n(n+1)}$ 的敛散性.

解 因为 $u_n = \frac{1}{n(n+1)} = \frac{1}{n} - \frac{1}{n+1}$,所以

$$\begin{aligned} s_n &= \frac{1}{1 \cdot 2} + \frac{1}{2 \cdot 3} + \frac{1}{3 \cdot 4} + \cdots + \frac{1}{n \cdot (n+1)} \\ &= \left(1 - \frac{1}{2}\right) + \left(\frac{1}{2} - \frac{1}{3}\right) + \left(\frac{1}{3} - \frac{1}{4}\right) + \cdots + \left(\frac{1}{n} - \frac{1}{n+1}\right) \\ &= 1 - \frac{1}{n+1}, \end{aligned}$$

从而 $\lim\limits_{n \to \infty} s_n = \lim\limits_{n \to \infty}\left(1 - \frac{1}{n+1}\right) = 1$,所以原级数收敛,且 $\sum_{n=1}^{\infty} \frac{1}{n(n+1)} = 1$.

例 10.2 讨论级数 $\sum_{n=1}^{\infty}(2n-1)$ 的敛散性.

解 因为 $s_n = 1 + 3 + 5 + \cdots + (2n-1) = n^2$,所以 $\lim\limits_{n \to \infty} s_n = \lim\limits_{n \to \infty} n^2 = \infty$,故级数 $\sum_{n=1}^{\infty}(2n-1)$ 发散.

例 10.3 讨论等比级数(又称几何级数) $\sum_{n=1}^{\infty} aq^{n-1}$ $(a \neq 0)$ 的敛散性.

解 级数 $\sum_{n=1}^{\infty} aq^{n-1}$ 部分和

$$\begin{aligned} s_n &= a + aq + aq^2 + \cdots + aq^{n-1} \\ &= \begin{cases} \frac{a(1-q^n)}{1-q}, & q \neq 1 \\ na, & q = 1 \end{cases}. \end{aligned}$$

当 $|q| < 1$ 时,由于 $\lim\limits_{n \to \infty} q^n = 0$,所以 $\lim\limits_{n \to \infty} s_n = \frac{a}{1-q}$,此时级数收敛,且和为 $\frac{a}{1-q}$;

当 $|q| > 1$ 时,由于 $\lim\limits_{n \to \infty} q^n = \infty$,所以 $\lim\limits_{n \to \infty} s_n = \infty$,此时级数发散;

当 $q = 1$ 时,由于 $\lim\limits_{n \to \infty} s_n = \lim\limits_{n \to \infty} na = \infty$,此时级数发散;

当 $q = -1$ 时,级数为 $a - a + a - a + \cdots + (-1)^{n-1}a + \cdots$,其部分和 $s_n = \begin{cases} a, n \text{ 为奇数} \\ 0, n \text{ 为偶数} \end{cases}$.

从而 $\lim\limits_{n \to \infty} s_n$ 不存在,此时级数发散.

综上可知：等比级数 $\sum_{n=1}^{\infty} aq^{n-1} (a \neq 0)$ 当 $|q| < 1$ 时收敛，其和为 $\frac{a}{1-q}$；当 $|q| \geqslant 1$ 时发散.

例 10.4 证明调和级数 $\sum_{n=1}^{\infty} \frac{1}{n} = 1 + \frac{1}{2} + \frac{1}{3} + \cdots + \frac{1}{n} + \cdots$ 发散.

证明 假设级数 $\sum_{n=1}^{\infty} \frac{1}{n}$ 收敛，且和为 s，则 $\lim_{n\to\infty}(s_{2n} - s_n) = s - s = 0$，但

$$s_{2n} - s_n = \frac{1}{n+1} + \frac{1}{n+2} + \cdots + \frac{1}{2n} > \frac{n}{2n} = \frac{1}{2},$$

令上式左右两边 $n \to \infty$，则有 $0 \geqslant \frac{1}{2}$，矛盾，所以调和级数发散.

10.1.2 收敛级数的基本性质

性质 10.1 若级数 $\sum_{n=1}^{\infty} u_n$ 收敛，且其和为 s，则对任何常数 k，级数 $\sum_{n=1}^{\infty} ku_n$ 也收敛，且其和为 ks.

由性质 10.1 知，当 $k \neq 0$ 时，若 $\sum_{n=1}^{\infty} ku_n$ 收敛，则 $\sum_{n=1}^{\infty} \frac{1}{k}(ku_n) = \sum_{n=1}^{\infty} u_n$ 收敛，因此有如下结论：

若 $k \neq 0$，则 $\sum_{n=1}^{\infty} ku_n$ 与 $\sum_{n=1}^{\infty} u_n$ 的敛散性相同.

性质 10.2 若级数 $\sum_{n=1}^{\infty} u_n$，$\sum_{n=1}^{\infty} v_n$ 分别收敛于和 s，w，即 $\sum_{n=1}^{\infty} u_n = s$，$\sum_{n=1}^{\infty} v_n = w$，则级数 $\sum_{n=1}^{\infty} (u_n \pm v_n)$ 也收敛，且其和为 $s \pm w$.

性质 10.3 在级数中去掉、增加或改变有限项，不会改变级数的敛散性.

性质 10.4 若级数 $\sum_{n=1}^{\infty} u_n$ 收敛，则不改变它的各项次序而任意添加括号后所成的新级数仍收敛，且其和不变.

推论 10.1 如果加括号后所成级数发散，则原来级数也发散.

注意 性质 10.4 的逆命题不一定成立，即：加括号后所生成的级数收敛，而原级数未必收敛.

例如：级数

$$(1-1) + (1-1) + \cdots + (1-1) + \cdots$$

收敛于 0，但去括号后所得级数

$$1-1+1-1+\cdots+1-1+\cdots$$

却是发散的.

性质 10.5（级数收敛的必要条件） 若级数 $\sum\limits_{n=1}^{\infty}u_n$ 收敛，则 $\lim\limits_{n\to\infty}u_n=0$.

推论 10.2 若级数 $\sum\limits_{n=1}^{\infty}u_n$ 的一般项不趋于零（包含 $\lim\limits_{n\to\infty}u_n$ 不存在的情形），则级数 $\sum\limits_{n=1}^{\infty}u_n$ 必发散.

注意 由级数的一般项趋于零并不能得出级数收敛，即它是级数收敛的必要条件而不是充分条件. 例如，调和级数 $\sum\limits_{n=1}^{\infty}\frac{1}{n}$，虽然 $\lim\limits_{n\to\infty}u_n=\lim\limits_{n\to\infty}\frac{1}{n}=0$，但它却是发散的.

习题 10－1

1. 写出下列级数的前 5 项.

(1) $\sum\limits_{n=1}^{\infty}\frac{n!}{2^n}$； (2) $\sum\limits_{n=1}^{\infty}\frac{1+n}{1+n^2}$.

2. 判别下列级数的敛散性.

(1) $\sum\limits_{n=1}^{\infty}\frac{2^n+3^n}{6^n}$； (2) $\sum\limits_{n=1}^{\infty}(\sqrt{n+1}-\sqrt{n})$； (3) $\sum\limits_{n=1}^{\infty}\frac{1}{3n}$；

(4) $\sum\limits_{n=1}^{\infty}(-1)^n\frac{9^n}{8^n}$； (5) $\sum\limits_{n=1}^{\infty}\frac{1}{\sqrt[n]{3}}$； (6) $\sum\limits_{n=1}^{\infty}\frac{1}{2^n}+\frac{1}{10n}$.

3. 求收敛几何级数的和 s 与部分和 s_n 之差 $s-s_n$.

§10.2 常数项级数的判别法

一般情况下，利用级数收敛、发散的定义或性质判别级数的敛散性是很困难的，甚至行不通. 能否找到更简单有效的判别方法呢？我们遵循“由特殊到一般”的原则，先讨论最简单的正项级数，然后讨论一般的常数项级数.

10.2.1 正项级数及其判别法

定义 10.3 若 $u_n\geqslant 0\ (n=1,2,3,\cdots)$，则称级数 $\sum\limits_{n=1}^{\infty}u_n$ 为正项级数.

显然，正项级数 $\sum\limits_{n=1}^{\infty}u_n$ 的部分和数列 $\{s_n\}$ 是单调增加数列，即

$$s_1\leqslant s_2\leqslant\cdots\leqslant s_n\leqslant\cdots,$$

根据数列的单调有界准则知，若 $\{s_n\}$ 有界，则 $\lim\limits_{n\to\infty}s_n$ 存在，从而 $\sum\limits_{n=1}^{\infty}u_n$ 收敛. 反之，若 $\sum\limits_{n=1}^{\infty}u_n$ 收敛于 s，即 $\lim\limits_{n\to\infty}s_n=s$，则 $\{s_n\}$ 必有界，因此得到下述定理.

定理 10.1 正项级数 $\sum\limits_{n=1}^{\infty}u_n$ 收敛的充分必要条件是它的部分和数列 $\{s_n\}$ 有界.

定理 10.1 的重要性一方面在于可利用它来判别正项级数的敛散性，另一方面在于可利用它来证明下列收敛法.

定理 10.2（比较判别法） 设 $\sum\limits_{n=1}^{\infty}u_n$，$\sum\limits_{n=1}^{\infty}v_n$ 均为正项级数，且 $u_n\leqslant v_n$ $(n=1,2,\cdots)$，则

(1) 若 $\sum\limits_{n=1}^{\infty}v_n$ 收敛，则 $\sum\limits_{n=1}^{\infty}u_n$ 收敛；

(2) 若 $\sum\limits_{n=1}^{\infty}u_n$ 发散，则 $\sum\limits_{n=1}^{\infty}v_n$ 发散.

证明 设 $\sum\limits_{n=1}^{\infty}u_n$ 和 $\sum\limits_{n=1}^{\infty}v_n$ 部分和数列分别为 A_n 和 B_n，则有

$$A_n=u_1+u_2+\cdots+u_n\leqslant v_1+v_2+\cdots+v_n=B_n.$$

(1) 若 $\sum\limits_{n=1}^{\infty}v_n$ 收敛，则其部分和数列 $\{B_n\}$ 有界，由上式知 $\sum\limits_{n=1}^{\infty}u_n$ 的部分和数列 $\{A_n\}$ 有界，故由定理 10.1 知 $\sum\limits_{n=1}^{\infty}u_n$ 收敛.

(2) 用反证法. 若 $\sum\limits_{n=1}^{\infty}v_n$ 收敛，则由(1) 知 $\sum\limits_{n=1}^{\infty}u_n$ 收敛，这与 $\sum\limits_{n=1}^{\infty}u_n$ 发散矛盾，故 $\sum\limits_{n=1}^{\infty}v_n$ 发散.

由于级数的每一项同乘以不为零的常数 k，以及去掉级数前面的有限项不会影响级数的敛散性，从而有如下推论.

推论 10.3 设 $\sum\limits_{n=1}^{\infty}u_n$ 和 $\sum\limits_{n=1}^{\infty}v_n$ 都是正项级数，且存在 $N\in\mathbf{N}^{+}$，使得对一切 $n>\mathbf{N}$，都有 $u_n\leqslant kv_n$（常数 $k>0$），则

(1) 若 $\sum\limits_{n=1}^{\infty}v_n$ 收敛，则 $\sum\limits_{n=1}^{\infty}u_n$ 收敛；

(2) 若 $\sum\limits_{n=1}^{\infty}u_n$ 发散，则 $\sum\limits_{n=1}^{\infty}v_n$ 发散.

使用比较判别法判别正项级数敛散性时，需要找到另一个已知级数与其比

较,并用定理 10.2 进行判断.只有知道一些重要级数的收敛性,并加以灵活应用,才能熟练掌握比较判别法.常用的重要级数包括等比级数、调和级数和 p-级数等.现在我们来讨论 p-级数.

例 10.5 讨论 p-级数 $\sum_{n=1}^{\infty}\frac{1}{n^p}=1+\frac{1}{2^p}+\frac{1}{3^p}+\cdots+\frac{1}{n^p}+\cdots$ 的敛散性,其中常数 $p>0$.

解 (1) 当 $p\leqslant 1$ 时,$\frac{1}{n^p}\geqslant\frac{1}{n}\quad(n=1,2,\cdots)$,而调和级数 $\sum_{n=1}^{\infty}\frac{1}{n}$ 发散,由比较判别法知 p-级数发散.

(2) 当 $p>1$ 时,

$$\sum_{n=1}^{\infty}\frac{1}{n^p}=1+\left(\frac{1}{2^p}+\frac{1}{3^p}\right)+\left(\frac{1}{4^p}+\frac{1}{5^p}+\frac{1}{6^p}+\frac{1}{7^p}\right)+\left(\frac{1}{8^p}+\cdots+\frac{1}{15^p}\right)+\cdots,$$

它的各项均不大于级数

$$1+\left(\frac{1}{2^p}+\frac{1}{2^p}\right)+\left(\frac{1}{4^p}+\frac{1}{4^p}+\frac{1}{4^p}+\frac{1}{4^p}\right)+\left(\frac{1}{8^p}+\cdots+\frac{1}{8^p}\right)+\cdots$$

的对应项.而后一级数是几何级数 $1+\frac{1}{2^{p-1}}+\frac{1}{4^{p-1}}++\frac{1}{8^{p-1}}+\cdots$,其公比 $q=\frac{1}{2^{p-1}}<1$,所以收敛.由于正项级数有无括号不影响其敛散性,由比较判别法知级数 $\sum_{n=1}^{\infty}\frac{1}{n^p}$ 收敛.

综上可知,p-级数 $\sum_{n=1}^{\infty}\frac{1}{n^p}=1+\frac{1}{2^p}+\frac{1}{3^p}+\cdots+\frac{1}{n^p}+\cdots$,当 $p\leqslant 1$ 时发散;当 $p>1$ 时收敛.

例 10.6 判定下列正项级数的敛散性.

(1) $\sum_{n=1}^{\infty}\frac{1}{\sqrt{n(n+1)}}$;　　　　(2) $\sum_{n=1}^{\infty}\frac{1}{(n+1)(n+4)}$.

解 (1) 因为 $\frac{1}{\sqrt{n(n+1)}}>\frac{1}{n+1}$,而级数 $\sum_{n=1}^{\infty}\frac{1}{n+1}$ 发散,所以由比较判别法知,原级数发散.

(2) 因为 $\frac{1}{(n+1)(n+4)}=\frac{1}{n^2+5n+4}<\frac{1}{n^2}$,而级数 $\sum_{n=1}^{\infty}\frac{1}{n^2}$ 为 $p=2$ 的 p-级数,故收敛,所以由比较判别法知,原级数收敛.

比较判别法还有应用较方便的极限形式.

定理 10.3 (比较判别法的极限形式) 设 $\sum_{n=1}^{\infty}u_n$ 与 $\sum_{n=1}^{\infty}v_n$ 是两个正项级数,且有 $\lim_{n\to\infty}\frac{u_n}{v_n}=l$,则:

(1) 当 $0 < l < \infty$ 时,两级数有相同的敛散性;

(2) 当 $l = 0$ 时,若级数 $\sum_{n=1}^{\infty} v_n$ 收敛,则级数 $\sum_{n=1}^{\infty} u_n$ 也收敛;

(3) 当 $l=\infty$时,若级数 $\sum_{n=1}^{\infty} v_n$ 发散,则级数 $\sum_{n=1}^{\infty} u_n$ 也发散.

定理 10.3 可以从无穷小比较的角度来理解:若 u_n 与 v_n 是同阶无穷小,则 $\sum_{n=1}^{\infty} u_n$ 与 $\sum_{n=1}^{\infty} v_n$ 有相同的敛散性;若 u_n 是比 v_n 高阶的无穷小,则由 $\sum_{n=1}^{\infty} v_n$ 收敛可知 $\sum_{n=1}^{\infty} u_n$ 也收敛;若 u_n 是比 v_n 低阶的无穷小,则由 $\sum_{n=1}^{\infty} v_n$ 发散可知 $\sum_{n=1}^{\infty} u_n$ 也发散.

例 10.7　判定下列正项级数的敛散性.

(1) $\sum_{n=1}^{\infty}\left(1-\cos\frac{1}{n}\right)$;　　(2) $\sum_{n=1}^{\infty}\ln\left(1+\frac{1}{n^2}\right)$;　　(3) $\sum_{n=1}^{\infty}2^n\sin\frac{\pi}{3^n}$.

解　(1) 因为 $\lim\limits_{n\to\infty}\dfrac{1-\cos\frac{1}{n}}{\frac{1}{n^2}}=\lim\limits_{n\to\infty}\dfrac{\frac{1}{2}\left(\frac{1}{n}\right)^2}{\frac{1}{n^2}}=\dfrac{1}{2}$,而级数 $\sum_{n=1}^{\infty}\frac{1}{n^2}$ 收敛,所以由定理 10.3 知,原级数收敛.

(2) 因为 $\lim\limits_{n\to\infty}\dfrac{\ln\left(1+\frac{1}{n^2}\right)}{\frac{1}{n^2}}=\lim\limits_{n\to\infty}\dfrac{\frac{1}{n^2}}{\frac{1}{n^2}}=1$,而级数 $\sum_{n=1}^{\infty}\frac{1}{n^2}$ 收敛,所以由定理 10.3 知,原级数收敛.

(3) 因为 $\lim\limits_{n\to\infty}\dfrac{2^n\sin\frac{\pi}{3^n}}{\left(\frac{2}{3}\right)^n}=\lim\limits_{n\to\infty}\dfrac{2^n\frac{\pi}{3^n}}{\left(\frac{2}{3}\right)^n}=\pi$,而级数 $\sum_{n=1}^{\infty}\left(\frac{2}{3}\right)^n$ 收敛,所以由定理 10.3 知,原级数收敛.

用比较判别法和其极限形式来判别正项级数的敛散性时,难度在于选择恰当的正项级数.下面介绍依赖级数本身结构来确定正项级数敛散性的判别法——比值判别法和根值判别法.

定理 10.4(比值判别法)　设 $\sum_{n=1}^{\infty} u_n$ 为正项级数,若 $\lim\limits_{n\to\infty}\dfrac{u_{n+1}}{u_n}=q$(其中 q 允许为 $+\infty$),则:

(1) 当 $q<1$ 时,级数收敛;

(2) 当 $q>1$ 或 $q=+\infty$ 时,级数发散;

(3) 当 $q=1$ 时,级数可能收敛也可能发散.

注意　当 $q=1$ 时,本判别法失效.例如,对于 p-级数 $\sum_{n=1}^{\infty}\frac{1}{n^p}$,有 $\lim\limits_{n\to\infty}\dfrac{u_{n+1}}{u_n}$

$= \lim\limits_{n\to\infty}\dfrac{n^p}{(n+1)^p} = 1$，但当 $p\leqslant 1$ 时发散；当 $p>1$ 时收敛.

例 10.8 判定下列正项级数的敛散性.

(1) $\sum\limits_{n=1}^{\infty}\dfrac{1}{n!}$；　　(2) $\sum\limits_{n=1}^{\infty}\dfrac{n!}{10^n}$；　　(3) $\sum\limits_{n=1}^{\infty}\dfrac{n+2}{2^n}$.

解 (1) 因 $\lim\limits_{n\to\infty}\dfrac{u_{n+1}}{u_n}=\lim\limits_{n\to\infty}\dfrac{\frac{1}{(n+1)!}}{\frac{1}{n!}}=\lim\limits_{n\to\infty}\dfrac{1}{n+1}=0$，所以由定理 10.4 知，原级数收敛.

(2) 因 $\lim\limits_{n\to\infty}\dfrac{u_{n+1}}{u_n}=\lim\limits_{n\to\infty}\dfrac{(n+1)!}{10^{n+1}}\cdot\dfrac{10^n}{n!}=\lim\limits_{n\to\infty}\dfrac{n+1}{10}=+\infty$，所以由定理 10.4 知，原级数发散.

(3) 因 $\lim\limits_{n\to\infty}\dfrac{u_{n+1}}{u_n}=\lim\limits_{n\to\infty}\dfrac{n+3}{2^{n+1}}\cdot\dfrac{2^n}{n+2}=\dfrac{1}{2}$，所以由定理 10.4 知，原级数收敛.

定理 10.5（根值判别法） 设 $\sum\limits_{n=1}^{\infty}u_n$ 为正项级数，若 $\lim\limits_{n\to\infty}\sqrt[n]{u_n}=q$（其中 q 允许为 $+\infty$），则：

(1) 当 $q<1$ 时，级数收敛；

(2) 当 $q>1$ 或 $q=+\infty$ 时，级数发散；

(3) 当 $q=1$ 时，级数可能收敛也可能发散.

注意 根值判别法与比值判别法一样，当 $q=1$ 时本判别法失效. 仍考虑 p - 级数 $\sum\limits_{n=1}^{\infty}\dfrac{1}{n^p}$，有 $\lim\limits_{n\to\infty}\sqrt[n]{u_n}=\lim\limits_{n\to\infty}\dfrac{1}{(\sqrt[n]{n})^p}=1$，而 p - 级数 $\sum\limits_{n=1}^{\infty}\dfrac{1}{n^p}$ 当 $p\leqslant 1$ 时发散；当 $p>1$ 时收敛.

例 10.9 判定正项级数 $\sum\limits_{n=1}^{\infty}\left(\dfrac{n}{2n+1}\right)^n$ 的敛散性.

解 因为 $\lim\limits_{n\to\infty}\sqrt[n]{u_n}=\lim\limits_{n\to\infty}\sqrt[n]{\left(\dfrac{n}{2n+1}\right)^n}=\dfrac{1}{2}<1$，所以由定理 10.5 知，原级数收敛.

10.2.2 交错级数及其判别法

各项正负交错的数项级数称为交错级数，它的一般形式为

$$\sum_{n=1}^{\infty}(-1)^{n-1}u_n=u_1-u_2+u_3-u_4+\cdots \qquad (10-1)$$

或

$$\sum_{n=1}^{\infty}(-1)^n u_n = -u_1 + u_2 - u_3 + u_4 - \cdots, \tag{10-2}$$

其中 $u_n > 0, n = 1,2,\cdots$.

因为式(10-2)可由式(10-1)乘上 -1 而得到，故我们只按式(10-1)的形式给出关于交错级数的判别法.

定理 10.6（莱布尼茨判别法） 如果交错级数 $\sum_{n=1}^{\infty}(-1)^{n-1}u_n$ 满足以下两个条件：

(1) $u_n \geqslant u_{n+1} \quad (n = 1,2,\cdots)$；

(2) $\lim_{n\to\infty} u_n = 0$.

则级数 $\sum_{n=1}^{\infty}(-1)^{n-1}u_n$ 收敛，且其和 $s \leqslant u_1$.

例 10.10 判定下列交错级数的敛散性.

(1) $\sum_{n=1}^{\infty}(-1)^{n-1}\frac{1}{n}$； (2) $\sum_{n=1}^{\infty}(-1)^{n-1}\frac{1}{\ln(n+1)}$.

解 (1) 因为

$$u_n = \frac{1}{n} > \frac{1}{n+1} = u_{n+1} \quad (n = 1,2,\cdots),$$

且

$$\lim_{n\to\infty} u_n = \lim_{n\to\infty}\frac{1}{n} = 0,$$

所以由定理 10.6 知，原级数收敛，且其和 $s \leqslant 1$.

(2) 因为

$$u_n = \frac{1}{\ln(n+1)} > \frac{1}{\ln(n+2)} = u_{n+1} \quad (n = 1,2,\cdots),$$

且

$$\lim_{n\to\infty} u_n = \lim_{n\to\infty}\frac{1}{\ln(n+1)} = 0,$$

所以由定理 10.6 知，原级数收敛.

10.2.3 任意项级数及其判别法

设有级数

$$\sum_{n=1}^{\infty} u_n = u_1 + u_2 + \cdots + u_n + \cdots, \tag{10-3}$$

其中 $u_n(n = 1,2,\cdots)$ 是任意实数，称式(10-3)为任意项级数.

对于任意项级数 $\sum_{n=1}^{\infty} u_n$，如果正项级数 $\sum_{n=1}^{\infty} |u_n|$ 收敛，则称级数 $\sum_{n=1}^{\infty} u_n$ **绝对**

收敛；如果 $\sum_{n=1}^{\infty} u_n$ 收敛，但级数 $\sum_{n=1}^{\infty} |u_n|$ 发散，则称级数 $\sum_{n=1}^{\infty} u_n$ **条件收敛**.

例如，$\sum_{n=1}^{\infty} (-1)^{n-1}\frac{1}{n^2}$ 为绝对收敛，而级数 $\sum_{n=1}^{\infty} (-1)^{n-1}\frac{1}{n}$ 为条件收敛.

定理 10.7 若任意项级数 $\sum_{n=1}^{\infty} u_n$ 绝对收敛，则此级数一定收敛.

证明 令 $v_n = \frac{1}{2}(u_n + |u_n|)(n = 1,2,\cdots)$，显然 $v_n \geqslant 0$，且 $v_n \leqslant |u_n|$，而 $\sum_{n=1}^{\infty} |u_n|$ 收敛，则由比较判别法知，级数 $\sum_{n=1}^{\infty} v_n$ 收敛，从而级数 $\sum_{n=1}^{\infty} 2v_n$ 也收敛，而 $u_n = 2v_n - |u_n|$，由收敛级数的基本性质 10.2 知 $\sum_{n=1}^{\infty} u_n$ 也收敛.

定理 10.6 说明对于任意项级数 $\sum_{n=1}^{\infty} u_n$，我们可以利用正项级数的判别法判别 $\sum_{n=1}^{\infty} |u_n|$ 收敛，则级数 $\sum_{n=1}^{\infty} u_n$ 收敛，且为绝对收敛.

例 10.11 判别下列级数的敛散性，并且若收敛，指出其是绝对收敛还是条件收敛.

(1) $\sum_{n=1}^{\infty} \frac{\sin n}{n^2}$； (2) $\sum_{n=1}^{\infty} (-1)^{n+1}\frac{1}{\sqrt{n}}$.

解 (1) 因为 $\left|\frac{\sin n}{n^2}\right| \leqslant \frac{1}{n^2}$，而级数 $\sum_{n=1}^{\infty} \frac{1}{n^2}$ 收敛，所以级数 $\sum_{n=1}^{\infty} \left|\frac{\sin n}{n^2}\right|$ 收敛，即原级数 $\sum_{n=1}^{\infty} \frac{\sin n}{n^2}$ 绝对收敛.

(2) 级数 $\sum_{n=1}^{\infty} (-1)^{n+1}\frac{1}{\sqrt{n}}$ 的每项都取绝对值，得正项级数 $\sum_{n=1}^{\infty} \frac{1}{\sqrt{n}}$，由于 $p = \frac{1}{2} < 1$，根据 p-级数的结论知，$\sum_{n=1}^{\infty} \frac{1}{\sqrt{n}}$ 发散. 又级数 $\sum_{n=1}^{\infty} (-1)^{n+1}\frac{1}{\sqrt{n}}$ 是交错级数，且

$$u_n = \frac{1}{\sqrt{n}} > \frac{1}{\sqrt{n+1}} = u_{n+1}, \quad \lim_{n\to\infty} u_n = \lim_{n\to\infty}\frac{1}{\sqrt{n}} = 0,$$

由莱布尼茨判别法知，该级数收敛，所以原级数 $\sum_{n=1}^{\infty} (-1)^{n+1}\frac{1}{\sqrt{n}}$ 条件收敛.

一般来说，对于任意项级数 $\sum_{n=1}^{\infty} u_n$，我们可先利用正项级数的判别法考察 $\sum_{n=1}^{\infty} |u_n|$ 的敛散性. 当 $\sum_{n=1}^{\infty} |u_n|$ 收敛时，则级数 $\sum_{n=1}^{\infty} u_n$ 绝对收敛，当然 $\sum_{n=1}^{\infty} u_n$ 一

定收敛. 如果 $\sum_{n=1}^{\infty}|u_n|$ 发散,一般不能断定级数 $\sum_{n=1}^{\infty}u_n$ 也发散. 但是,如果是利用比值判别法或根值判别法判定级数 $\sum_{n=1}^{\infty}|u_n|$ 发散,则必有 $\lim_{n\to\infty}|u_n|\neq 0$,从而 $\lim_{n\to\infty}u_n\neq 0$,这时一定有级数 $\sum_{n=1}^{\infty}u_n$ 发散.

习题 10-2

1. 用比较判别法或其极限形式判定下列级数的敛散性.

(1) $\sum_{n=1}^{\infty}\frac{1}{(n+1)(n+4)}$; (2) $\sum_{n=1}^{\infty}\sin\frac{\pi}{2^n}$;

(3) $\sum_{n=1}^{\infty}\frac{1}{n\sqrt{n+2}}$; (4) $\sum_{n=1}^{\infty}\frac{1}{3^n+1}$;

(5) $\sum_{n=1}^{\infty}\frac{2}{5n+3}$; (6) $\sum_{n=1}^{\infty}\frac{2^n}{4^n+1}$.

2. 用比值判别法或根值判别法判定下列级数的敛散性.

(1) $\sum_{n=1}^{\infty}\frac{3^n\cdot n^2}{n!}$; (2) $\sum_{n=1}^{\infty}\frac{n!}{4^n}$;

(3) $\sum_{n=1}^{\infty}n\left(\frac{3}{5}\right)^n$; (4) $\sum_{n=1}^{\infty}\left(\frac{n}{3n+1}\right)^n$;

(5) $\sum_{n=1}^{\infty}\frac{1}{[\ln(n+1)]^n}$; (6) $\sum_{n=1}^{\infty}\left(\frac{3n^2}{n^2+1}\right)^n$.

3. 判别下列级数的敛散性,若收敛,指出其是绝对收敛还是条件收敛.

(1) $\sum_{n=1}^{\infty}(-1)^{n-1}\frac{n}{3^n}$; (2) $\sum_{n=1}^{\infty}(-1)^n\frac{n}{3n+1}$;

(3) $\sum_{n=1}^{\infty}(-1)^n\left(1-\cos\frac{1}{n}\right)$; (4) $\sum_{n=1}^{\infty}\frac{\sin n\alpha}{n(n+1)}$;

(5) $\sum_{n=1}^{\infty}\frac{\cos n}{n^3}$; (6) $\sum_{n=1}^{\infty}(-1)^n\ln\left(\frac{n+1}{n}\right)$.

***4**. 利用级数收敛的必要条件证明: $\lim_{n\to\infty}\frac{2^n\cdot n!}{n^n}=0$.

§10.3 幂级数

10.3.1 函数项级数的一般概念

设有定义在区间 I 上的函数列 $u_1(x),u_2(x),\cdots,u_n(x),\cdots$,则表达式

$$\sum_{n=1}^{\infty} u_n(x) = u_1(x) + u_2(x) + \cdots + u_n(x) + \cdots \tag{10-4}$$

称为定义在区间 I 上的函数项级数.

对于区间 I 上的每一点 x_0，式(10－4)成为常数项级数 $\sum\limits_{n=1}^{\infty} u_n(x_0)$. 若 $\sum\limits_{n=1}^{\infty} u_n(x_0)$ 收敛,则称 x_0 为式(10－4) 的收敛点;若 $\sum\limits_{n=1}^{\infty} u_n(x_0)$ 发散,则称 x_0 为式(10－4)的发散点.式(10－4)所有的收敛点组成的集合称为它的收敛域;所有发散点组成的集合称为它的发散域.

记式(10－4)的收敛域为 D,则对于任意 $x \in D$,式(10－4)收敛,因而都有相应的和 s,显然 s 是 x 的函数,记作 $s(x)$,称为式(10－4)的**和函数**,即

$$s(x) = \sum_{n=1}^{\infty} u_n(x) \quad (x \in D).$$

例如,等比级数 $\sum\limits_{n=1}^{\infty} x^{n-1} = 1 + x + x^2 + \cdots + x^n + \cdots$ 的收敛域为 $(-1,1)$,当 $x \in (-1,1)$ 时,有和函数 $\sum\limits_{n=1}^{\infty} x^{n-1} = \dfrac{1}{1-x}$. 其发散域是 $(-\infty,-1] \cup [1,+\infty)$.

10.3.2 幂级数及其收敛域

函数项级数中最简单且最常见的就是幂级数,它的一般形式是

$$\sum_{n=0}^{\infty} a_n (x-x_0)^n = a_0 + a_1(x-x_0) + a_2 (x-x_0)^2 + \cdots + a_n (x-x_0)^n + \cdots, \tag{10-5}$$

其中常数 $a_n(n = 0,1,\cdots)$ 称为幂级数的**系数**.

当 $x_0 = 0$ 时,式(10－5)就成为

$$\sum_{n=0}^{\infty} a_n x^n = a_0 + a_1 x + a_2 x^2 + \cdots + a_n x^n + \cdots, \tag{10-6}$$

式(10－6)称为 x 的幂级数.因为只要令 $t = x - x_0$,就可把式(10－5)化为式(10－6),所以不失一般性,我们主要讨论幂级数(10－6)的收敛性问题.

对于一个给定的幂级数,怎样来确定它的收敛域和发散域呢?也就是说,x 在哪些点处级数(10－6)收敛,又在哪些点处级数(10－6)发散呢?前面我们求得等比级数 $\sum\limits_{n=1}^{\infty} x^{n-1}$ 的收敛域是一个区间,事实上,这个结论对一般的幂级数也是成立的.我们不加证明地给出如下结论.

定理 10.8 如果幂级数 $\sum\limits_{n=0}^{\infty} a_n x^n$ 不是仅在 $x = 0$ 一点处收敛,也不是在整个数轴上都收敛,则必有一个确定的正数 R 存在,使得:

当 $|x|<R$ 时,幂级数绝对收敛;

当 $|x|>R$ 时,幂级数发散;

当 $x=R$ 和当 $x=-R$ 时,幂级数可能收敛也可能发散.

从定理 10.8 可知,如果幂级数既有收敛点(不仅是原点)又有发散点,则必存在一个完全确定的正数 R,使得当 $|x|<R$ 时,幂级数绝对收敛;当 $|x|>R$ 时,幂级数发散.

正数 R 称为幂级数(10-6)的**收敛半径**,称 $(-R,R)$ 为收敛区间.根据幂级数在 $x=\pm R$ 的敛散性情况,幂级数的收敛域为以下四种形式之一:

$$(-R,R),[-R,R),(-R,R],[-R,R].$$

如果幂级数(10-6)仅在 $x=0$ 处收敛,则规定收敛半径 $R=0$;如果幂级数(10-6)对一切 $x\in(-\infty,+\infty)$ 都收敛,则规定收敛半径 $R=+\infty$,此时收敛域为 $(-\infty,+\infty)$.

下面我们给出求收敛半径的方法.

定理 10.9　如果幂级数 $\sum\limits_{n=0}^{\infty}a_nx^n$ 的相邻两项的系数满足条件

$$\lim_{n\to\infty}\left|\frac{a_{n+1}}{a_n}\right|=\rho,\quad (\rho \text{ 为常数或 } +\infty),$$

则该幂级数的收敛半径

$$R=\begin{cases}\dfrac{1}{\rho}, & 0<\rho<+\infty\\ +\infty, & \rho=0\\ 0, & \rho=+\infty\end{cases}.$$

证明　考察正项级数 $\sum\limits_{n=0}^{\infty}|a_nx^n|$ 的敛散性.根据比值判别法,有

$$\lim_{n\to\infty}\left|\frac{a_{n+1}x^{n+1}}{a_nx^n}\right|=\lim_{n\to\infty}\left|\frac{a_{n+1}}{a_n}\right|\cdot|x|=\rho|x|.$$

(1) 若 $0<\rho<+\infty$,则当 $\rho|x|<1$,即 $|x|<\dfrac{1}{\rho}$ 时,$\sum\limits_{n=0}^{\infty}|a_nx^n|$ 收敛,从而 $\sum\limits_{n=0}^{\infty}a_nx^n$ 绝对收敛;当 $\rho|x|>1$,即 $|x|>\dfrac{1}{\rho}$ 时,$\sum\limits_{n=0}^{\infty}|a_nx^n|$ 发散,从而 $\sum\limits_{n=0}^{\infty}a_nx^n$ 也发散,故收敛半径 $R=\dfrac{1}{\rho}$.

(2) 若 $\rho=0$,则根据比值判别法,对任意的 x,都有 $\rho|x|=0<1$,所以 $\sum\limits_{n=0}^{\infty}|a_nx^n|$ 收敛,从而 $\sum\limits_{n=0}^{\infty}a_nx^n$ 绝对收敛,故收敛半径 $R=+\infty$.

(3) 若 $\rho=+\infty$,则对任何 $x\neq0$,有 $\rho|x|=+\infty>1$,所以 $\sum\limits_{n=0}^{\infty}a_nx^n$ 发散;

当 $x=0$ 时，幂级数 $\sum\limits_{n=0}^{\infty}a_nx^n$ 总是收敛的，故收敛半径 $R=0$.

例 10.12 求下列幂级数的收敛半径和收敛域.

(1) $\sum\limits_{n=1}^{\infty}(-1)^n\dfrac{x^n}{n}$； (2) $\sum\limits_{n=1}^{\infty}\dfrac{x^n}{n!}$.

解 (1) 因为 $\rho=\lim\limits_{n\to\infty}\left|\dfrac{a_{n+1}}{a_n}\right|=\lim\limits_{n\to\infty}\dfrac{\frac{1}{n+1}}{\frac{1}{n}}=1$，所以收敛半径 $R=1$，收敛区间为 $(-1,1)$.

当 $x=1$ 时，幂级数变为交错级数 $\sum\limits_{n=1}^{\infty}(-1)^n\dfrac{1}{n}$，该级数收敛；

当 $x=-1$ 时，幂级数变为调和级数 $\sum\limits_{n=1}^{\infty}\dfrac{1}{n}$，该级数发散.

故原级数的收敛域为 $(-1,1]$.

(2) 因为 $\rho=\lim\limits_{n\to\infty}\left|\dfrac{a_{n+1}}{a_n}\right|=\lim\limits_{n\to\infty}\dfrac{\frac{1}{(n+1)!}}{\frac{1}{n!}}=\lim\limits_{n\to\infty}\dfrac{1}{n+1}=0$，所以收敛半径 $R=+\infty$，故原级数的收敛域为 $(-\infty,+\infty)$.

例 10.13 求幂级数 $\sum\limits_{n=1}^{\infty}\dfrac{(x-1)^n}{2^n\cdot n}$ 的收敛域.

解 令 $t=x-1$，原级数变为 $\sum\limits_{n=1}^{\infty}\dfrac{1}{2^nn}t^n$.

因为 $\rho=\lim\limits_{n\to\infty}\left|\dfrac{a_{n+1}}{a_n}\right|=\lim\limits_{n\to\infty}\dfrac{2^nn}{2^{n+1}(n+1)}=\dfrac{1}{2}$，所以收敛半径 $R=2$，收敛区间为 $(-2,2)$.

当 $t=2$ 时，幂级数变为 $\sum\limits_{n=1}^{\infty}\dfrac{1}{n}$，该级数发散；

当 $t=-2$ 时，幂级数变为 $\sum\limits_{n=1}^{\infty}\dfrac{(-1)^n}{n}$，该级数收敛.

故幂级数 $\sum\limits_{n=1}^{\infty}\dfrac{1}{2^nn}t^n$ 的收敛域为 $-2\leqslant t<2$，从而原级数的收敛域为 $-2\leqslant x-1<2$，即 $-1\leqslant x<3$，或 $[-1,3)$.

***例 10.14** 求幂级数 $\sum\limits_{n=1}^{\infty}\dfrac{2n+1}{2^n}x^{2n-1}$ 的收敛域.

解 此级数缺少偶次项，即系数 $a_{2n}=0(n=1,2,\cdots)$，故相邻两项的比值没有意义，因此不能直接用定理 10.9 中的公式求收敛半径. 下面根据比值判别法来求收敛半径.

设 $u_n(x)=\frac{2n+1}{2^n}x^{2n-1}$，因为

$$\lim_{n\to\infty}\left|\frac{u_{n+1}(x)}{u_n(x)}\right|=\lim_{n\to\infty}\left|\frac{(2n+3)\cdot 2^n x^{2n+1}}{(2n+1)\cdot 2^{n+1}x^{2n-1}}\right|=\frac{x^2}{2},$$

所以当 $\frac{x^2}{2}<1$，即 $|x|<\sqrt{2}$ 时，级数绝对收敛；当 $\frac{x^2}{2}>1$，即 $|x|>\sqrt{2}$ 时，级数发散. 于是收敛半径 $R=\sqrt{2}$，收敛区间为 $(-\sqrt{2},\sqrt{2})$. 当 $x=\pm\sqrt{2}$ 时，幂级数变为 $\pm\sum\limits_{n=1}^{\infty}\frac{2n+1}{\sqrt{2}}$，显然均发散，故原级数的收敛域为 $(-\sqrt{2},\sqrt{2})$.

10.3.3 幂级数的运算性质

性质 10.6 设 $\sum\limits_{n=0}^{\infty}a_nx^n$ 和 $\sum\limits_{n=0}^{\infty}b_nx^n$ 的收敛半径分别为 R_1 和 R_2，令 $R=\min\{R_1,R_2\}$，则

$$\sum_{n=0}^{\infty}a_nx^n\pm\sum_{n=0}^{\infty}b_nx^n=\sum_{n=0}^{\infty}(a_n\pm b_n)x^n,\ |x|<R.$$

性质 10.7 幂级数 $\sum\limits_{n=0}^{\infty}a_nx^n$ 的和函数 $s(x)$ 在其收敛区间上连续.

性质 10.8 设幂级数 $\sum\limits_{n=0}^{\infty}a_nx^n$ 的收敛半径为 R，则该幂级数的和函数 $s(x)$ 在其收敛区间 $(-R,R)$ 内可逐项求导，即：

$$s'(x)=\left(\sum_{n=0}^{\infty}a_nx^n\right)'=\sum_{n=0}^{\infty}(a_nx^n)'=\sum_{n=1}^{\infty}na_nx^{n-1},\ x\in(-R,R).$$

反复利用该性质可得：幂级数 $\sum\limits_{n=0}^{\infty}a_nx^n$ 的和函数 $s(x)$ 在其收敛区间 $(-R,R)$ 内有任意阶导数.

性质 10.9 设幂级数 $\sum\limits_{n=0}^{\infty}a_nx^n$ 的收敛半径为 R，则该幂级数的和函数 $s(x)$ 在其收敛区间 $(-R,R)$ 内可逐项积分，即：

$$\int_0^x s(x)\mathrm{d}x=\int_0^x\sum_{n=0}^{\infty}a_nx^n\mathrm{d}x=\sum_{n=0}^{\infty}a_n\int_0^x x^n\mathrm{d}x=\sum_{n=0}^{\infty}\frac{a_n}{n+1}x^{n+1},\ x\in(-R,R).$$

性质 10.8 和性质 10.9 常用于求幂级数的和函数. 此外，等比级数的和函数

$$\sum_{n=1}^{\infty}x^{n-1}=1+x+x^2+\cdots+x^n+\cdots=\frac{1}{1-x},\ x\in(-1,1),$$

是幂级数求和中的一个基本结果. 我们讨论的许多级数求和的问题都可以转化

为等比级数的求和来解决.

例 10.15 求幂级数 $\sum_{n=1}^{\infty}(n+1)x^n$ 的和函数.

解 显然幂级数 $\sum_{n=1}^{\infty}(n+1)x^n$ 的收敛域为 $(-1,1)$.

设 $s(x)=\sum_{n=1}^{\infty}(n+1)x^n, x\in(-1,1)$，利用性质 10.9，在等式两端同时从 0 到 x 积分，得

$$\int_0^x s(x)\mathrm{d}x=\sum_{n=1}^{\infty}\int_0^x(n+1)x^n\mathrm{d}x=\sum_{n=1}^{\infty}x^{n+1}=\frac{x^2}{1-x},$$

上式两端对 x 求导，得

$$s(x)=\frac{2x-x^2}{(1-x)^2},\ x\in(-1,1).$$

例 10.16 求幂级数 $\sum_{n=1}^{\infty}\frac{x^n}{n}$ 的和函数.

解 显然幂级数 $\sum_{n=1}^{\infty}\frac{x^n}{n}$ 的收敛域为 $[-1,1)$.

设 $s(x)=\sum_{n=1}^{\infty}\frac{x^n}{n}, x\in[-1,1)$，利用性质 10.8，对所给幂级数在收敛区间内逐项求导，得

$$s'(x)=\sum_{n=1}^{\infty}\left(\frac{x^n}{n}\right)'=\sum_{n=0}^{\infty}x^n=\frac{1}{1-x},\quad x\in[-1,1).$$

由积分公式 $\int_0^x s'(x)\mathrm{d}x=s(x)-s(0)$ 得

$$s(x)=s(0)+\int_0^x s'(x)\mathrm{d}x=\int_0^x\frac{1}{1-x}\mathrm{d}x=-\ln(1-x),\ x\in[-1,1).$$

并由此取 $x=-1$ 可得

$$\sum_{n=1}^{\infty}\frac{(-1)^{n-1}}{n}=1-\frac{1}{2}+\frac{1}{3}-\frac{1}{4}+\cdots=\ln 2.$$

10.3.4 函数展开成幂级数

前面我们讨论了幂级数所确定的和函数的性质. 下面讨论相反的问题，即给定函数 $f(x)$，能否找到一个幂级数，其在某个区间内收敛，且其和函数恰好是 $f(x)$. 如果能找到这样的幂级数，我们就称函数 $f(x)$ 在该区间内能展开成幂级数，而这个幂级数在该区间内就表达了函数 $f(x)$.

1. 泰勒级数的概念

我们从一元微积分中知道，如果函数 $f(x)$ 在 x_0 的某邻域有 $n+1$ 阶导数，

则对于该邻域内的任意一点 x，有 n 阶**泰勒公式**：

$$f(x)=f(x_0)+f'(x_0)(x-x_0)+\frac{f''(x_0)}{2!}(x-x_0)^2+\cdots$$
$$+\frac{f^{(n)}(x_0)}{n!}(x-x_0)^n+R_n(x),\qquad(10-7)$$

其中 $R_n(x)=\dfrac{f^{(n+1)}(\xi)}{(n+1)!}(x-x_0)^{n+1}$ 称为拉格朗日型余项，这里 ξ 是介于 x 与 x_0 之间的某个值.

若 $f(x)$ 在 x_0 的某一领域内任意阶可导，则式(10－7)右端可写成 $(x-x_0)$ 的幂级数

$$f(x_0)+f'(x_0)(x-x_0)+\frac{f''(x_0)}{2!}(x-x_0)^2+\cdots+\frac{f^{(n)}(x_0)}{n!}(x-x_0)^n+\cdots$$
$$=\sum_{n=0}^{\infty}\frac{f^{(n)}(x_0)}{n!}(x-x_0)^n,\qquad(10-8)$$

式(10－8)称为 $f(x)$ 在 x_0 点处的**泰勒级数**，也称为 $f(x)$ 在 x_0 点处的幂级数展开式.

$f(x)$ 在 $x_0=0$ 点处的泰勒级数

$$\sum_{n=0}^{\infty}\frac{f^{(n)}(0)}{n!}x^n=f(0)+f'(0)x+\frac{f''(0)}{2!}x^2+\cdots+\frac{f^{(n)}(0)}{n!}x^n+\cdots$$

称为 $f(x)$ 的麦克劳林级数.

当 $f(x)$ 在 x_0 的某一领域具有任意阶导数时，$f(x)$ 在点 x_0 处总可以写出对应的泰勒级数，但该级数是否收敛？若收敛，是否一定以 $f(x)$ 为和函数？对此，我们有如下定理.

定理 10.10 设函数 $f(x)$ 在 x_0 的某一邻域 I 内有任意阶导数，则 $f(x)$ 在 I 内可展开成泰勒级数的充分必要条件是式(10－7)中的余项满足：

$$\lim_{n\to\infty}R_n(x)=0\ (x\in I).$$

函数的麦克劳林级数是 x 的幂级数，可以证明，如果 $f(x)$ 能展开成 x 的幂级数，则这种展开式是唯一的，它一定等于 $f(x)$ 的麦克劳林级数. 下面我们讨论把函数 $f(x)$ 展开成 x 的幂级数的方法.

2. 函数展开成幂级数的方法

1）直接法

把函数 $f(x)$ 展开成 x 的幂级数可按下列步骤进行：

(1) 求出函数 $f(x)$ 的各阶导数；

(2) 求函数 $f(x)$ 的各阶导数在 $x=0$ 处的值；

(3) 写出幂级数 $f(0)+f'(0)x+\dfrac{f''(0)}{2!}x^2+\cdots+\dfrac{f^{(n)}(0)}{n!}x^n+\cdots$，并求出其

收敛半径 R；

(4) 考察极限 $\lim\limits_{n\to\infty}R_n(x)=0$ 是否成立，如果成立，则函数 $f(x)$ 在区间 $(-R,R)$ 内的幂级数展开式为

$$f(x)=\sum_{n=0}^{\infty}\frac{f^{(n)}(0)}{n!}x^n$$
$$=f(0)+f'(0)x+\frac{f''(0)}{2!}x^2+\cdots+\frac{f^{(n)}(0)}{n!}x^n+\cdots,\ x\in(-R,R).$$

例 10.17 将函数 $f(x)=\mathrm{e}^x$ 展开成 x 的幂级数.

解 因为 $f^{(n)}(x)=\mathrm{e}^x$，所以 $f(0)=1, f^{(n)}(0)=1(n=1,2\cdots)$，故可得级数

$$\sum_{n=0}^{\infty}\frac{x^n}{n!}=1+x+\frac{1}{2!}x^2+\frac{1}{3!}x^3+\cdots+\frac{1}{n!}x^n+\cdots,$$

它的收敛半径 $R=+\infty$.

对于任何有限的数 x，ξ(ξ 介于 0 与 x 之间)，其余项满足：

$$|R_n(x)|=\left|\frac{\mathrm{e}^{\xi}}{(n+1)!}x^{n+1}\right|<\mathrm{e}^{|x|}\cdot\frac{|x|^{n+1}}{(n+1)!},$$

因 $\mathrm{e}^{|x|}$ 有限，而 $\frac{|x|^{n+1}}{(n+1)!}$ 是收敛级数 $\sum\limits_{n=0}^{\infty}\frac{|x|^{n+1}}{(n+1)!}$ 的一般项，所以 $\mathrm{e}^{|x|}\cdot\frac{|x|^{n+1}}{(n+1)!}\to 0\ (n\to\infty)$，即有 $\lim\limits_{n\to\infty}R_n(x)=0$，于是

$$\mathrm{e}^x=1+x+\frac{1}{2!}x^2+\frac{1}{3!}x^3+\cdots+\frac{1}{n!}x^n+\cdots,\ x\in(-\infty,+\infty).$$

常用的函数展开式还有：

$$\sin x=x-\frac{1}{3!}x^3+\frac{1}{5!}x^5-\cdots+(-1)^n\frac{1}{(2n+1)!}x^{2n+1}+\cdots,\ x\in(-\infty,+\infty).$$

$$(1+x)^{\alpha}=1+\alpha x+\frac{\alpha(\alpha-1)}{2!}x^2+\cdots$$
$$+\frac{\alpha(\alpha-1)(\alpha-n+1)}{n!}x^n+\cdots,\ x\in(-1,+1),$$

其中 α 为任意常数.

上式中，当 $\alpha=-1$ 时，

$$\frac{1}{1+x}=1-x+x^2-x^3+\cdots+(-1)^n x^n+\cdots,\ x\in(-1,1).$$

2) 间接法

一般情况下，只有少数简单的函数其幂级数展开式能利用直接法得到它的麦克劳利展开式，更多的函数是利用已知函数的展开式，通过线性运算法则、变量代换、恒等变形、逐项求导或逐项积分等方法间接地求得幂级数的展开式. 这种方法我们称为函数展开成幂级数的间接法.

例 10.18 将函数 $f(x)=\cos x$ 展开成 x 的幂级数.

解 因为

$$\sin x = x - \frac{1}{3!}x^3 + \frac{1}{5!}x^5 - \cdots + (-1)^n \frac{1}{(2n+1)!}x^{2n+1} + \cdots,\ x \in (-\infty, +\infty).$$

两边对 x 求导得

$$\cos x = 1 - \frac{1}{2!}x^2 + \frac{1}{4!}x^4 - \cdots + (-1)^n \frac{1}{(2n)!}x^{2n} + \cdots,\ x \in (-\infty, +\infty).$$

例 10.19 将函数 $f(x) = \ln(1+x)$ 展开成 x 的幂级数.

解 因为

$$\frac{1}{1+x} = 1 - x + x^2 - x^3 + \cdots + (-1)^n x^n + \cdots,\ x \in (-1,1).$$

两边从 0 到 x 逐项积分,得

$$\ln(1+x) = x - \frac{1}{2}x^2 + \frac{1}{3}x^3 - \frac{1}{4}x^4 + \cdots + (-1)^n \frac{1}{n+1}x^{n+1} + \cdots,\ x \in (-1,1).$$

由于上式右端的级数在端点 $x = 1$ 处收敛,在 $x = -1$ 处发散,而 $f(x) = \ln(1+x)$ 在 $x = 1$ 处连续,所以

$$\ln(1+x) = x - \frac{1}{2}x^2 + \frac{1}{3}x^3 - \frac{1}{4}x^4 + \cdots + (-1)^n \frac{1}{n+1}x^{n+1} + \cdots,\ x \in (-1,1].$$

***例 10.20** 将函数 $f(x) = \dfrac{1}{3-x}$ 展开成 $x-1$ 的幂级数.

解 因为 $\dfrac{1}{3-x} = \dfrac{1}{2-(x-1)} = \dfrac{1}{2} \cdot \dfrac{1}{1-\dfrac{x-1}{2}}$,令 $t = \dfrac{x-1}{2}$,则

$$\frac{1}{3-x} = \frac{1}{2} \times \frac{1}{1-t} = \frac{1}{2}(1 + t + t^2 + \cdots + t^n + \cdots),\ t \in (-1,1).$$

将 t 换成 $\dfrac{x-1}{2}$,得

$$\frac{1}{3-x} = \frac{1}{2}\left[1 + \frac{x-1}{2} + \frac{(x-1)^2}{2^2} + \cdots + \frac{(x-1)^n}{2^n} + \cdots\right],\ x \in (-1,3).$$

习题 10-3

1. 求下列幂级数的收敛域.

(1) $\sum\limits_{n=1}^{\infty} n!x^n$;

(2) $\sum\limits_{n=1}^{\infty} \dfrac{x^n}{n+2}$;

(3) $\sum\limits_{n=1}^{\infty} \dfrac{3^n}{n^2+1}x^n$;

(4) $\sum\limits_{n=1}^{\infty} (-1)^n \dfrac{x^{2n+1}}{2n+1}$;

(5) $\sum\limits_{n=1}^{\infty} \dfrac{x^{2n}}{3^n(n+1)^2}$;

(6) $\sum\limits_{n=1}^{\infty} \dfrac{(x-1)^n}{2^n \cdot n}$.

2. 求下列幂级数在其收敛区间内的和函数.

(1) $\sum_{n=1}^{\infty} \frac{x^{2n-1}}{2n-1}$;　　(2) $\sum_{n=1}^{\infty} 2nx^{2n-1}$.

3. 将下列函数展开成 x 的幂级数.

(1) $f(x)=\cos(hx)$;　　(2) $f(x)=\mathrm{e}^{-x^2}$;

(3) $f(x)=\frac{1}{4-x}$;　　(4) $f(x)=\sin^2 x$.

***4.** 将函数 $f(x)=\frac{1}{x}$ 展开成 $x-4$ 的幂级数.

§*10.4 幂级数的应用

10.4.1 函数值的近似计算

第 10.3 节得到的一些函数的幂级数展开式可以用来进行近似计算.

例 10.21 计算 e 的近似值.

解 e^x 的幂级数展开式:

$$\mathrm{e}^x = 1 + x + \frac{1}{2!}x^2 + \frac{1}{3!}x^3 + \cdots + \frac{1}{n!}x^n + \cdots,\ x \in (-\infty, +\infty).$$

令 $x=1$, 得

$$\mathrm{e} = 1 + 1 + \frac{1}{2!} + \frac{1}{3!} + \cdots + \frac{1}{n!} + \cdots,$$

取前 $n+1$ 项作为 e 的近似值,即

$$\mathrm{e} \approx 1 + 1 + \frac{1}{2!} + \frac{1}{3!} + \cdots + \frac{1}{n!}.$$

如取 $n=7$, 则

$$\mathrm{e} \approx 1 + 1 + \frac{1}{2!} + \frac{1}{3!} + \cdots + \frac{1}{7!} \approx 2.71826.$$

10.4.2 计算定积分

许多函数,如 $\frac{\sin x}{x}$, $\frac{1}{\ln x}$ 等,其原函数不能用初等函数表示,但若被积函数在积分区间上能展开成幂级数,则可通过幂级数展开式的逐项积分,用积分后的级数近似计算给定积分.

例 10.22 计算 $\int_0^1 \frac{\sin x}{x}\mathrm{d}x$ 的近似值,精确到 10^{-4}.

解 因为

$$\sin x = x - \frac{1}{3!}x^3 + \frac{1}{5!}x^5 - \cdots + (-1)^n \frac{1}{(2n+1)!}x^{2n+1} + \cdots,\ x \in (-\infty, +\infty),$$

故 $$\frac{\sin x}{x} = 1 - \frac{1}{3!}x^2 + \frac{1}{5!}x^4 - \frac{1}{7!}x^6 + \cdots,\ x \in (-\infty, +\infty).$$

所以 $$\int_0^1 \frac{\sin x}{x}\mathrm{d}x = 1 - \frac{1}{3 \cdot 3!} + \frac{1}{5 \cdot 5!} - \frac{1}{7 \cdot 7!} + \cdots,$$

这是一个收敛的交错级数，因其第4项中 $\frac{1}{7 \cdot 7!} < 10^{-4}$，故取前3项作定积分的近似值，得

$$\int_0^1 \frac{\sin x}{x}\mathrm{d}x \approx 1 - \frac{1}{3 \cdot 3!} + \frac{1}{5 \cdot 5!} \approx 0.9461.$$

*习题 10-4

*1. 计算 $\sqrt{\mathrm{e}}$ 的近似值.

*2. 计算定积分 $\int_0^1 \mathrm{e}^{-x^2}\mathrm{d}x$ 的近似值，要求误差不超过 0.001.

第 11 章　常微分方程

现实世界中的许多问题都可以在一定的条件下抽象为微分方程.例如人口的增长问题、经济的增长问题等都可以归结为微分方程的问题,这时的微分方程习惯上称为所研究问题的数学模型,如人口模型、经济增长模型等.因此微分方程是数学联系实际并应用于实际的重要途径和桥梁,是数学及其他学科进行科学研究的强有力的研究工具.本章主要讨论微分方程的一些基本概念及几种常用的、简单的微分方程的解法.

§11.1　微分方程的基本概念

函数是客观事物的内部联系在数量方面的反映,利用函数关系又可以对客观事物的规律性进行研究.因此如何寻找所需要的函数关系,在实践中具有重要意义.在许多问题中,往往不能直接找所需要的函数关系,但是根据问题所提供的情况,有时可以列出含有要找的函数及其导数的关系式.这样的关系就是所谓微分方程.微分方程建立以后,对它进行研究,找出未知函数,这就是解微分方程.

11.1.1　引例

例 11.1　假设某人以本金 p_0 元进行投资,投资年利率为 r,若以连续复利计,则 t 年后资金总额为 $p(t)=p_0e^{rt}$.

证明　设 t 时刻(以年为单位,下同)的资金总额为 $p(t)$,且资金没有取出也没有新的投入,则:

t 时刻的资金总额的变化率=t 时刻的资金总额获取的利息,

t 时刻的资金总额的变化率=$\dfrac{dp}{dt}$,

t 时刻的资金总额获取的利息=rp,

从而得到关于导数的方程和条件:

$$\frac{dp}{dt}=rp,\ p(t)\big|_{t=0}=p_0.$$

可以验证函数 $p(t)=p_0e^{rt}$ 满足方程和条件.

例 11.2　一质量为 m 的物体仅受重力的作用而下落，如果其初始位置和初始速度为 0，试确定物体下落的距离 s 与时间 t 的函数关系.

解　设物体在时刻 t 下落的距离为 $s(t)$，则 $a = s'' = \frac{d^2 s}{dt^2}$，由牛顿第二定律知：

$$\frac{d^2 s}{dt^2} = g,$$

此时应有：$s(0) = 0$，$v(0) = \left.\frac{ds}{dt}\right|_{t=0} = 0$. 对上式积分两次分别有：

$$v(t) = \frac{ds}{dt} = gt + c_1,\ s(t) = \frac{g}{2}t^2 + c_1 t + c_2,$$

代入条件有：$c_1 = 0$，$c_2 = 0$，得到 $s = \frac{1}{2}gt^2$.

11.1.2　基本概念

联系未知函数、未知函数的各阶导数与自变量之间的关系的方程，叫**微分方程**. 未知函数是一元函数的微分方程，叫**常微分方程**. 未知函数是多元函数的微分方程，叫**偏微分方程**. 本章只讨论常微分方程.

微分方程中所出现的未知函数的最高阶导数的阶数，叫**微分方程的阶**. 例如，方程 $x^3 y''' + x^2 y'' - 4xy' = 3x^2$，$y^{(4)} - 4y''' + 5y = 2x$，$y^{(n)} + 1 = 0$ 分别为三阶微分方程、四阶微分方程和 n 阶微分方程.

满足微分方程的函数（把函数代入微分方程能使该方程成为恒等式）叫做**该微分方程的解**. 如果微分方程的解中含有任意常数，且任意常数的个数与微分方程的阶数相同，这样的解叫做**微分方程的通解**.

用于确定通解中任意常数的条件，称为**初始条件**. 如 $x = x_0$ 时，$y = y_0$，$y' = y'_0$. 一般写成 $y|_{x=x_0} = y_0$，$y'|_{x=x_0} = y'_0$.

利用初始条件确定了通解中的任意常数以后，就得到**微分方程的特解**. 即不含任意常数的解.

求微分方程满足初始条件的解（即特解）的问题称为初值问题.

如求微分方程 $y' = f(x,y)$ 满足初始条件 $y|_{x=x_0} = y_0$ 的解的问题，记为

$$\begin{cases} y' = f(x,y) \\ y|_{x=x_0} = y_0 \end{cases}.$$

微分方程的解的图形是一条曲线，叫做微分方程的**积分曲线**.

例 11.3　验证函数 $y = C_1\cos kx + C_2\sin kx$ 是如下微分方程的解：

$$\frac{d^2 y}{dx^2} + k^2 y = 0.$$

解 求所给函数的导数：$\frac{dy}{dx}=-kC_1\sin kx+kC_2\cos kx$，

$\frac{d^2y}{dx^2}=-k^2C_1\cos kx-k^2C_2\sin kx=-k^2(C_1\cos kx+C_2\sin kx)$.

将 $\frac{d^2y}{dx^2},\frac{dy}{dx}$ 及 x 的表达式代入所给方程，得

$-k^2(C_1\cos kx+C_2\sin kx)+k^2(C_1\cos kx+C_2\sin kx)=0$.

这表明函数 $y=C_1\cos kx+C_2\sin kx$ 满足方程 $\frac{d^2y}{dx^2}+k^2y=0$，因此所给函数是所给方程的解.

例 11.4 已知函数 $x=C_1\cos kt+C_2\sin kt$ $(k\neq0)$是微分方程 $\frac{d^2x}{dt^2}+k^2x=0$ 的通解，求满足初始条件 $x|_{t=0}=A,x'|_{t=0}=0$ 的特解.

解 由条件 $x|_{t=0}=A$ 及 $x=C_1\cos kt+C_2\sin kt$，得 $C_1=A$.

再由条件 $x'|_{t=0}=0$，及 $x'(t)=-kC_1\sin kt+kC_2\cos kt$，得 $C_2=0$.

把 C_1,C_2的值代入 $x=C_1\cos kt+C_2\sin kt$ 中，得 $x=A\cos kt$.

习题 11-1

1. 指出下列微分方程的阶数.

(1) $\frac{dx}{y}+\frac{dy}{x}=0$；　　(2) $y^{(4)}-y''+4y+x^2=0$；

(3) $(y')^4+3y^3-1=0$；　　(4) $y^{(n)}=3x$.

2. 验证下列函数是所给微分方程的解.

(1) $y=c_1x+c_2x^2,y''-\frac{2}{x}y'+\frac{2y}{x^2}=0$；

(2) $xy=c_1e^x+c_2e^{-x},xy''+2y'-xy=0$；

(3) $y=c_1\cos\omega x+c_2\sin\omega x,\frac{d^2y}{d^2x}+\omega^2y=0$.

§11.2 一阶微分方程

各种类型的微分方程都有一些特定的求解方法.准确判断出微分方程的类型，也就找到了求解方法.因此，在解微分方程时，首先要判断方程的类型，然后再采取相应的解法.

一阶微分方程的一般形式为：$F(x,y,y')=0$.

常见形式为 $y'=f(x,y)$，或对称形式 $P(x,y)dx+Q(x,y)dy=0$.

下面讨论几种特殊类型的一阶微分方程.

11.2.1 可分离变量的微分方程

一、观察分析法

1. 求微分方程 $y' = 2x$ 的通解. 为此把方程两边积分，得 $y = x^2 + C$.

一般地，方程 $y' = f(x)$ 的通解为 $y = \int f(x)\mathrm{d}x + C$（此处积分后不再加任意常数）.

2. 求微分方程 $y' = -\dfrac{x}{y}$ 的通解.

因为 y 是未知的，所以积分 $-\int \dfrac{x}{y}\mathrm{d}x$ 无法进行，方程两边直接积分不能求出通解.

为求通解可将方程变为 $y\mathrm{d}y = -x\mathrm{d}x$，两边积分，得

$$\frac{y^2}{2} = -\frac{x^2}{2} + K \text{ 或 } y^2 + x^2 = C.$$

一般地，如果一阶微分方程 $y' = f(x, y)$ 能写成 $g(y)\mathrm{d}y = f(x)\mathrm{d}x$ 形式，则两边积分可得一个不含未知函数的导数的方程 $G(y) = F(x) + C$，由方程 $G(y) = F(x) + C$ 所确定的隐函数就是原方程的通解.

二、变量分离法

如果一个一阶微分方程能写成

$$g(y)\mathrm{d}y = f(x)\mathrm{d}x \quad (\text{或写成 } y' = \varphi(x)\psi(y))$$

的形式，就是说，能把微分方程写成一端只含 y 的函数和 $\mathrm{d}y$，另一端只含 x 的函数和 $\mathrm{d}x$，那么原方程就称为可分离变量的微分方程.

可分离变量的微分方程的解法如下.

第一步：分离变量，将方程写成 $g(y)\mathrm{d}y = f(x)\mathrm{d}x$ 的形式；

第二步：两端积分 $\int g(y)\mathrm{d}y = \int f(x)\mathrm{d}x$，设积分后得 $G(y) = F(x) + C$；

第三步：求出由 $G(y) = F(x) + C$ 所确定的显函数 $y = \varphi(x)$ 或 $x = \psi(y)$.

则

$$G(y) = F(x) + C, y = \varphi(x) \text{ 或 } x = \psi(y)$$

都是方程的通解，其中 $G(y) = F(x) + C$ 称为隐式(通)解.

例 11.5 求微分方程 $\dfrac{\mathrm{d}y}{\mathrm{d}x} = \mathrm{e}^x y$ 的通解.

解 此方程为可分离变量方程，分离变量后得 $\dfrac{1}{y}\mathrm{d}y = \mathrm{e}^x\mathrm{d}x$，两边积分得通解为

$$\int \frac{1}{y}\mathrm{d}y = \int \mathrm{e}^x\mathrm{d}x,\ \ln|y| = \mathrm{e}^x + C_1.$$

或者

$$|y| = e^{e^x + C_1} = e^{C_1} e^{e^x} = C_2 e^{e^x},\ y = \pm C_2 e^{e^x} = C_3 e^{e^x}.$$

例 11.6 求解指数增长与指数衰减方程 $\frac{dy}{dx} = ky$，其中 k 是常数(如果 k 为负数，表示当 x 增加时 y 单调减少，即 $\frac{dy}{dx} < 0$；如果 k 为正数，表示当 x 增加时 y 单调增加，即 $\frac{dy}{dx} > 0$).

解 将方程分离变量得 $\frac{dy}{y} = k dx$. 两边积分，得 $\int \frac{dy}{y} = \int k dx$，即 $\ln|y| = kx + C$，$|y| = e^{kx+C} = e^C e^{kx} = Ae^{kx}$，$y = \pm Ae^{kx} = Be^{kx}$.

注意 例 11.5 和例 11.6 中的 C_3，B 可以为 0.

例 11.7 一曲线通过点 (2,3)，它在两坐标间的任一切线线段均被切点所平分，求该曲线方程.

解 设所求曲线的方程为 $y = y(x)$. 设切线上任一点坐标为 (x,y)，曲线上任一点 (x,y) 的切线方程为

$$\frac{Y-y}{X-x} = y'.$$

已知当 $Y=0$ 时，$X=2x$，代入上式，得曲线满足的方程 $y' = -\frac{y}{x}$，分离变量求出通解为 $x \cdot y = C$. 满足初始条件 $y|_{x=2} = 3$ 的特解为 $xy = 6$.

11.2.2 齐次微分方程

如果一阶微分方程 $\frac{dy}{dx} = f(x, y)$ 中的函数 $f(x,y)$ 可写成 $\frac{y}{x}$ 的函数，即 $f(x, y) = \varphi\left(\frac{y}{x}\right)$，则称这方程为**齐次微分方程**. 例如对于下列四个方程：

(1) $xy' - y - \sqrt{y^2 - x^2} = 0$； (2) $\sqrt{1-x^2}\,y' = \sqrt{1-y^2}$；

(3) $(x^2 + y^2)dx - xydy = 0$； (4) $(2x+y-4)dx + (x+y-1)dy = 0$.

易知，方程(1)和(3)是齐次方程，而(2)和(4)不是齐次方程.

齐次微分方程的解法：

在齐次方程 $\frac{dy}{dx} = \varphi\left(\frac{y}{x}\right)$ 中，令 $u = \frac{y}{x}$，即 $y = ux$，有 $u + x\frac{du}{dx} = \varphi(u)$，分离变量，得 $\frac{du}{\varphi(u) - u} = \frac{dx}{x}$. 两端积分，得 $\int \frac{du}{\varphi(u)-u} = \int \frac{dx}{x}$. 求出积分后，再用 $\frac{y}{x}$ 代替 u，便得所给齐次方程的通解.

例 11.8　解方程 $y^2 + x^2 \dfrac{\mathrm{d}y}{\mathrm{d}x} = xy \dfrac{\mathrm{d}y}{\mathrm{d}x}$.

解　原方程可写成

$$\frac{\mathrm{d}y}{\mathrm{d}x} = \frac{y^2}{xy - x^2} = \frac{\left(\dfrac{y}{x}\right)^2}{\dfrac{y}{x} - 1},$$

因此原方程是齐次方程. 令 $\dfrac{y}{x} = u$，则 $y = ux$，$\dfrac{\mathrm{d}y}{\mathrm{d}x} = u + x\dfrac{\mathrm{d}u}{\mathrm{d}x}$，

于是原方程变为 $$u + x\frac{\mathrm{d}u}{\mathrm{d}x} = \frac{u^2}{u-1}.$$

即 $x\dfrac{\mathrm{d}u}{\mathrm{d}x} = \dfrac{u}{u-1}$，这是一个变量分离方程，解此方程得 $\ln|xu| = u + C$.

以 $\dfrac{y}{x}$ 代上式中的 u，便得所给方程的通解 $\ln|y| = \dfrac{y}{x} + C$.

11.2.3　一阶线性微分方程

方程 $\dfrac{\mathrm{d}y}{\mathrm{d}x} + P(x)y = Q(x)$ 叫做**一阶线性微分方程**.

如果 $Q(x) \equiv 0$，则方程称为**一阶齐次线性方程**，否则方程称为**一阶非齐次线性方程**. 而方程 $\dfrac{\mathrm{d}y}{\mathrm{d}x} + P(x)y = 0$ 叫做对应于方程 $\dfrac{\mathrm{d}y}{\mathrm{d}x} + P(x)y = Q(x)$ 的齐次线性方程.

一阶齐次线性方程的解法：

齐次线性方程 $\dfrac{\mathrm{d}y}{\mathrm{d}x} + P(x)y = 0$ 是变量可分离方程. 分离变量后得 $\dfrac{\mathrm{d}y}{y} = -P(x)\mathrm{d}x$，两边积分，得

$$\ln|y| = -\int P(x)\mathrm{d}x + C_1,$$

或

$$y = C\mathrm{e}^{-\int P(x)\mathrm{d}x} \quad (C = \pm\,\mathrm{e}^{C_1}).$$

这就是一阶齐次线性方程的通解(积分中不再加任意常数).

一阶非齐次线性方程的解法：

将一阶齐次线性方程通解中的常数 C 换成 x 的待定函数 $u(x)$，

$$y = u(x)\mathrm{e}^{-\int P(x)\mathrm{d}x},$$

把它设想成一阶非齐次线性方程的通解(这种方法称为**常数变易法**)，代入到一阶非齐次线性方程求得

$$u'(x)\mathrm{e}^{-\int P(x)\mathrm{d}x} - u(x)\mathrm{e}^{-\int P(x)\mathrm{d}x}P(x) + P(x)u(x)\mathrm{e}^{-\int P(x)\mathrm{d}x} = Q(x),$$

化简得

$$u'(x)=Q(x)e^{\int P(x)dx},\quad u(x)=\int Q(x)e^{\int P(x)dx}dx+C,$$

于是一阶非齐次线性方程的通解为

$$y=e^{-\int P(x)dx}\left[\int Q(x)e^{\int P(x)dx}dx+C\right],$$

或

$$y=Ce^{-\int P(x)dx}+e^{-\int P(x)dx}\int Q(x)e^{\int P(x)dx}dx.$$

因此,一阶非齐次线性方程的通解等于对应的齐次线性方程通解与非齐次线性方程的一个特解之和.

例 11.9 求方程 $\dfrac{dy}{dx}-\dfrac{2y}{x+1}=(x+1)^{\frac{5}{2}}$ 的通解.

解法一 这是一个非齐次线性方程.先求对应的齐次线性方程 $\dfrac{dy}{dx}-\dfrac{2y}{x+1}=0$ 的通解,分离变量得

$$\frac{dy}{y}=\frac{2dx}{x+1},$$

两边积分得

$$\ln y=2\ln(x+1)+\ln C,$$

于是一阶齐次线性方程的通解为

$$y=C(x+1)^2.$$

用常数变易法.把 C 换成 u,即令 $y=u\cdot(x+1)^2$,代入所给非齐次线性方程,得

$$u'\cdot(x+1)^2+2u\cdot(x+1)-\frac{2}{x+1}u\cdot(x+1)^2=(x+1)^{\frac{5}{2}},\ u'=(x+1)^{\frac{1}{2}},$$

两边积分得

$$u=\frac{2}{3}(x+1)^{\frac{3}{2}}+C.$$

再把上式代入 $y=u(x+1)^2$ 中,即得所求方程的通解为

$$y=(x+1)^2\left[\frac{2}{3}(x+1)^{\frac{3}{2}}+C\right].$$

解法二 直接应用公式:这里 $P(x)=-\dfrac{2}{x+1}$, $Q(x)=(x+1)^{\frac{5}{2}}$.因为

$$\int P(x)dx=\int\left(-\frac{2}{x+1}\right)dx=-2\ln(x+1),$$

$$e^{-\int P(x)dx}=e^{2\ln(x+1)}=(x+1)^2.$$

$$\int Q(x)e^{\int P(x)dx}dx=\int(x+1)^{\frac{5}{2}}(x+1)^{-2}dx=\int(x+1)^{\frac{1}{2}}dx=\frac{2}{3}(x+1)^{\frac{3}{2}},$$

所以通解为

$$y=\mathrm{e}^{-\int P(x)\mathrm{d}x}\left[\int Q(x)\mathrm{e}^{\int P(x)\mathrm{d}x}\mathrm{d}x+C\right]=(x+1)^2\left[\frac{2}{3}(x+1)^{\frac{3}{2}}+C\right].$$

习题 11-2

1. 解下列微分方程.

(1) $\dfrac{\mathrm{d}y}{\mathrm{d}x}=2xy$；　　(2) $\dfrac{\mathrm{d}y}{\mathrm{d}x}=\mathrm{e}^{x+y}$；

(3) $(1+y^2)\mathrm{d}x-(1+x^2)\mathrm{d}y=0$；(4) $(xy^2+x)\mathrm{d}x+(y-x^2y)\mathrm{d}y=0$；

(5) $x\dfrac{\mathrm{d}y}{\mathrm{d}x}-y-\sqrt{x^2+y^2}=0$；　　(6) $(y^2-1)\mathrm{d}x=y(x-1)\mathrm{d}y$.

2. 求下列方程满足初始条件的特解.

(1) $(y+3)\mathrm{d}x+\cot x\mathrm{d}y=0, y|_{x=0}=1$；

(2) $xy\mathrm{d}x+\sqrt{1-x^2}\mathrm{d}y=0, y|_{x=1}=\dfrac{1}{2}$.

3. 求下列方程的通解.

(1) $y'=\dfrac{2y-x^2}{x}$；　　(2) $y'-\dfrac{2}{x+1}y=(x+1)^3$；

(3) $y'+3y=\mathrm{e}^{-2x}$；　　(4) $(x^2+1)y'+2xy=4x^2$.

4. 求下列方程满足初始条件的特解.

(1) $xy'+y=\mathrm{e}^x, y|_{x=1}=\mathrm{e}$；　　(2) $(1-x^2)y'+xy=1, y|_{x=0}=1$；

(3) $y'+y\cos x=\cos x, y|_{x=0}=2$.

§11.3　可降阶的二阶微分方程

对于二阶微分方程 $y''=f(x, y, y')$ 在某些情况下,可选取适当的变量代换,将其化成一阶方程求解,此类方程称为可降阶的二阶微分方程.

11.3.1　$y''=f(x)$型的微分方程

$y''=f(x)$类型微分方程的解法是两端分别积分两次求得其通解：

$$y'=\int f(x)\mathrm{d}x+C_1,$$

$$y=\int\left[\int f(x)\mathrm{d}x+C_1\right]\mathrm{d}x+C_2.$$

例 11.10　求微分方程 $y''=\mathrm{e}^{2x}\cos x$ 的通解.

解　对所给方程接连积分两次,得

$$y'=\frac{1}{2}\mathrm{e}^{2x}-\sin x+C_1,$$

$$y=\frac{1}{4}e^{2x}-\cos x+C_1x+C_2.$$

这就是所给方程的通解.

例 11.11 试求 $y''=x$ 的经过点 $M(0,1)$ 且在此点与直线 $y=\frac{x}{2}+1$ 相切的积分曲线.

解 由已知得

$$\begin{cases} y''=x \\ y(0)=1 \\ y'(0)=0.5 \end{cases},$$

积分两次求解得

$$y=\frac{x^3}{6}+\frac{x}{2}+1.$$

11.3.2 $y''=f(x,y')$ 型的微分方程

$y''=f(x,y')$ 型微分方程的解法是：设 $y'=p$，则方程化为

$$p'=f(x,p).$$

设 $p'=f(x,p)$ 的通解为 $p=(x,C_1)$，则

$$\frac{dy}{dx}=\varphi(x,\ C_1).$$

于是原方程的通解为

$$y=\int\varphi(x,\ C_1)dx+C_2.$$

例 11.12 求微分方程 $(1+x^2)y''=2xy'$ 满足初始条件 $y|_{x=0}=1,y'|_{x=0}=3$ 的特解.

解 所给方程是 $y''=f(x,y')$ 型的. 设 $y'=p$，代入方程并分离变量后，有

$$\frac{dp}{p}=\frac{2x}{1+x^2}dx.$$

两边积分得

$$\ln|p|=\ln(1+x^2)+C,\quad p=y'=C_1(1+x^2),\ (C_1=\pm e^C).$$

由条件 $y'|_{x=0}=3$，得 $C_1=3$，所以

$$y'=3(1+x^2).$$

两边再积分得

$$y=x^3+3x+C_2.$$

又由条件 $y|_{x=0}=1$，得 $C_2=1$，于是所求的特解为

$$y=x^3+3x+1.$$

11.3.3　$y''=f(y,y')$型的微分方程

$y''=f(y,y')$型微分方程的解法是：设 $y'=p$，有

$$y''=\frac{\mathrm{d}p}{\mathrm{d}x}=\frac{\mathrm{d}p}{\mathrm{d}y}\cdot\frac{\mathrm{d}y}{\mathrm{d}x}=p\frac{\mathrm{d}p}{\mathrm{d}y}.$$

于是原方程化为

$$p\frac{\mathrm{d}p}{\mathrm{d}y}=f(y,p).$$

设方程 $p\frac{\mathrm{d}p}{\mathrm{d}y}=f(y,p)$ 的通解为 $y'=p=\varphi(y,C_1)$，则原方程的通解为

$$\int\frac{\mathrm{d}y}{\varphi(y,C_1)}=x+C_2.$$

例 11.13　求微分 $yy''-y'^2=0$ 的通解.

解　设 $y'=p$，则 $y''=p\frac{\mathrm{d}p}{\mathrm{d}y}$，代入方程，得

$$yp\frac{\mathrm{d}p}{\mathrm{d}y}-p^2=0.$$

当 $p\neq 0$ 时，约去 p 并分离变量，得

$$\frac{\mathrm{d}p}{p}=\frac{\mathrm{d}y}{y}.$$

两边积分得

$$\ln|p|=\ln|y|+\ln C,\quad p=Cy,y'=Cy,(C=\pm C).$$

再分离变量并两边积分，便得原方程的通解为

$$\ln|y|=Cx+\ln C_1,y=C_1\mathrm{e}^{Cx}(C_1=\pm C_1).$$

习题 11-3

1. 解下列微分方程.

(1) $y''=4x^3$；　(2) $y''-y'=x$；　(3) $y''=(y')^2+1$.

2. 试求 $y''=x$ 的经过 $M(0,1)$ 且在此点与直线 $y=\frac{1}{2}x+1$ 相切的积分曲线.

§11.4 二阶线性微分方程

11.4.1 二阶线性微分方程

二阶线性微分方程的一般形式为

$$y''+P(x)y'+Q(x)y=f(x).$$

若方程右端 $f(x)\equiv 0$ 时，此方程称为齐次的，否则称为非齐次的. 我们把方程

$$y''+P(x)y'+Q(x)y=0$$

叫做与非齐次方程 $y''+P(x)y'+Q(x)y=f(x)$ 对应的齐次方程.

特别当 $P(x)=p,Q(x)=q$ 为常数时，此方程称为二阶常系数线性微分方程，

$$y''+py'+qy=f(x),$$

其中 p,q 均为常数.

显然，如果函数 $y_1(x)$ 与 $y_2(x)$ 是二阶齐次线性微分方程的两个解，那么

$$y=C_1y_1(x)+C_2y_2(x)$$

也是它的解，其中 C_1,C_2 是任意常数，这称为齐次线性微分方程解的**叠加原理**.

注 叠加起来的这个解 $y=C_1y_1(x)+C_2y_2(x)$ 从形式上看起来有两个任意常数，但是它不一定是方程的通解，那么什么情形下它才是方程的通解呢？要解决这个问题，需要引入线性相关和线性无关概念.

定义 11.1 设 $y_1(x),y_2(x),\cdots,y_n(x)$ 为定义在区间 I 上的 n 个函数，若存在不全为零的 n 个常数 $k_1,k_2,\cdots,k_n$，使得恒等式

$$k_1y_1(x)+k_2y_2(x)+\cdots+k_ny_n(x)\equiv 0$$

成立，称这 n 个函数在区间 I 上**线性相关**；否则称**线性无关**.

对于两个函数，要判断它们线性相关与否，只要看它们的比是否为常数，如果比为常数，那么它们就线性相关，否则就线性无关.

定理 11.1 如果函数 $y_1(x)$ 与 $y_2(x)$ 是方程

$$y''+P(x)y'+Q(x)y=0$$

的两个线性无关的解，那么

$$y=C_1y_1(x)+C_2y_2(x)\quad (C_1,C_2\text{ 是任意常数})$$

是方程的通解.

例 11.14 验证 $y_1=\cos x$ 与 $y_2=\sin x$ 是方程 $y''+y=0$ 的线性无关解，并写出其通解.

解 因为

$$y_1'' + y_1 = -\cos x + \cos x = 0, \quad y_2'' + y_2 = -\sin x + \sin x = 0,$$

所以 $y_1 = \cos x$ 与 $y_2 = \sin x$ 都是方程的解.

因为对于任意两个常数 k_1, k_2,要使

$$k_1 \cos x + k_2 \sin x \equiv 0,$$

只有 $k_1 = k_2 = 0$,所以 $\cos x$ 与 $\sin x$ 在$(-\infty, +\infty)$内是线性无关的.

因此 $y_1 = \cos x$ 与 $y_2 = \sin x$ 是方程 $y'' + y = 0$ 的两个线性无关解. 故方程的通解为

$$y = C_1 \cos x + C_2 \sin x.$$

11.4.2 二阶常系数齐次线性微分方程

1. 特征方程

对于二阶常系数齐次线性微分方程

$$y'' + py' + qy = 0$$

求解,我们可以选取适当的 r,使 $y = e^{rx}$ 满足方程,为此将它代入方程计算得

$$(r^2 + pr + q)e^{rx} = 0.$$

由此可见,只要 r 满足代数方程

$$r^2 + pr + q = 0,$$

函数 $y = e^{rx}$ 就是微分方程的解.

我们称代数方程 $r^2 + pr + q = 0$ 为微分方程 $y'' + py' + qy = 0$ 的**特征方程**. 特征方程的两个根 r_1, r_2 可用如下公式求出,

$$r_{1,2} = \frac{-p \pm \sqrt{p^2 - 4q}}{2}.$$

2. 特征方程的根与通解的关系

(1) 特征方程有两个不相等的实根 r_1, r_2 时,函数 $y_1 = e^{r_1 x}, y_2 = e^{r_2 x}$ 是方程的两个线性无关的解. 这是因为函数 $y_1 = e^{r_1 x}, y_2 = e^{r_2 x}$ 是方程的解,且

$$\frac{y_1}{y_2} = \frac{e^{r_1 x}}{e^{r_2 x}} = e^{(r_1 - r_2)x}$$

不是常数. 因此方程的通解为

$$y = C_1 e^{r_1 x} + C_2 e^{r_2 x}.$$

(2) 特征方程有两个相等的实根 $r_1 = r_2$ 时,函数 $y_1 = e^{r_1 x}, y_2 = xe^{r_1 x}$ 是二阶常系数齐次线性微分方程的两个线性无关的解. 这是因为 $y_1 = e^{r_1 x}$ 是方程的解,又

$$\begin{aligned}(xe^{r_1 x})'' + p(xe^{r_1 x})' + q(xe^{r_1 x}) &= (2r_1 + xr_1^2)e^{r_1 x} + p(1 + xr_1)e^{r_1 x} + qxe^{r_1 x} \\ &= e^{r_1 x}(2r_1 + p) + xe^{r_1 x}(r_1^2 + pr_1 + q) = 0,\end{aligned}$$

所以 $y_2 = xe^{r_1 x}$ 也是方程的解,且 $\frac{y_2}{y_1} = \frac{xe^{r_1 x}}{e^{r_1 x}} = x$ 不是常数. 因此方程的通解为

$$y = C_1 e^{r_1 x} + C_2 x e^{r_1 x}.$$

(1) 特征方程有一对共轭复根 $r_{1,2} = \alpha \pm i\beta$ 时，函数对

$$y = e^{(\alpha+i\beta)x}，y = e^{(\alpha-i\beta)x}$$

是微分方程的两个线性无关的复数形式的解. 函数对

$$y = e^{\alpha x}\cos\beta x，y = e^{\alpha x}\sin\beta x$$

是微分方程的两个线性无关的实数形式的解. 因此方程的通解为

$$y = e^{\alpha x}(C_1\cos\beta x + C_2\sin\beta x).$$

3. 求二阶常系数齐次线性微分方程通解的步骤

第一步：写出微分方程的特征方程

$$r^2 + pr + q = 0;$$

第二步：求出特征方程的两个根 r_1, r_2；

第三步：根据特征方程的两个根的不同情况，写出微分方程的通解.

例 11.15 求微分方程 $y'' - 2y' - 8y = 0$ 的通解.

解 所给微分方程的特征方程为

$$r^2 - 2r - 8 = 0, (r-4)(r+2) = 0.$$

因此 $r_1 = -2, r_2 = 4$ 是两个不相等的实根，故所求通解为

$$y = C_1 e^{-2x} + C_2 e^{4x}.$$

例 11.16 求方程 $y'' + 2y' + y = 0$ 满足初始条件 $y|_{x=0} = 4$，$y'|_{x=0} = -2$ 的特解.

解 所给方程的特征方程为

$$r^2 + 2r + 1 = 0, (r+1)^2 = 0.$$

因此 $r_1 = r_2 = -1$ 是两个相等的实根，故所给微分方程的通解为

$$y = (C_1 + C_2 x)e^{-x}.$$

将条件 $y|_{x=0} = 4$ 代入通解，得 $C_1 = 4$，从而

$$y = (4 + C_2 x)e^{-x}.$$

将上式对 x 求导，得

$$y' = (C_2 - 4 - C_2 x)e^{-x}.$$

再把条件 $y'|_{x=0} = -2$ 代入上式，得 $C_2 = 2$. 于是所求特解为

$$y = (4 + 2x)e^{-x}.$$

例 11.17 求微分方程 $y'' + 6y' + 25y = 0$ 的通解.

解 所给方程的特征方程为

$$r^2 + 6r + 25 = 0.$$

特征方程的根为 $r_1 = -3 + 4i, r_2 = -3 - 4i$，是一对共轭复根，因此所求的通解为

$$y = e^{-3x}(C_1\cos 4x + C_2\sin 4x).$$

11.4.3　二阶常系数非齐次线性微分方程

定理 11.2　设 $y^*(x)$是二阶非齐次线性方程

$$y''+P(x)y'+Q(x)y=f(x)$$

的一个特解，$Y(x)$是对应的齐次方程 $y''+P(x)y'+Q(x)y=0$ 的通解：

$$Y(x)=C_1y_1(x)+C_2y_2(x),$$

那么 $y=Y(x)+y^*(x)$ 就是二阶非齐次线性微分方程的通解.

证明　$[Y(x)+y^*(x)]''+P(x)[Y(x)+y^*(x)]'+Q(x)[Y(x)+y^*(x)]$

$$=[Y''+P(x)Y'+Q(x)Y]+[y^{*''}+P(x)y^{*'}+Q(x)y^*]$$

$$=0+f(x)=f(x).$$

例如，$Y=C_1\cos x+C_2\sin x$ 是齐次方程 $y''+y=0$ 的通解，$y^*=x^2-2$ 是 $y''+y=x^2$ 的一个特解，因此

$$Y=C_1\cos x+C_2\sin x+x^2-2$$

是方程 $y''+y=x^2$ 的通解.

现在考虑方程

$$y''+py'+qy=f(x),$$

其中 p,q 是常数，当 $f(x)$为两种特殊形式时，方程的特解的求法.

结论 11.1　如果 $f(x)=P_m(x)e^{\lambda x}$，则二阶常系数非齐次线性微分方程 $y''+py'+qy=f(x)$ 有形如

$$Y^*=x^kQ_m(x)e^{\lambda x}$$

的特解，其中 $Q_m(x)$是与 $P_m(x)$同次的多项式，而 k 按 λ 不是特征方程的根、是特征方程的单根或是特征方程的重根依次取为 0,1 或 2.

例 11.18　求微分方程 $y''-2y'-3y=3x+1$ 的一个特解.

解　这是二阶常系数非齐次线性微分方程，且函数 $f(x)$是 $P_m(x)e^{\lambda x}$型(其中 $P_m(x)=3x+1,\lambda=0$). 所给方程对应的齐次方程为 $y''-2y'-3y=0$，它的特征方程为

$$r^2-2r-3=0.$$

由于这里 $\lambda=0$ 不是特征方程的根，所以应设特解为

$$y^*=b_0x+b_1.$$

把它代入所给方程，得

$$-3b_0x-2b_0-3b_1=3x+1,$$

比较两端 x 同次幂的系数，得

$$\begin{cases}-3b_0=3\\-2b_0-3b_1-1\end{cases},-3b_0=3,-2b_0-3b_1=1.$$

由此求得 $b_0=-1, b_1=\frac{1}{3}$. 于是求得所给方程的一个特解为

$$y^*=-x+\frac{1}{3}.$$

例 11.19 求微分方程 $y''-5y'+6y=xe^{2x}$ 的通解.

解 所给方程是二阶常系数非齐次线性微分方程,且 $f(x)$ 是 $P_m(x)e^{\lambda x}$ 型(其中 $P_m(x)=x, \lambda=2$). 所给方程对应的齐次方程为 $y''-5y'+6y=0$,它的特征方程为

$$r^2-5r+6=0.$$

特征方程有两个实根 $r_1=2, r_2=3$. 于是所给方程对应的齐次方程的通解为

$$Y=C_1e^{2x}+C_2e^{3x}.$$

由于 $\lambda=2$ 是特征方程的单根,所以应设方程的特解为

$$Y^*=x(b_0x+b_1)e^{2x}.$$

把它代入所给方程,得

$$-2b_0x+2b_0-b_1=x.$$

比较两端 x 同次幂的系数,得

$$\begin{cases}-2b_0=1\\2b_0-b_1-0\end{cases}, -2b_0=1, 2b_0-b_1=0.$$

由此求得 $b_0=-\frac{1}{2}, b_1=-1$. 于是求得所给方程的一个特解为

$$y^*=x\left(-\frac{1}{2}x-1\right)e^{2x}.$$

从而所给方程的通解为

$$y=C_1e^{2x}+C_2e^{3x}-\frac{1}{2}(x^2+2x)e^{2x}.$$

结论 11.2 如果 $f(x)=e^{\lambda x}[P_l(x)\cos\omega x+P_n(x)\sin\omega x]$,则二阶常系数非齐次线性微分方程 $y''+py'+qy=f(x)$ 的特解可设为

$$Y^*=x^ke^{\lambda x}[R_m^{(1)}(x)\cos\omega x+R_m^{(2)}(x)\sin\omega x],$$

其中 $R_m^{(1)}(x), R_m^{(2)}(x)$ 是 m 次多项式,$m=\max\{l,n\}$,而 k 按 $\lambda+i\omega$(或 $\lambda-i\omega$)不是特征方程的根或是特征方程的单根依次取 0 或 1.

例 11.20 求微分方程 $y''+y=x\cos 2x$ 的一个特解.

解 所给方程是二阶常系数非齐次线性微分方程,且 $f(x)$属于

$$e^{\lambda x}[P_l(x)\cos\omega x+P_n(x)\sin\omega x]$$

型(其中 $\lambda=0, \omega=2, P_l(x)=x, P_n(x)=0$). 所给方程对应的齐次方程为 $y''+y=0$,它的特征方程为 $r^2+1=0$.

由于这里 $\lambda+i\omega=2i$ 不是特征方程的根,所以应设特解为

$$Y^* = (ax+b)\cos 2x + (cx+d)\sin 2x.$$

把它代入所给方程，得

$$(-3ax-3b+4c)\cos 2x - (3cx+3d+4a)\sin 2x = x\cos 2x.$$

比较两端同类项的系数，得

$$a = -\frac{1}{3},\ b = 0,\ c = 0,\ d = \frac{4}{9}.$$

于是求得一个特解为

$$y^* = -\frac{1}{3}x\cos 2x + \frac{4}{9}\sin 2x.$$

定理 11.3 设二阶常系数非齐次线性微分方程 $y''+py'+qy=f(x)$ 的右端 $f(x)$ 为几个函数之和，如

$$y''+py'+qy = f_1(x)+f_2(x),$$

而 $y_1^*(x)$ 与 $y_2^*(x)$ 分别是方程

$$y''+py'+qy = f_1(x),\ y''+py'+qy = f_2(x)$$

的特解，那么 $y_1^*(x)+y_2^*(x)$ 就是原方程 $y''+py'+qy=f(x)$ 的特解.

证明 $[y_1^*+y_2^*]''+P(x)[y_1^*+y_2^*]'+Q(x)[y_1^*+y_2^*]$

$$= [y_1^{*\prime\prime}+P(x)y_1^{*\prime}+Q(x)y_1^*]+[y_2^{*\prime\prime}+P(x)y_2^{*\prime}+Q(x)y_2^*]$$

$$= f_1(x)+f_2(x).$$

例如，二阶常系数非齐次线性微分方程 $y''+4y'+3y=x-2$ 的一个特解是 $y_1=\frac{1}{3}x-\frac{10}{3}$，方程 $y''+4y'+3y=e^{2x}$ 的一个特解是 $y_2=\frac{1}{15}e^{2x}$，所以方程 $y''+4y'+3y=(x-2)+e^{2x}$ 的一个特解是

$$y^* = y_1+y_2 = \left(\frac{1}{3}x-\frac{10}{3}\right)+\frac{1}{15}e^{2x}.$$

习题 11－4

1. 求下列微分方程的通解.

(1) $y''+4y'+3y=0$； (2) $y''-3y'=0$；

(3) $y''+4y=0$； (4) $y''+6y'+13y=0$；

(5) $4\frac{d^2x}{dy^2}-20\frac{dx}{dy}+25x=0$； (6) $y''-4y'+5y=0$.

2. 求下列微分方程满足所给初始条件的特解.

(1) $y''-4y'+3y=0, y|_{x=0}=6, y'|_{x=0}=10$；

(2) $y''+2y'+y=0, y|_{x=0}=2, y'|_{x=0}=0$；

(3) $y''+4y'+29y=0, y|_{x=0}=0, y'|_{x=0}=15$；

(4) $y''+25y=0, y|_{x=0}=2, y'|_{x=0}=5$.

3. 求下例微分方程的通解.

(1) $2y''+y'-y=2e^x$；　(2) $2y''+5y'=5x^2-2x-1$；

(3) $y''+3y'+2y=xe^{-x}$；　(4) $y''-6y'+9y=(x-1)e^{3x}$；

(5) $y''-2y'+5y=e^x\sin 2x$；　(6) $y''-9y=37e^{3x}\cos x$.

4. 求下列微分方程满足已给初始条件的特解.

(1) $y''-3y'+2y=5, y|_{x=0}=2, y'|_{x=0}=2$；

(2) $y''-4y'=5, y|_{x=0}=1, y'|_{x=0}=0$.

5. 设函数 $\varphi(x)$ 连续，且满足

$$\varphi(x)=e^x+\int_0^x t\varphi(t)\mathrm{d}t-x\int_0^x\varphi(t)\mathrm{d}t,$$

求 $\varphi(x)$.

§11.5　微分方程在经济中的应用

11.5.1　建立商品市场价格与需求量(供给量)之间的函数关系

例 11.21　某商品的需求量 Q 对价格 P 的弹性为 $-P\ln 3$，若该商品的最大需求量为 1200，即 $Q(0)=1200$（其中，P 的单位为元，Q 的单位为 kg）. 试分别求 $Q(P)$，$Q(1)$ 和 $\lim\limits_{P\to\infty}Q(P)$.

解　由已知得

$$\frac{P}{Q}\cdot\frac{\mathrm{d}Q}{\mathrm{d}P}=-P\ln 3,$$

解得

$$Q(P)=Ce^{-P\ln 3}=C\cdot 3^{-P},$$

由已知条件得 $C=1200$，故得到所求的

$$Q(P)=1200\cdot 3^{-P},$$

$$Q(1)=1200\cdot 3^{-1}=400,$$

$$\lim_{P\to\infty}Q(P)=\lim_{P\to\infty}1200\cdot 3^{-P}=0.$$

例 11.22　设某商品的需求函数与供给函数分别为：

$$Q_d=a-bP,\ Q_s=-c+dP,$$

其中 a,b,c,d 均为常数. 若 $P(0)=P_0$，且价格 $P(t)$ 的变化率总与这一时刻的超额需求 Q_d-Q_s 成正比（比例常数为 $k>0$），则

(1) 求供需相等时的价格 P_e（均衡价格）；

(2) 求价格 $P(t)$ 的表达式；

(3) 分析价格 $P(t)$ 随时间的变化情况.

解 (1)
$$Q_d = a - bP = Q_s = -c + dP$$
$$\Rightarrow P_e = \frac{a+c}{b+d}.$$

(2)
$$\frac{dP}{dt} = k(Q_d - Q_s),$$

即
$$\frac{dP}{dt} + k(b+d)P = k(a+c), P(0) = P_0,$$

解得
$$P(t) = (P_0 - P_e)e^{-k(b+d)t} + P_e.$$

(3) 显然 $\lim\limits_{t\to\infty} P(t) = P_e$，根据 P_0，P_e 的大小关系分析可得进一步的结论：

(i) $P_0 = P_e$，即 $P(t) = P_e$，说明市场无需调节则已达均衡；

(ii) $P_0 - P_e > 0$，由 $P(t) = (P_0 - P_e)e^{-k(b+d)t} + P_e$ 知，
$$P(t) > P_e, 且 P(t) \to P_e (t \to \infty);$$

(iii) $P_0 - P_e < 0$，类似(ii)知，$P(t) < P_e$，且 $P(t) \to P_e (t \to \infty)$.

注　我们称谓 P_e 均衡价格，$(P_0 - P_e)e^{-k(b+d)t}$ 均衡偏差.

11.5.2　预测可再生资源的产量及商品的销售量

例 11.23　某林区实行封山养林，现有木材 10 万立方米，如果在每一时刻 t 木材的变化率与当时木材数量成正比，假设 2010 年林区的木材为 20 万立方米. 若规定，该林区的木材量达到 40 万立方米时才可砍伐，问至少多少年后才能砍伐？

解　令 $P(t)$ 为时刻 t（年）木材的数量（立方米），由题意得：
$$\frac{dP}{dt} = kP (k 为比例常数)，且 P(0) = 10, P(10) = 20.$$

解得：
$$P(t) = Ce^{kt}, P(0) = C = 10, P(10) = 10 \cdot e^{k \cdot 10} = 20, k = \ln 2.$$

所以
$$P(t) = 10 \cdot e^{\frac{t}{10}\ln 2} = 10 \cdot 2^{\frac{t}{10}}.$$

若要求
$$P(t) = 40 = 10 \cdot 2^{\frac{t}{10}},$$

可计算得 $t=20$. 故至少 20 年后才能砍伐森林.

例 11.24　假设某产品的销售量 $x(t)$ 是时间 t 的可导函数，如果商品的销售量对时间的增长速率与销售量 $x(t)$ 及销售量接近于饱和水平的程度 $N - x(t)$ 的积成正比（N 为饱和水平，比例常数为 $k > 0$），且当 $t = 0$ 时，$x = \frac{N}{4}$. 求 $x(t)$ 和 $x(t)$ 的增长最快的时刻 T.

解 (1) 由已知得

$$\frac{\mathrm{d}x}{\mathrm{d}t} = kx(N-x) \quad (k>0),\ x(0)=\frac{N}{4} \quad \text{（称为 Logistic 方程）}.$$

解得：

$$x(t) = \frac{N}{1+3\mathrm{e}^{-Nkt}} \quad \text{（称为 Logistic 曲线，经济学中常遇到这样的量）}.$$

(2) 要求导函数 $\frac{\mathrm{d}x}{\mathrm{d}t}$ 的最大值：

$$x(t) = \frac{N}{1+3\mathrm{e}^{-Nkt}},$$

$$\frac{\mathrm{d}x}{\mathrm{d}t} = kx(N-x) = \frac{3N^2k\mathrm{e}^{-Nkt}}{(1+3\mathrm{e}^{-Nkt})^2},$$

$$\frac{\mathrm{d}^2x}{\mathrm{d}t^2} = kx(N-x) = \frac{-3N^3k^2\mathrm{e}^{-Nkt}(1-3\mathrm{e}^{-Nkt})}{(1+3\mathrm{e}^{-Nkt})^3}$$

$$\frac{\mathrm{d}^2x}{\mathrm{d}t^2} = 0 \Rightarrow T = \frac{\ln 3}{Nk}.$$

当 $t<T$ 时，$\frac{\mathrm{d}^2x}{\mathrm{d}t^2}>0$；当 $t>T$ 时，$\frac{\mathrm{d}^2x}{\mathrm{d}t^2}<0$；故当 $T=\frac{\ln 3}{Nk}$ 时，$x(t)$ 的增长最快.

11.5.3 成本分析

例 11.25 某商场的销售成本 y 和存贮费用 s 均是时间 t 的函数，随时间 t 的增长，销售成本的变化率等于存贮费用的倒数与常数 5 的和，而存贮费用的变化率为存贮费用的 $\left(-\frac{1}{3}\right)$ 倍. 若当 $t=0$ 时，销售成本 $y=0$，存贮费用 $s=10$. 试求销售成本 y 与时间 t 的函数关系，及存贮费用 s 与时间 t 的函数关系.

解 由已知得

$$\frac{\mathrm{d}y}{\mathrm{d}t} = \frac{1}{s}+5,$$

$$\frac{\mathrm{d}s}{\mathrm{d}t} = -\frac{1}{3}s,$$

$$s = c\mathrm{e}^{\frac{}{3}},\ s(0)=10 \Rightarrow c=10,\ s=10\mathrm{e}^{-\frac{t}{3}},$$

$$\frac{\mathrm{d}y}{\mathrm{d}t} = \frac{1}{10}\mathrm{e}^{\frac{t}{3}}+5 \Rightarrow y = \frac{3}{10}\mathrm{e}^{\frac{t}{3}}+5t+c_1,$$

$$y(0)=0 \Rightarrow c_1 = -\frac{3}{10},$$

故所求的函数为

$$y(t)=\frac{3}{10}e^{\frac{t}{3}}+5t-\frac{3}{10},\quad s(t)=10e^{-\frac{t}{3}}.$$

11.5.4　公司的净资产分析

公司的资产的运营简化为两个方面：① 可以获得利润；② 发放职工工资.

则：(1) 工资总额>利润：经营状况变糟；

(2) 工资总额<利润：经营状况变好.

假设利润连续盈取，工资连续支付(这种假设对大公司是合理的).

例 11.26　设某公司的净资产在运营过程中，以年 5% 的连续复利产生利息而使总资产增长，同时以每年 200 万元的数额连续支付职工的工资.

(1) 列出描述公司净资产 W(百万元为单位)的微分方程；

(2) 设 W_0 为初始净资产，求 $W(t)$.

分析　首先看是否存在一个初值 W_0，使得净资产不变. 若存在，则利息盈取的速率=工资支付的速率，于是

$$0.05W_0=200,\ W_0=4000,$$

此时利息与工资达到平衡. 所以当 $W_0>4000$ 时，净资产增长，反之将减少.

解　净资产的增长速率=利息盈取的速率—工资支付速率，即

$$\frac{dW}{dt}=0.05W-200,\ W(0)=W_0,$$

解得

$$W=4000+ce^{0.05t}=4000+(W_0-4000)e^{0.05t}.$$

11.5.5　关于国民收入、储蓄与投资的关系问题

例 11.27　在宏观经济研究中，发现某地区的国民收入 y，国民储蓄 s 和投资 I 均是时间 t 的函数，且在任一时刻 t，储蓄 $s(t)$ 为国民收入 $y(t)$ 的 0.1 倍，投资额 $I(t)$ 是国民收入增长率 $\frac{dy}{dt}$ 的 $\frac{1}{3}$ 倍. 当 $t=0$ 时，国民收入为 5 亿元，设在时刻 t 的储蓄额全部用于投资，试求国民收入函数.

解　由已知得

$$s=\frac{y}{10},\ l=\frac{1}{3}\times\frac{dy}{dt},$$

由假设在时刻 t 的储蓄额全部用于投资知 $s=I$，则

$$\frac{y}{10}=\frac{1}{3}\times\frac{dy}{dt},\ y=ce^{\frac{3}{10}t},\ y(0)=5,\ c=5.$$

故所求的函数为　$$y(t)=5e^{\frac{3t}{10}}.$$

习题 11-5

1. 某企业边际成本 $C'(Q)=(Q+Q^2)C$，若固定成本为 10，求成本函数.

2. 某商品需求量 Q 对价格 P 的弹性为 $-\dfrac{P}{5}$，若该商品的最大需求量为 100（即当 $P=0$ 时，$Q=100$），求需求量对价格 P 的函数关系.

3.（新产品推广模型） 设某产品的销售量 $x(t)$ 是时间 t 的可导函数. 如果该产品的销售量对时间的增长速率 $\dfrac{\mathrm{d}x}{\mathrm{d}t}$、销售量 $x(t)$ 及销售量接近饱和水平的程度 $N-x(t)$ 之积成正比（N 为饱和水平，比例常数为 $k>0$），且当 $t=0$ 时，$x=\dfrac{1}{4}N$. 求：

(1) 销售量 $x(t)$；

(2) 销售量 $x(t)$ 增长最快的时刻 T.

4.（市场动态均衡价格） 设某商品的市场价格是时间 t 的函数 $P=p(t)$，其需求函数和供给函数分别为

$$Q_D=Q_D(p)=-ap+b, Q_s=Q_s(p)=cp-d,$$

其中 a,b,c,d 为正常数. 当供求相等，即 $Q_D=Q_s$ 时，求得平衡价格为 $\bar{p}=\dfrac{b+d}{a+c}$. 显然，当 $Q_D>Q_s$ 时，价格将上涨；当 $Q_D<Q_s$ 时，价格将下降. 这样，市场价格将围绕平衡价格 $\bar{p}$ 上下波动，若价格 P 随时间 t 的变化率与过剩需求量 Q_D-Q_s 成正比，求价格函数.

附录1 阅读材料：数学与经济的关系

数学与经济的关系包括两个方面的内容：一是数学与经济活动的关系，二是数学与经济学的关系.经济活动十分广泛，经济学研究也可视为经济活动之一.一般来说，任何经济活动都离不开数字，因而也离不开数学.经济活动越频繁、越发展，经济规模越大，经济水平越高，越需要数学.金融、财政、税收……这类经济活动更是要直接地运用数学.没有数学语言的帮助，具有复杂组织的商业就会延缓发展，甚至停止发展.在管理科学中，数学同样也成为进步的条件.因此，将有一个数学潮流，它从工业界流回大学，甚至流回大学课程.数学的许多分支可能会从工业中开始，越来越多的营业商行把精细的数学思想应用于管理、库存和生产问题.工程师们也在给定操作的仿真模型的系统分析领域进行集中的研究.

以下主要讲数学与经济学的关系以及数学在现代经济学中的作用.

一、数学与经济学的关系

经济学研究与数学日益密切结合，经济学数学化已成为一种发展趋势，从20世纪二三十年代起，西方经济学中数学分析的采用日益广泛，将当时数学领域的最新成果运用到经济学研究中，有人甚至说，“很明显，经济学要成为科学，就必须是一门数学科学.经济学必须是数学的，因为它处理那些可大可小、经历连续变化的数量”.

马克思在给恩格斯的一封信中曾说，“在制定政治经济学原理时，计算的错误大大地阻碍了我，失望之余，只好重新坐下来把代数迅速地温习一遍，算术我一向很差，不过间接地用代数方法，我很快又会正确计算的”.马克思、恩格斯都具有相当高的数学水平，这对于他们在哲学、经济学上取得巨大成就无疑有重大作用.

让我们回顾——F经济学研究系统运用数学方法的例子.

1838年，数学家拉普拉斯和泊松的学生古诺发表了一本题为《财富理论的数学原理研究》的经济学著作，著作中充满着数学符号和数学原理.

19世纪中叶之后，勒翁·瓦尔拉斯和杰文斯提出“边际效用理论”的经济学，戈森和门格尔也是这一理论的奠基者.后来经济学家们发现，边际效用理论上的“边际”原来就是数学上的“导数”或“偏导数”.因此，边际效用理论的出现意味着微分学和其他高等数学已进入经济学领域，虽然门格尔并不清楚 200 年前牛顿、莱布尼茨已建立微分学.

一般均衡理论是于 19 世纪末由瓦尔拉斯提出的，瓦尔拉斯的一般均衡理论以完全竞争经济的分析为主要内容，他的模型中包括消费者、生产者以及大量财贷三方构成的经济系统.他的理论是，此时若存在适当的价格体系，在此价格体系下各主体作为价格的接受者进行活动，就能使消费者得到最大效益，生产者获得最大利润，且使财贷达到一致的完全竞争均衡状态.这一结论称为瓦尔拉斯完全竞争均衡存在定理，它由瓦尔拉斯提出，但严格证明却是在半个世纪以后的 1952 年由数学家德布罗所给出的.德布罗也因此于 1983 年获得了诺贝尔经济学奖.德布罗运用集值分析的方法，以集值映射的不动点定理为工具证明瓦尔拉斯经济均衡理论.

1959 年，德布罗发表了他的著作《价值理论，经济均衡的一种公理化分析》，这标志着运用数学公理化方法的数理经济学的诞生.

在英国边际效用学派的第二代中，有两位代表人物，埃奇沃思和马歇尔.埃奇沃思用抽象的数学来刻画边际效用理论，其最重要的经济学著作却叫《数学心理学》.马歇尔是剑桥大学的数学教授，他成为经济学的“剑桥学派”的宗师，今天的微观经济学著作中那些既直观易懂，又不失数学严谨性的曲线多半出自马歇尔之手.著名经济学家，马歇尔的学生凯恩斯是宏观经济学的创始人，是对西方经济政策影响最大的人。而凯恩斯是以数学家的身份开始其学术研究的。1921 年，他所著数学著作《概率论》，是当时最重要的概率论著作之一.

由瓦尔拉斯开创的洛桑学派，其第二代的著名代表是帕累托，他是把科学思想、科学方法引进经济理论最多的一个人，而他的科学思想、科学方法说到底首先是数学.描述社会收入不均和“帕累托法则”的是一个幂函数表达式，“数理经济学”这一名称最初也是由帕累托提出的.

20 世纪最伟大的数学家之一冯・诺伊曼，他与经济学家摩尔根斯长期合作，进行了对策论及其在经济学上应用的有关研究，于 1944 年写成了最重要的数学经济学巨著——《对策论与经济行为》.这本书一问世就被人认为是 20 世纪上半叶人类最伟大的科学成就之一.

奥地利边际效用学派最有影响的熊彼特，对于在经济学上使用数学方法，起了最主要的作用.他在 1932 年移居美国之后，对美国的几代经济学家都有重要影响.1930 年成立了计量经济学会，1932 年又开始出版《计量经济学》杂志，1937—1941 年他当选为美国经济学会主席，这些开创性的工作也与熊彼特的领导是分不开的.

计量经济学是从具体数据出发，用数理统计的方法，建立经济现象的数学模型；数理经济学则是从一些经济假设出发，用抽象数学方法，建立经济机理的数学模型. 前者用归纳法，后者用的则是演绎法. 例如，一般经济均衡理论就是数理经济学的机理模型.

这两种经济学的界限并非处处很明确的，计量经济学真正独立于数理经济学是从 20 世纪 20 年代开始的. 弗里希在考尔斯委员会的资助下创办《计量经济学》杂志并任主编长达 22 年之久. 计量经济学反过来推动了数理经济学的发展，成百上千个方程组成的计量经济模型的运用，为数理经济学家提出了许多新课题.

关注一下诺贝尔经济学奖获得者的学科背景，更能说明数学与经济学的关系.

由于诺贝尔经济学奖强调科学性和分析水平，这使得经济学中应用数学工具进行研究的成果处于更有利的地位，而且获奖者中其实大部分有极好的数学功底，甚至不少人称得上数学家.

首届诺贝尔经济学获得者之一弗里希就是计量经济学的创始人之一，他不仅运用数学研究经济，而且他的研究成为经济学推动数学发展的出色例子.

首届诺贝尔经济学获得者中的另一位——丁伯根，是一位物理学博士，丁伯根把物理和数学的方法带进了经济学，并与弗里希一道成为计量经济学的奠基人.

1970 年的第二届诺贝尔经济学获奖者萨缪尔森. 他在 1937 年作为学位论文写出而在 1947 年才正式出版的成名作《经济分析基础》，是一部用严格的数学理论总结数理经济学的划时代著作，而且数学界把萨缪尔森视为一名数学家，邀请他参加应用数学杂志的编委会，并撰写数学论文.

1972 年诺贝尔经济学奖得主有两位：希克斯和阿罗. 希克斯的著作《价值与资本》被萨缪尔森称赞为可与古诺、瓦尔拉斯、帕累托、马歇尔的著作相媲美. 阿罗则是数学博士，他创立了新的数理经济学分支：公共选择，社会选择. 社会选择理论中的奠基性定理，即“阿罗不可能定理”，其实完全是一条数学定理.

1973 年的诺贝尔经济学奖为列昂惕夫所获得，他的投入产出方法，现在几乎成了经济学常识，而投入产出方法不过是一种数学方法.

1975 年的诺贝尔经济学奖得奖者是苏联的康托洛维奇. 康托洛维奇是地道的数学家，中国数学界十分熟悉他. 这位大数学家在纯数学研究领域(如实变函数、泛函分析)和应用数学研究领域(如线性规划、计算数学)等多方面都有过开创性贡献. 1938 年起，他因对经济问题有兴趣而研究线性规划，这是他后来成为诺贝尔经济学奖获得者的重要原因之一.

1975 年与康托洛维奇同时获得诺贝尔经济学奖的另一位是美籍荷兰经济

学家库普曼斯，他的工作是运用数学规划理论来研究资源的最优利用和经济的最优增长.

1976 年的得奖者弗里德曼、1978 年的得主西蒙、1980 年的克莱因、1981 年的托宾、1982 年的斯蒂格勒、1983 年的德布罗、1984 年的斯通、1985 年的莫迪利安尼、1987 年的索洛、1989 年的哈维默等都有极高的数学修养，有些人本身就是数学家兼经济学家……

有人做过统计，1972—1976 年在《美国经济评论》上发表的各类文章中，没有任何资料而只有数学模型与有关分析的占 50.1%；而在 1977—1981 年，这个数字上升到 54.0%，在同一时间内，没有任何数学公式与相应的对资料进行分析的文章，却从 21.2%下降到了 11.6%.

经济学讨论“最优化”问题，但是不能简单地理解最优，有这一局部的最优与另一局部最优的关系问题，有局部最优与全社会最优的关系问题. 冯·诺伊曼在 1928 年创立对策论的时候已经注意到，对经济学来说，更重要的不是各自的最优，而是相互间的对策. 冯·诺伊曼为经济学准备了一系列新的数学工具，如凸分析理论、不动点理论等，形成了在经济学中一系列与微分学很不相同的数学方法，数学上则常将其归入非线性分析范畴.

20 世纪 60 年代以后，由于德布罗把数学的公理化方法引进经济学，为数学在经济学领域开辟了广阔的活动范围，使数学本身也得到发展，经济学也不断根据自身的需要向数学提出问题.

例如，在被称为商品空间的线性空间框架中，每个经济活动都由该空间的集合及其上的函数或关系来刻画，生产者由生产集来刻画，消费者由消费集及其上的偏序关系或效用函数来刻画. 这里出现了集值映射，一对一的单值映射被发展成一对多的集值映射，这一概念虽早在数学中就出现过，但在经济学研究中才开始被重视.

为了刻画有大量经济活动参与者而个别参与者作用不大的经济，有人运用了“无原子的测度空间”概念，有人则使用“非标准无限大”的概念.

为了刻画带有不确定性的经济，由于每一步骤都有多种可能出现，因此以一个出发点为根部，可演变出一个能反映所有可能的树形图，于是，图论的知识必不可少.

在有无限种不确定情形时，例如，商品的种类就可看作有无穷多种，对应的商品空间也变成无穷维空间，于是，泛函分析成了当然的工具.

为了刻画政策对经济的作用，做出一个最优控制的模型是自然的；为了刻画多层次的经济体中的信息流通，信息论的必要性是显然的.

获得过菲尔兹奖(授予 40 岁以下数学家的最高国际数学奖)的数学家斯梅尔，在德布罗的鼓动下投入经济学的研究，这使得经济学中的数学发展到一个崭新的阶段.这位以研究动力系统著称的拓扑学家首先致力于把阿罗和德布罗的研究进行“动力系统化”，回到微分方程的形式上来.接着又与德布罗一起把经济学“光滑化”，提出了“正则经济学”，在这种经济学中，所涉及的函数、映射等都是正则的，从而经典的数学分析工具(微分拓扑、代数拓扑等)都能加以运用，这使得在经济学领域所使用的数学可与物理学相提并论了.

以上是就数学应用于经济学的广度而言的，这种状况表明，一个大学本科数学专业的学生可能还难以真正理解某些经济学所需要的数学知识和数学水平，并且理解今天如此复杂的经济活动本身也不是一件容易的事.

二、现代经济学的分析框架

人们把最近半个世纪以来发展起来的、在当今世界被认为主流的经济学称为现代经济学.现代经济学代表了一种研究经济行为和现象的分析方法或框架.作为理论分析框架，它由三个主要部分组成：视角、参照系和分析工具.接受现代经济学理论的训练，是从这三方面入手的.

数学为现代经济学提供了一系列强有力的“分析工具”，这种工具的力量在于用较为简明的图像和数学结构帮助我们深入分析纷繁错综的经济行为和现象.

试举几例说明.

第一例是供需曲线图像模型.它以数量和价格分别为横轴、纵轴，提供了一个非常方便和多样化的分析工具.起初，经济学家用这一工具来分析局部均衡下的市场资源配置问题，后来又用它来分析政府干预市场的政策效果.不仅可用它来研究市场扭曲问题，也可用它来研究市场失灵问题和收入分配的福利分析问题等.

第二例是萨缪尔森的重叠代模型.这一模型考虑到人的生命的有限性和国际之间的市场的不完备性.因此成为研究经济增长、政府财政政策、社会保障等的有用的分析工具.

第三例是格罗斯曼、哈特和穆尔的所有权——控制权模型.它是分析控制权的配置对激励和信息获得的影响，以及对公司治理结构的作用非常有效的工具.

第四例是拉丰和梯若的非对称信息模型.它用来分析在信息不对称的情况下，“配置效率”和“信息租金”之间存在的利弊得失交换.这一工具被用来分析组织内部的共谋问题，政府的行业规制(比如电信业)问题，以及集权和分权的利弊问题.

第五例是戴蒙德和迪布维格的银行挤兑模型.这一模型的主要特征是多重

均衡点，除了好的均衡以外，还有类似于“自我实现的预言”的坏的均衡点：因为别人去挤兑，所以我也要挤兑.这一模型对研究金融危机和金融体制的脆弱性这类问题很有用.

以上五个例子中的模型都被后来的经济学家广泛用作分析工具，并被证明是极其有用的.

上述的经济学分析框架是当代在世界范围内唯一被经济学家们广泛接受的经济学范式.正是由于经济学的这一被广泛认同和使用的分析框架，才使得经济学发展迅速，应用广泛，影响深远.

三、数学在现代经济学中的作用

现代经济学的一个明显特点是越来越多地使用数学.现在几乎每一个经济学领域都用到数学，有的领域多些，有的领域少些，而绝大多数的经济学前沿论文包含数学或计量模型.从现代经济学作为一种分析框架来看，这并不难理解，因为参照系的建立和分析工具的发展通常要借助数学.

从理论研究角度看，借助数学至少有三个优势：其一是前提假定用数学语言描述得一清二楚；其二是逻辑推理严密精确，可以防止漏洞和谬误；其三是可以应用已有的数学模型或数学定理推导新的结果，得到仅凭直觉无法或不易得出的结论.运用数学模型讨论经济问题，学术争议便可以建立在如下的基础上：或不同意对方前提假设；或找出对方论证错误；或是发现修改原模型假设得出不同的结论.因此，运用数学模型做经济学的理论研究可以减少无用的争论，并且让后人较容易在已有的研究工作上继续开拓，也使得在深层次上发现似乎不相关的结构之间的关联变成可能.

从实证研究角度看，使用数学和统计方法的优势也至少有三个：其一是以经济理论的数学模型为基础发展出可用于定性和定量分析的计量经济模型；其二是证据的数量化使得实证研究具有一般性和系统性；其三是使用精致复杂的统计方法让研究者从已有的数据中最大限度地汲取有用的信息.因此，运用数学和统计方法做经济学的实证研究可以把实证分析建立在理论基础上，并从系统的数据中定量地检验理论假说和估计参数的数值.这就可以减少经验性分析中的表面化和偶然性，可以得出定量性结论，并分别确定它在统计和经济意义上的显著程度.

当然，确有不少好的经济学的初步想法或猜想一时还难以用精确的数学模型表示，而是用非数学语言写出，但是值得注意的是，这些应视作“前期产品”.初步的原创思想往往需要后继者用数学模型表述，在此基础上做深入细致的分析，并取得明确的、有预测性的理论结果后，才会影响深远.

经济学家经常在理论或实证结果用数学模型推导出或用统计方法估计后，再用非数学语言来概括，这可视作"后期产品".例如综述性、介绍性的论文和政策性的文章，特别是后者必须用非数学语言表述并落到实处才易被大众接受，才可能有政策影响.但是需要强调指出的是，虽然这些文章是用非数学语言写成的，但是其中的视角、逻辑推理过程以及对经济现象和政策含义的解释等等，都是与作者经过的现代经济学训练，特别是数学模型的训练分不开的.

一个很有说服力的例子是诺贝尔奖获得者纳什(John Nash)，他是一个数学家，"纳什均衡存在性"和"纳什谈判解"都是数学定理，但是它们在经济问题上应用广泛，成为博弈论的基本分析工具.更有趣的是，纳什从未离开过数学系.美国还把他的成就事迹改编成电影《美丽的心灵》在全世界放映，上座率很高.

我们所要再次强调的是，无论将来从事何种经济活动，都离不开数学；如果要从事与经济有关的研究，那就先奠定好数学基础.理解数学思想，训练数学思维，掌握数学工具，运用数学方法，将会受益无穷.

附录2　部分习题参考答案

习题1

1. 定义域为 $D=(-2,2)$；图略.

2. $R(x)=\begin{cases}130x, & 0\leqslant x\leqslant 700\\ 91000+117(x-700), & 700\leqslant x\leqslant 1000\end{cases}$.

3. $y=\operatorname{arccot}(2+\cos^2 x)$.

4. $f(g(x))=3\ln^2(1+t)+2\ln(1+t)$.

5. (1) $y=\sqrt{u},u=3x-1$；　(2) $y=\mathrm{e}^u,u=-x^2$；

(3) $y=\sqrt{u},u=\ln v,v=\sqrt{x}$；　(4) $y=u^5,u=\arctan v,v=x^3$.

习题2－1

1. (1) 收敛，0；　(2) 收敛，$\frac{\pi}{2}$；　(3) 不收敛.

2. 略.

习题2－2

1. D.

2. $\lim\limits_{x\to 3^+}f(x)=\lim\limits_{x\to 3}(3x-1)=8,\lim\limits_{x\to 3^-}f(x)=\lim\limits_{x\to 3}x=3$.

习题2－3

1. (1) 原式 $=\dfrac{(\sqrt{3})^2-3}{(\sqrt{3})^4+(\sqrt{3})^2+1}=0$；

(2) 原式 $=\lim\limits_{x\to 1}\dfrac{(x-1)(x+1)}{(x-1)(2x+1)}=\lim\limits_{x\to 1}\dfrac{x+1}{2x+1}=\dfrac{2}{3}$；

(3) 原式 $=\lim\limits_{x\to 1}\dfrac{x^2+x-2}{(x-1)(x^2+x+1)}=\lim\limits_{x\to 1}\dfrac{x+2}{x^2+x+1}=1$；

(4) 原式 $=\lim\limits_{x\to 1}\dfrac{(x-1)(x^{n-1}+x^{n-2}+\cdots+x+1)}{x-1}=n$；

(5) 由于分子次数高于分母次数，因此极限为零；

(6) 原式 $=\lim\limits_{n\to\infty}\dfrac{1-\dfrac{1}{2^n}}{1-\dfrac{1}{2}}=2$；

(7) 分母有理化得，

$$\text{原式}=\lim_{x\to2}\frac{(x-2)(\sqrt{x-1}+1)}{x-1-1}=\lim_{x\to2}(\sqrt{x-1}+1)=2;$$

(8) 原式 $=\lim\limits_{x\to\infty}\dfrac{(2x)^{30}(3x)^{20}}{(2x)^{50}}=\left(\dfrac{3}{2}\right)^{20}$.

2. (1) 当 $x\to\infty$ 时，$\dfrac{x^2+1}{x^3+x}$ 为无穷小量，而 $3+\sin x$ 为有界量，故原式 $=0$；

(2) 当 $x\to\infty$ 时，$\dfrac{1}{x}$ 为无穷小量，而 $\arctan x$ 为有界量，故原式 $=0$.

3. $\lim\limits_{x\to2^-}f(x)=\lim\limits_{x\to2^-}(3-x)=1$，$\lim\limits_{x\to2^+}f(x)=\lim\limits_{x\to2^+}\left(\dfrac{x}{2}+1\right)=2$，所以 $\lim\limits_{x\to2}f(x)$ 不存在.

4.
$$\lim_{x\to\infty}\left(\frac{x^2+1}{x+1}-ax-b\right)=\lim_{x\to\infty}\frac{x^2-ax(x+1)-b(x+1)}{x+1}=\lim_{x\to\infty}\frac{(1-a)x^2-(a+b)x+1-b}{x+1},$$

所以由题意可知 $\begin{cases}1-a=0\\a+b=0\end{cases}$，因此，$a=1,b=-1$.

习题 2-4

1. (1) 原式 $=\lim\limits_{x\to0}\dfrac{\sin ax}{x}=\lim\limits_{x\to0}\dfrac{ax}{x}=a$；　(2) 原式 $=\lim\limits_{x\to0}\dfrac{x}{\tan x}=\lim\limits_{x\to0}\dfrac{x}{x}=1$；

(3) 原式 $=\lim\limits_{x\to0}[(1-x)^{-\frac{1}{x}}]^{-1}=\mathrm{e}^{-1}$；　(4) 原式 $=\lim\limits_{x\to\infty}\left[\left(1+\dfrac{1}{x}\right)^x\right]^2=\mathrm{e}^2$；

(5) 原式 $=\lim\limits_{x\to0}\dfrac{1-\dfrac{\sin x}{x}}{1+\dfrac{\sin x}{x}}=0$；　(6) 原式 $=\lim\limits_{x\to0}\dfrac{(x-1)\cdot 2x}{x}=-2$.

2. 略.

习题 2-5

1. (1) $\lim\limits_{x\to\frac{\pi}{3}}(\sin 2x)^3=\left[\sin\left(2\cdot\dfrac{\pi}{3}\right)\right]^3=\dfrac{3}{8}\sqrt{3}$；

(2) $\lim\limits_{x\to 0}\dfrac{\ln(1+ax)}{x}=\ln\left[\lim\limits_{x\to 0}(1+ax)^{\frac{1}{ax}}\right]^a=\ln e^a=a$;

(3) $\lim\limits_{n\to\infty}n[\ln(n+2)-\ln n]=\lim\limits_{n\to\infty}\left(n\ln\dfrac{n+2}{n}\right)=\lim\limits_{n\to\infty}\ln\left(1+\dfrac{2}{n}\right)^n=\ln e^2=2$;

(4) $$\lim_{x\to\infty}\frac{\sqrt{2}-\sqrt{1+\cos x}}{x^2}=\lim_{x\to\infty}\frac{2-1-\cos x}{x^2(\sqrt{2}+\sqrt{1+\cos x})}=\lim_{x\to\infty}\frac{\frac{1}{2}x^2}{x^2(\sqrt{2}+\sqrt{1+\cos x})}=\frac{\sqrt{2}}{8};$$

(5) $$\lim_{x\to a}\frac{\sin x-\sin a}{x-a}=\lim_{x\to a}\frac{\sin\frac{x-a}{2}}{\frac{x-a}{2}}\cdot\cos\frac{x+a}{2}=\cos a;$$

(6) $$\lim_{x\to\infty}\left(\frac{x+3}{x+6}\right)^{\frac{x-1}{2}}=\lim_{x\to\infty}\left(\frac{x+6-3}{x+6}\right)^{\frac{x-1}{2}}=\lim_{x\to\infty}\left(1-\frac{3}{x+6}\right)^{\frac{x-1}{2}}=\lim_{x\to\infty}\left[\left(1-\frac{3}{x+6}\right)^{-\frac{x+6}{3}}\right]^{-\frac{3}{2}\cdot\frac{x-1}{x+6}}=e^{-\frac{3}{2}}.$$

2. (1) $x=1$ 为函数的可去间断点；$x=2$ 为无穷间断点.

(2) $x=1$ 为跳跃间断点；$x=2$ 为连续点.

(3) $x=0$ 为可去间断点；$x=k\pi(k\neq 0)$ 为无穷间断点；$x=k\pi+\dfrac{\pi}{2}$ 为可去间断点.

(4) 因为 $\lim\limits_{x\to 0^+}f(x)\neq\lim\limits_{x\to 0^-}f(x)$，故 $x=0$ 为跳跃间断点.

3. $a=1$.

4. 略.

5. 提示：令 $F(x)=(p+q)f(x)-pf(c)-qf(d)$，利用零点定理证明.

习题 3-1

1. (1) $\dfrac{2}{3}x^{-\frac{1}{3}}$； (2) $-\dfrac{1}{2}x^{-\frac{3}{2}}$； (3) $\dfrac{3}{4}x^{-\frac{1}{4}}$； (4) $\dfrac{7}{2}x^{-\frac{5}{2}}$.

2. $x-y+1=0$.

3. 切线方程：$\dfrac{\sqrt{3}}{2}x+y-\dfrac{1}{2}\left(1+\dfrac{\sqrt{3}}{3}\pi\right)=0$；

法线方程：$\dfrac{2\sqrt{3}}{3}x-y+\dfrac{1}{2}-\dfrac{2\sqrt{3}}{9}\pi=0$.

4. (1) 在 $x=0$ 处连续，不可导； (2) 在 $x=0$ 处连续且可导.

5. $a=2,b=-1$.

习题 3 - 2

1. (1) $3x^2-\frac{28}{x^5}+\frac{2}{x^2}$； (2) $-\frac{5}{2}x^{\frac{3}{2}}-\frac{1}{2}x^{-\frac{3}{2}}$； (3) $\cos 2x$；

(4) $-\frac{2}{x(1+\ln x)^2}$； (5) $\frac{e^x(x-2)}{x^3}$；

(6) $\frac{(1+x^2)\arctan x-\sqrt{1-x^2}\arcsin x}{(1+x^2)\sqrt{1-x^2}(\arctan x)^2}$；

(7) $2x\ln x\cos x+x\cos x-x^2\ln x\sin x$； (8) $\frac{1+\sin t+\cos t}{(1+\cos t)^2}$.

2. (1) $\frac{\sqrt{2}}{4}\left(1+\frac{\pi}{2}\right)$； (2) $\frac{3}{25}$.

3. 切线方程：$2x-y=0$；法线方程：$x+2y=0$.

4. (1) $3\sin(4-3x)$； (2) $\frac{2x}{1+x^2}$； (3) $-\frac{x}{\sqrt{a^2-x^2}}$； (4) $\frac{e^x}{1+e^{2x}}$；

(5) $2x\sec^2(x^2)$； (6) $-\tan x$； (7) $-\frac{1}{\sqrt{x-x^2}}$；

(8) $-\frac{1}{2}e^{-\frac{x}{2}}(\cos 3x+6\sin 3x)$； (9) $-\frac{2}{x(1+\ln x)^2}$； (10) $\sec x$.

5. (1) $\csc x$； (2) $\frac{e^{\arctan\sqrt{x}}}{2\sqrt{x}(1+x)}$； (3) $-\frac{1}{1+x^2}$；

(4) $\frac{1}{x\ln x\ln(\ln x)}$； (5) $\frac{1}{(1+x)\sqrt{2x(1-x)}}$；

(6) $e^{-x}(-x^2+4x-5)$； (7) $\frac{4}{4+x^2}\arctan\frac{x}{2}$；

(8) $\frac{4}{e^{2t}+e^{-2t}+2}$； (9) $\frac{1}{x^2}\sin\frac{2}{x}e^{-\sin^2\frac{1}{x}}$； (10) $\arcsin\frac{x}{2}$.

6. (1) $2xf'(x^2)$； (2) $\sin 2x[f'(\sin^2 x)-f'(\cos^2 x)]$.

习题 3 - 3

1. (1) $\frac{y}{y-x}$； (2) $\frac{ay-x^2}{y^2-ax}$； (3) $\frac{e^{x+y}-y}{x-e^{x+y}}$； (4) $-\frac{e^y}{1+xe^y}$.

2. 切线方程：$x+y-\frac{\sqrt{2}}{2}a=0$；法线方程：$x-y=0$.

3. (1) $\left(\frac{x}{1+x}\right)^x\left(\ln\frac{x}{1+x}+\frac{1}{1+x}\right)$；

(2) $\frac{1}{5}\sqrt[5]{\frac{x-5}{\sqrt[5]{x^2+2}}}\left[\frac{1}{x-5}-\frac{2x}{5(x^2+2)}\right]$；

(3) $\dfrac{\sqrt{x+2}\,(3-x)^4}{(x+1)^5}\left[\dfrac{1}{2(x+2)}-\dfrac{4}{3-x}-\dfrac{5}{x+1}\right]$；

(4) $\dfrac{1}{2}\sqrt{x\sin x\sqrt{1-\mathrm{e}^x}}\left[\dfrac{1}{x}+\cot x-\dfrac{\mathrm{e}^x}{2(1-\mathrm{e}^x)}\right]$.

习题 3－4

1. (1) $4\mathrm{e}^{2x-1}$； (2) $-2\mathrm{e}^{-t}\cos t$； (3) $-\dfrac{2(1+x^2)}{(1-x^2)^2}$； (4) $\dfrac{6x(2x^3-1)}{(x^3+1)^3}$；

(5) $-\dfrac{1}{y^3}$； (6) $-2\csc^2(x+y)\cot^3(x+y)$； (7) $\dfrac{1}{t^3}$； (8) $-\dfrac{b}{a^2\sin^3 t}$.

2. $2f'(x^2)+4x^2f''(x^2)$.

3. (1) $-4\mathrm{e}^x\cos x$； (2) $2^{50}\left(-x^2\sin 2x+50x\cos 2x+\dfrac{1225}{2}\sin 2x\right)$；

(3) $(-1)^n\dfrac{(n-2)!}{x^{n-1}}(n\geqslant 2)$； (4) $\mathrm{e}^x(x+n)$.

4. (1) $f''(1)=26, f'''(1)=18, f^{(4)}(1)=0$；

(2) $f''(0)=0, f'''(1)=f'''(-1)=\dfrac{3}{8\sqrt{2}}$.

习题 3－5

1. (1) $\dfrac{1+x^2}{(1-x^2)^2}\mathrm{d}x$； (2) $(\sin 2x+2x\cos 2x)\mathrm{d}x$；

(3) $\left(\dfrac{1}{2}x^{-\frac{1}{2}}+\dfrac{1}{x}+\dfrac{1}{2}x^{-\frac{3}{2}}\right)\mathrm{d}x$； (4) $\mathrm{d}y=\begin{cases}\dfrac{\mathrm{d}x}{\sqrt{1-x^2}}, & -1\leqslant x\leqslant 0\\ -\dfrac{\mathrm{d}x}{\sqrt{1-x^2}}, & 0<x\leqslant 1\end{cases}$.

(5) $8x\tan(1+2x^2)\sec^2(1+2x^2)\mathrm{d}x$； (6) $2x\cos x^2\,\mathrm{e}^{\sin x^2}\mathrm{d}x$.

2. (1) $\ln(1+x)+c$； (2) $\dfrac{1}{3}\tan 3x+c$；

(3) $2\sqrt{x}+c$； (4) $-\dfrac{1}{2}\mathrm{e}^{-2x}+c$.

习题 4－1

1. 3 个.

2. 略.

3. 略.

习题 4－2

(1) 1；　(2) $-\sin a$；　(3) 1；　(4) $-\frac{1}{8}$；　(5) $\frac{1}{2}$；　(6) 3；

(7) $+\infty$；　(8) 1；　(9) 1；　(10) 1.

习题 4－3

1. (1) 单调递增区间为 $(-\infty,1]$ 和 $[2,+\infty)$，单调递减区间为 $[1,2]$；

(2) 单调递增区间为 $[2,+\infty)$，单调递减区间为 $(0,2]$；

(3) 单调递增区间为 $(-\infty,-2]$ 和 $[0,+\infty)$，单调递减区间为 $[-2,0]$；

(4) 单调递增区间为 $(-\infty,-1]$ 和 $[\frac{1}{3},+\infty)$，单调递减区间为 $\left[-1,\frac{1}{3}\right]$.

2. (1) 极小值 $y(1)=2$；　(2) 极小值 $y(0)=0$；

(3) 极小值 $y(0)=2$；　(4) 极大值 $y\left(\frac{3}{4}\right)=\frac{5}{4}$.

3. (1) 凹区间为 $(0,+\infty)$，无拐点；　(2) 凸区间为 $(-\infty,2)$，凹区间为 $(2,+\infty)$，拐点为 $(2,12)$；　(3) 凹区间为 $(-\infty,+\infty)$；　(4) 凹区间为 $(-\infty,+\infty)$.

4. 略.

习题 4－4

1. (1) 最大值 $y(3)=-53$，最小值 $y(-1)=-85$；

(2) 最大值 $y(4)=129$，最小值 $y(2)=-15$；

(3) 最大值 $y(5)=10$，最小值 $y(3)=-54$；

(4) 最大值 $y(5)=266$，最小值 $y(1)=-6$.

2. (1) 60；(2) 0.75.　**3.** 6.5；　18.　**4.** 4800；　240；　-40.

5. $L(Q)=-Q^2+380Q-100$；　190.

6. 77.5；　39550.　**7.** 100.

习题 5－1

略.

习题 5－2

1. $y=\frac{1}{4}x^2+3e^x+2$.

2. $S(t)=t^3+\cos t+1$.

3. (1) $-2x^{-\frac{1}{2}}+C$；　(2) $\frac{1}{3}x^3-2x-\frac{1}{x}+C$；

(3) $x-2\arctan x+C$；　(4) e^x+x+C；

(5) $2\arctan x+\frac{1}{x}+C$；　(6) $3e^x-\ln|x|+C$；

(7) $\frac{1}{2}x^2-\ln|x|+3\arcsin x+C$；　(8) $\sin x-\cos x+C$；

(9) $\frac{1}{2}(\tan x+x)+C$；　(10) $\frac{1}{2}(x-\sin x)+C$.

4. $C(x)=x^2+10x+20$.

习题 5-3

(1) $-\frac{1}{4}\ln|3-2x^2|+C$；　(2) $\ln|\ln x|+C$；　(3) $-\cos(\ln x)+C$；

(4) $\frac{1}{b}e^{a+bx}+C$；　(5) $-e^{\frac{1}{x}}+C$；　(6) $\frac{1}{3}\cos^3 x-\cos x+C$；

(7) $\frac{1}{6}\arctan\frac{3}{2}x+C$；　(8) $\frac{1}{2}(\arctan x)^2+C$；　(9) $\frac{2}{\sqrt{3}}\arctan\frac{2x+1}{\sqrt{3}}+C$；

(10) $-\sqrt{1-x^2}+C$；　(11) $\frac{1}{3}\arcsin\frac{3}{4}x+C$；

(12) $2\arcsin\frac{x}{2}+\frac{x}{2}\sqrt{4-x^2}+C$；　(13) $2\arctan\sqrt{x+1}+C$；

(14) $6\left[\frac{1}{7}x^{\frac{7}{6}}-\frac{1}{5}x^{\frac{5}{6}}+\frac{1}{3}x^{\frac{1}{2}}-x^{\frac{1}{6}}+\arctan x^{\frac{1}{6}}\right]+C$；

(15) $-\frac{\sqrt{1+x^2}}{x}+C$；　(16) $-\frac{\sqrt{1-x^2}}{x}+C$；

(17) $\arcsin\frac{x}{\sqrt{2}}-\frac{1}{2}x\sqrt{2-x^2}+C$；　(18) $\sqrt{x^2-a^2}-a\arccos\frac{a}{x}+C$；

(19) $\frac{x}{\sqrt{1-x^2}}+C$；　(20) $\frac{x}{\sqrt{1-x^2}}-\frac{\sqrt{1-x^2}}{x}+C$.

习题 5-4

1. (1) $\frac{x^2}{2}\left(\ln x-\frac{1}{2}\right)+C$；　(2) $-(x+1)e^{-x}+C$；

(3) $-\frac{1}{2}x\cos 2x+\frac{1}{4}\sin 2x+C$；

(4) $\frac{1}{3}\left(x^2\sin 3x+\frac{2}{3}x\cos 3x-\frac{2}{9}\sin 3x\right)+C$；

(5) $x\arcsin x+\sqrt{1-x^2}+C$；　(6) $(x+1)\arctan\sqrt{x}-\sqrt{x}+C$；

(7) $2\sqrt{x}e^{\sqrt{x}}-2e^{\sqrt{x}}+C$；　(8) $x\ln(3+x^2)-2x+2\sqrt{3}\arctan\frac{x}{\sqrt{3}}+C$；

(9) $\frac{\ln x}{1-x}+\ln\left|\frac{1-x}{x}\right|+C$；　(10) $\ln x[\ln(\ln x)-1]+C$；

(11) $\frac{x}{2}[\sin\ln x-\cos\ln x]+C$；　(12) $\tan x\cdot\ln\sin x-x+C$；

(13) $-2\sqrt{1-x}\arcsin\sqrt{x}+2\sqrt{x}+C$.

2. (1) $\frac{1}{a}f(ax+b)+C$；　(2) $xf'(x)-f(x)+C$.

3. 略.

4. $\int f(x)\mathrm{d}x=\begin{cases}\frac{1}{2}x^2+x+C, & x\leqslant 1\\ x^2+\frac{1}{2}+C, & x>1\end{cases}$.

5. 略.

6. $Q=1000\left(\frac{1}{3}\right)^P$.

习题 6－1

1. (1)　1；(2) $\frac{1}{2}$.　　**2.** (1) $\frac{\pi}{4}$；　(2) 0.

习题 6－2

1. (1) $\frac{15}{4}$；　(2) $e-1$；　(3) $a^3-\frac{1}{2}a^2+a$；　(4) $\frac{7}{3}+\ln 2$.

2. (1) $8\ln 2-5$；(2) $\frac{5}{3}$；　(3) $\ln\frac{2e}{1+e}$；　(4) $\frac{\pi}{3}+\frac{\sqrt{3}}{2}$；

(5) $\frac{1}{3}(5\sqrt{5}-6\sqrt{3}+1)$；　(6) 0；(7) 1；(8) $\frac{e^2+1}{4}$.

习题 6－3

1. (1) 9987.5；　(2) 19850.

2. (1) 总成本增加 10 万元，总收入增加 20 万元；　(2) 12；

(3) $L(Q)=-\frac{1}{4}Q^2+6Q-5$；　(4) 比最大利润时的减少 1 万元.

3. 424.15 元.

4. 6640.23 元.

习题 7－1

1. 略.

2. A $\left(\frac{\sqrt{2}}{2}a,0,0\right)$，B $\left(0,\frac{\sqrt{2}}{2}a,0\right)$，C $\left(-\frac{\sqrt{2}}{2}a,0,0\right)$，D $\left(0,-\frac{\sqrt{2}}{2}a,0\right)$，$E\left(\frac{\sqrt{2}}{2}a,0,a\right)$，$F\left(0,\frac{\sqrt{2}}{2}a,a\right)$，$G\left(-\frac{\sqrt{2}}{2}a,0,a\right)$，$H\left(0,-\frac{\sqrt{2}}{2}a,a\right)$.

3. $d_x = \sqrt{34}, d_y = \sqrt{41}, d_z = 5$.

4. $(0,1,-2)$.

5. 原点：$(-2,1,-3)$；x轴：$(2,1,-3)$；y轴：$(-2,-1,-3)$；z轴：$(-2,1,3)$；xOy：$(2,-1,-3)$；yOz：$(-2,-1,3)$；xOz：$(2,1,3)$.

习题 7－2

1. $2u+3v=-a+7b+c$.

2. 略.

3. $|u+v|=\sqrt{227}$；$|u-v|=\sqrt{83}$.

4. $a^0=\frac{a}{|a|}=\left(\frac{6}{11},\frac{7}{11},-\frac{6}{11}\right)$ 或 $a^0=-\frac{a}{|a|}=\left(-\frac{6}{11},-\frac{7}{11},\frac{6}{11}\right)$.

5. $\overrightarrow{AB}=(1,-2,-2)$；$\cos\alpha=\frac{1}{3},\cos\beta=-\frac{2}{3},\cos\gamma=-\frac{2}{3}$.

6. 2.

7. $A(3,3\sqrt{2},3)$.

习题 7－3

1. (1) 错； (2) 错； (3) 对； (4) 错； (5) 对.

2. 由 $(a+b+c)\cdot(a+b+c)=0$，可得 $a\cdot b+b\cdot c+c\cdot a=-\frac{3}{2}$.

3. (1) $a\cdot b=3$，$a\times b=(5,1,7)$； (2) $(a+2b)_c=7$；

(3) $e^0=-\frac{\sqrt{3}}{15}(5i+j+7k)$.

4. $\lambda=2\mu$.

5. 提示：设 $a=a_1i+a_2j+a_3k, b=b_1i+b_2j+b_3k$，由 $|a\cdot b|=|a|\cdot|b|\cos\alpha\leqslant|a|\cdot|b|$ 可得结论.

习题 7－4

1. $2x+3y+z-7=0$.

2. $x-3y-2z=0$.

3. $2x-y-3z=0$.

4. $d=4$.

5. $d=\sqrt{6}$.

6. $6x+y+6z+6=0$ 或 $6x+y+6z-6=0$.

习题 7－5

1. $\dfrac{x-4}{2}=\dfrac{y+1}{1}=\dfrac{z-3}{5}$.

2. 用对称式方程 $\dfrac{x-1}{-2}=\dfrac{y-1}{1}=\dfrac{z-1}{3}$；参数式方程 $\begin{cases} x=1-2t \\ y=1+t \\ z=1+3t \end{cases}$.

3. (1) 直线和平面相交；(2) 直线和平面平行.

习题 7－6

1. $(x-1)^2+(y-3)^2+(z-2)^2=14$.

2. $\left(x+\dfrac{2}{3}\right)^2+(y+1)^2+\left(z+\dfrac{4}{3}\right)^2=\dfrac{116}{9}$.

3. x 轴：$4x^2-9y^2-9z^2=36$；y 轴：$4x^2-9y^2+4z^2=36$.

4. $\begin{cases} y^2-2x+9=0 \\ z=0 \end{cases}$.

5. $\begin{cases} x^2+y^2=1 \\ z=0 \end{cases}$.

习题 8－1

1. $f(x,y)=\dfrac{x^2(1-y)}{(1+y)}$.

2. $f(x,y)=\dfrac{2xy}{x^2+y^2}$.

3. 证明：$F(xy,uv)=\ln(xy)\ln(uv)=(\ln x+\ln y)(\ln u+\ln v)$
$=F(x,u)+F(x,v)+F(y,u)+F(y,v)$.

4. (1) $\{(x,y)\mid y-2x+1>0\}$；

(2) $\{(x,y)\mid x-y>0$ 且 $x+y\neq 0\}$；

(3) $\{(x,y)\mid y\geqslant 0$ 且 $x-\sqrt{y}\geqslant 0\}$；

(4) $\{(x,y)\mid 4x-y^2\geqslant 0$ 且 $0<x^2+y^2<1\}$.

习题 8－2

1. (1) $\frac{\partial z}{\partial x}=3x^2y-y^3,\frac{\partial z}{\partial y}=x^3-3xy^2$;

(2) $\frac{\partial z}{\partial x}=3\cos(3x+2y^2),\frac{\partial z}{\partial y}=4y\cos(3x+2y^2)$;

(3) $\frac{\partial z}{\partial x}=\frac{1}{2x\sqrt{\ln xy}},\frac{\partial z}{\partial y}=\frac{1}{2y\sqrt{\ln xy}}$;

(4) $\frac{\partial z}{\partial x}=y^2(1+xy)^{y-1},\frac{\partial z}{\partial y}=(1+xy)^y\left[\ln(1+xy)+\frac{xy}{1+xy}\right]$;

(5) $\frac{\partial z}{\partial x}=\frac{x-y}{x^2+y^2},\frac{\partial z}{\partial y}=\frac{x+y}{x^2+y^2}$;

(6) $\frac{\partial s}{\partial u}=\frac{1}{v}-\frac{v}{u^2},\frac{\partial s}{\partial v}=\frac{1}{u}-\frac{u}{v^2}$;

(7) $\frac{\partial u}{\partial x}=\frac{y}{z}x^{\frac{y}{z}-1},\frac{\partial u}{\partial y}=\frac{1}{z}x^{\frac{y}{z}}\ln x,\frac{\partial u}{\partial z}=-\frac{y}{z^2}x^{\frac{y}{z}}\ln x$;

(8) $\frac{\partial u}{\partial x}=\frac{1}{y+z},\frac{\partial u}{\partial y}=\frac{z-x}{(y+z)^2},\frac{\partial u}{\partial z}=-\frac{x+y}{(y+z)^2}$.

2. $u_x+u_y+u_z=\frac{2(x+y+z)}{1+x^2+y^2+z^2}$.

3. 略.

4. (1) $\frac{\partial^2 z}{\partial x^2}=12x^2-8y^2,\frac{\partial^2 z}{\partial y^2}=12y^2-8x^2,\frac{\partial^2 z}{\partial x\partial y}=\frac{\partial^2 z}{\partial y\partial x}=-16xy$;

(2) $\frac{\partial^2 z}{\partial x^2}=\frac{2xy}{(x^2+y^2)^2},\frac{\partial^2 z}{\partial y^2}=\frac{-2xy}{(x^2+y^2)^2},\frac{\partial^2 z}{\partial x\partial y}=\frac{\partial^2 z}{\partial y\partial x}=\frac{y^2-x^2}{(x^2+y^2)^2}$.

5. (1) $\mathrm{d}z=\left(y+\frac{1}{y}\right)\mathrm{d}x+\left(x-\frac{x}{y^2}\right)\mathrm{d}y$;

(2) $\mathrm{d}z=\frac{4xy}{(x^2+y^2)^2}(y\mathrm{d}x-x\mathrm{d}y)$;

(3) $\mathrm{d}u=\frac{z}{x^2y^2+z^4}(yz\mathrm{d}x+xz\mathrm{d}y-2xy\mathrm{d}z)$;

(4)

$$\mathrm{d}u=\left(xy+\frac{x}{y}\right)^{z-1}\left[\left(y+\frac{1}{y}\right)z\mathrm{d}x+\left(1-\frac{1}{y^2}\right)xz\mathrm{d}y+\left(xy+\frac{x}{y}\right)\ln\left(xy+\frac{x}{y}\right)\mathrm{d}z\right].$$

6. $\frac{1}{3}\mathrm{d}x+\frac{2}{3}\mathrm{d}y$.

7. $C_x(x+y)=2x+3y$.

习题 8－3

1. $\dfrac{\partial z}{\partial x}=4x,\dfrac{\partial z}{\partial y}=4y.$

2. $\dfrac{\partial z}{\partial u}=\dfrac{v^2}{(u+v)^2+(uv)^2},\dfrac{\partial z}{\partial v}=\dfrac{u^2}{(u+v)^2+(uv)^2}.$

3. $\dfrac{\mathrm{d}z}{\mathrm{d}t}=\dfrac{3(1-4t^2)}{\sqrt{1-(3t-4t^3)^2}}.$

4. (1) $\dfrac{\partial z}{\partial x}=2xf_1'+y\mathrm{e}^{xy}f_2',\dfrac{\partial z}{\partial y}=-2yf_1'+x\mathrm{e}^{xy}f_2'$；

(2) $\dfrac{\partial z}{\partial x}=\dfrac{1}{y}f_1'-\dfrac{1}{x^2}f_2',\dfrac{\partial z}{\partial y}=-\dfrac{x}{y^2}f_1'+\dfrac{1}{x}f_2'$；

(3) $\dfrac{\partial u}{\partial x}=f_1'+yf_2'+yzf_3',\dfrac{\partial u}{\partial y}=xf_2'+xzf_3',\dfrac{\partial u}{\partial z}=xyf_3'$；

(4) $\dfrac{\partial z}{\partial x}=yf_1'+2xf_2'+\mathrm{e}^xf_3',\dfrac{\partial z}{\partial y}=xf_1'+2yf_2'.$

5. $\dfrac{\mathrm{d}z}{\mathrm{d}x}=f_1'+f_2'(g_2'+g_2'h').$

习题 8－4

1. 最小值为-1,最大值为 4.

2. 边长为$\dfrac{\sqrt{6}}{6}a$的正方体的体积最大,最大体积为$\dfrac{\sqrt{6}}{36}a^3$.

3. 当两边都为$\dfrac{\sqrt{2}}{2}l$时,可得最大周长.

4. 当 $p_1=80,p_2=30$ 时取得最大利润 336.

5. 当 $x=15,y=10$ 时,利润最大.

6. (1) 广告费用不限的情况下最优广告策略为:用 0.75 万元作电台广告,用 1.25 万元作报纸广告； (2) 广告费用为 1.5 万元时,当 1.5 万元全部用于报纸广告时,可使利润最大.

习题 9－1

1. 略.

2. (1) x^3y^2 为 x 的奇函数,积分区域 D 关于 y 轴对称,所以有 $\iint\limits_D x^3y^2\mathrm{d}\sigma=0$；

(2) 同上 $\iint\limits_D y^3\sqrt{R^2-x^2-y^2}\mathrm{d}\sigma=0$； (3) 同上 $\iint\limits_D\dfrac{y\cos x}{1+x^2+y^2}\mathrm{d}\sigma=0$；

(4) $\iint\limits_D(4-x^2\sin x)\mathrm{d}\sigma=\iint\limits_D 4\mathrm{d}\sigma=4\pi R^2.$

习题 9－2

1. (1) -13； (2) -2； (3) $\frac{1}{4}(e^{b^2}-e^{a^2})(e^{d^2}-e^{c^2})$； (4) $2\ln 2-1$.

2. (1) $\int_0^4 dx\int_{\frac{x}{3}}^{\sqrt{x}} f(x,y)dy+\int_4^6 dx\int_{\frac{x}{3}}^{2} f(x,y)dy$；

(2) $\int_1^{\sqrt{2}} dy\int_1^{y^2} f(x,y)dx+\int_{\sqrt{2}}^2 dy\int_1^2 f(x,y)dx$；

(3) $\int_0^1 dy\int_{\sqrt{y}}^{3-2y} f(x,y)dx$.

3. (1) $\frac{76}{3}$； (2) $\frac{p^5}{21}$； (3) $\frac{121}{12}a^4$； (4) $\frac{3}{2}\ln 2$.

4. (1) $\pi(2\ln 2-1)$； (2) 0； (3) $\frac{3\pi^2}{64}$； (4) $-6\pi^2$.

习题 9－3

1. 略. **2.** $\frac{1}{364}$. **3.** $\frac{1}{8}$.

习题 9－4

1. $\frac{8}{3}$. **2.** $\frac{9}{2}$. **3.** (1) $\frac{5}{6}$； (2) $\frac{88}{105}$.

4. $\frac{258000}{\pi}-\frac{250000}{\pi}\cos\frac{\pi}{25}$.

习题 10－1

1. (1) $\sum_{n=1}^{\infty}\frac{n!}{2^n}=\frac{1}{2}+\frac{2!}{2^2}+\frac{3!}{2^3}+\frac{4!}{2^4}+\frac{5!}{2^5}+\cdots$；

(2) $\sum_{n=1}^{\infty}\frac{1+n}{1+n^2}=1+\frac{3}{5}+\frac{4}{10}+\frac{5}{17}+\frac{6}{26}+\cdots$.

2. (1) 收敛； (2) 发散； (3) 发散； (4) 发散； (5) 发散； (6) 发散.

3. $s-s_n=\frac{aq^n}{1-q}$.

习题 10－2

1. (1) 收敛； (2) 收敛； (3) 收敛； (4) 收敛； (5) 发散； (6) 收敛.

2. (1) 收敛； (2) 发散； (3) 收敛； (4) 收敛； (5) 收敛； (6) 发散.

3. (1) 绝对收敛； (2) 发散； (3) 绝对收敛； (4) 绝对收敛； (5) 绝

对收敛；（6）条件收敛.

4. 略.

习题 10－3

1.（1）$x=0$；（2）$[-1,1)$；（3）$\left[-\frac{1}{3},\frac{1}{3}\right]$；

（4）$[-1,1]$；（5）$[-\sqrt{3},\sqrt{3}]$；（6）$[-1,3)$.

2.（1）$s(x)=\frac{1}{2}\ln\frac{1+x}{1-x}$，$(-1<x<1)$；

（2）$s(x)=\frac{2x}{(1-x^2)^2}$，$(-1<x<1)$.

3.（1）$\cos(hx)=1-\frac{h^2}{2!}x^2+\frac{h^4}{4!}x^4-\cdots+(-1)^n\frac{h^{2n}}{(2n)!}x^{2n}+\cdots$，$x\in(-\infty,+\infty)$；

（2）$e^{-x^2}=1-x^2+\frac{1}{2!}x^4-\frac{1}{3!}x^6+\cdots+(-1)^n\frac{1}{n!}x^{2n}+\cdots$，$x\in(-\infty,+\infty)$；

（3）$\frac{1}{4-x}=\sum\limits_{n=0}^{\infty}\frac{x^n}{4^{n+1}}$，$x\in(-4,4)$；

（4）$\sin^2x=\sum\limits_{n=1}^{\infty}(-1)^{n-1}\frac{2^{2n}x^{2n}}{2\cdot(2n)!}$，$x\in(-\infty,+\infty)$.

4. $\frac{1}{x}=\sum\limits_{n=0}^{\infty}\frac{(-1)^n}{4^{n+1}}(x-4)^n$，$x\in(0,8)$.

习题 10－4

1. 1.648.　　**2.** 0.7475.

习题 11－1

略.

习题 11－2

1.（1）$y=ce^{x^2}$；（2）$e^{-y}=c-e^x$；（3）$y=\tan(\arctan x+c)$；

（4）$\frac{1+y^2}{1-x^2}=c$；（5）$y+\sqrt{x^2+y^2}=cx^2$；（6）$y^2-1=c(x-1)^2$.

2.（1）$y=4\cos x-3$；（2）$y=\frac{1}{2}e^{\sqrt{1-x^2}}$.

3.（1）$y=x^2(-\ln x+c)$；（2）$y=(x+1)^2\left(\frac{1}{2}x^2+x+c\right)$；

(3) $y = ce^{-3x} + e^{-2x}$； (4) $y = \frac{1}{x^2+1}\left(\frac{4}{3}x^3 + c\right)$.

4. (1) $y = \frac{1}{x}e^x$； (2) $y = \sqrt{1-x^2}(\tan x + 1)$； (3) $y = e^{-\sin x} + 1$.

习题 11－3

1. (1) $y = \frac{1}{5}x^5 + C_1 x + C_2$； (2) $y = -\frac{1}{2}x^2 - x + C_1 e^x + C_2$；

(3) $y = -\ln|\cos(x + C_1)| + C_2$.

2. $y = \frac{1}{6}x^3 + \frac{1}{2}x + 1$.

习题 11－4

1. (1) $y = C_1 e^{3x} + C_2 e^x$； (2) $y = C_1 + C_2 e^{3x}$；

(3) $y = C_1\cos 2x + C_2\sin 2x$； (4) $y = e^{-3x}(C_1\cos 2x + C_2\sin 2x)$；

(5) $x = (C_1 + C_2 y)e^{\frac{5}{2}y}$； (6) $y = e^{2x}(C_1\cos x + C_2\sin x)$.

2. (1) $y = 2e^{3x} + 4e^x$； (2) $y = e^{-x}(2 - 2x)$；

(3) $y = 3e^{-2x}\sin 5x$； (4) $y = 2\cos 5x + \sin 5x$.

3. (1) $y = C_1 e^{\frac{1}{2}x} + C_2 e^{-x} + e^x$；

(2) $y = C_1 + C_2 e^{-\frac{5}{2}x} + \frac{1}{3}x^3 - \frac{3}{5}x^2 + \frac{7}{25}x$；

(3) $y = C_1 e^{-2x} + C_2 e^{-x} + e^{-x}\left(\frac{1}{2}x^2 - x\right)$；

(4) $y = e^{3x}(C_1 x + C_2) + e^{3x}\left(\frac{1}{6}x^3 - \frac{1}{2}x^2\right)$；

(5) $y = e^x(C_1\cos 2x + C_2\sin 2x) - \frac{1}{4}xe^x\cos 2x$；

(6) $y = e^{3x}(6\sin x - \cos x) + C_1 e^{3x} + C_2 e^{-3x}$.

4. (1) $y = -3e^x + \frac{5}{2}e^{2x} + \frac{5}{2}$； (2) $y = \frac{11}{16} + \frac{5}{16}e^{4x} - \frac{5}{4}x$；

5. $\varphi(x) = \frac{1}{2}(\cos x + e^x + \sin x)$.

习题 11－5

1. $C(Q) = 100e^{\frac{Q^3}{3} + \frac{Q^2}{2}}$.

2. $C(Q) = 100e^{-\frac{P}{5}}$.

3. (1) $x(t) = \frac{N}{1 + 3e^{-Nkt}}$； (2) $T = \frac{\ln 3}{Nk}$.

4. $p = \bar{p} + (p_o - \bar{p})e^{-k(a+c)t}$.